模型飛行機から旅客機まで

Katayanagi Motion Analysis Program

による 飛行機設計演習

片柳 亮二

産業図書

はじめに

　飛行機にはいろいろな形がある．使用目的が異なれば最適な形状は当然違ってくる．しかし，たとえば高速飛行のみに適した形状であれば，主翼および尾翼の面積が非常に小さな機体が最適であるが，実際の飛行機はそのような形状にはなっていない．いずれの飛行機も離着陸する必要があり，低速時において安定な飛行が可能であること，また離陸時の引き起こし能力も十分にあることが必要であるからである．幸いなことに，離着陸は空気密度の濃い地上で行われるために，主翼の揚力を増加させる工夫をすることにより，巡航時の速度の1/3～1/4の低速で飛行することができる．特に，着陸においては，抗力を増やした方が操縦性は良くなるため，フラップを大きく広げたり，降着装置を出すことが可能であるなど，いくつかの幸いが重なった結果で飛行機がうまく成り立っている．いずれにしても，実際にこれまで実現している飛行機は，種々の制約条件を満足した形状となっているわけである．

　本書は，飛行機を設計する場合，その形状はどのように決まってくるのか，どのような条件をクリアすれば航空機として実現可能となるのかを演習を通して学べるようになっている．具体的には，まず使用目的を決め，その飛行機が満たすべき性能要求値を定める．性能要求値が決まると，実際にこれらの要求を満足する機体を検討していくわけであるが，要求された機体が必ず実現性があるとは限らない．単純に要求値を平均的に満足する機体が必ずしも良いとは限らない．要求値自体のバランスが悪い場合には，要求値の見直しも必要である．種々の検討結果に基づいて，機体形状を修正して，次第に最適な機体に作り上げていくわけである．このように要求を満足する機体の主要諸元を決めていく作業を「概念設計」という．本書により，飛行機の概念設計の方法について学び，独自の新しい飛行機を設計して頂けると幸いである．

最後に，本書の執筆に際しまして，特段のご尽力をいただいた産業図書株式会社の編集担当，鈴木正昭氏にお礼申し上げます．

2009 年 7 月

片柳亮二

目　次

はじめに　i
おもな記号表　v

第1章　解析プログラム KMAP（ケーマップ）とは　1
　1.1　KMAP の特徴　1
　1.2　プログラムのインストール方法　4
　1.3　プログラムの起動　5
　1.4　インプットデータの読み込み　6
　1.5　ご利用にあたっての注意事項　7

第2章　飛行機の開発計画　9
　2.1　飛行機開発のながれ　9
　2.2　用途・任務目的の決定　11
　2.3　性能要求値の決定　14

第3章　飛行性能　15
　3.1　機体に働く力の釣合い　15
　3.2　巡航性能　22
　3.3　離陸性能　35
　3.4　着陸性能　42
　3.5　接地速度性能　48
　3.6　最大速度性能　49
　3.7　旋回性能　51
　3.8　直線運動における余剰推力　57
　3.9　上昇性能　61
　3.10　降下性能　63
　3.11　翼面荷重と推力重量比（まとめ）　67

第4章　飛行機設計演習 ・・・・・・・・・・・・・・・・・・・・・・・・・・・・・・ 69
4.1　性能要求値の設定 ・・・・・・・・・・・・・・・・・・・・・・・・・・・・・・・・・ 70
4.2　空力推算用機体諸元データの設定 ・・・・・・・・・・・・・・・・・・・・・ 71
4.3　新規設計における機体諸元変更 ・・・・・・・・・・・・・・・・・・・・・・・ 74
4.4　推力重量比，翼面荷重 の策定 ・・・・・・・・・・・・・・・・・・・・・・ 77
4.5　離陸重量の推算 ・・・・・・・・・・・・・・・・・・・・・・・・・・・・・・・・・ 83
4.6　新設計における機体形状変更 ・・・・・・・・・・・・・・・・・・・・・・・・ 85
4.7　機体3面図の表示 ・・・・・・・・・・・・・・・・・・・・・・・・・・・・・・・・・ 86
4.8　運動解析用空力係数の推算 ・・・・・・・・・・・・・・・・・・・・・・・・・ 90
4.9　設計演習―模型飛行機から旅客機まで ・・・・・・・・・・・・・・・・ 93

第5章　飛行特性解析 ・・・・・・・・・・・・・・・・・・・・・・・・・・・・・・・・ 117
5.1　縦系の飛行特性解析 ・・・・・・・・・・・・・・・・・・・・・・・・・・・・・・ 117
5.2　横・方向系の飛行特性解析 ・・・・・・・・・・・・・・・・・・・・・・・・・ 135
5.3　シミュレーション解析 ・・・・・・・・・・・・・・・・・・・・・・・・・・・・・ 142

第6章　各種設計データ ・・・・・・・・・・・・・・・・・・・・・・・・・・・・・・ 147
6.1　主翼形状に関する各種パラメータ ・・・・・・・・・・・・・・・・・・・・ 147
6.2　その他の主翼形状パラメータ ・・・・・・・・・・・・・・・・・・・・・・・ 152
6.3　慣性モーメントデータ ・・・・・・・・・・・・・・・・・・・・・・・・・・・・・ 155
6.4　その他のデータ ・・・・・・・・・・・・・・・・・・・・・・・・・・・・・・・・・ 157

付　録
A.　DATCOM法による空力係数の推算 ・・・・・・・・・・・・・・・・・・・・・ 161
　A1.　機体に働く空気力 ・・・・・・・・・・・・・・・・・・・・・・・・・・・・・・ 161
　A2.　揚力およびピッチングモーメントの空力推算 ・・・・・・・・・・・・ 167
　A3.　抵抗の空力推算 ・・・・・・・・・・・・・・・・・・・・・・・・・・・・・・・・ 191
　A4.　横・方向系の空力推算 ・・・・・・・・・・・・・・・・・・・・・・・・・・・ 203
B.　空力推算結果詳細例 ・・・・・・・・・・・・・・・・・・・・・・・・・・・・・・・ 222

参考文献 ・・ 243

索　引 ・・ 245

おもな記号表

記号	単位	内容
$a = \sqrt{1.4\dfrac{P}{\rho}} = a_0\sqrt{\theta}$	[—]	音速.ただし,θ は大気温度比.
$a_0 = 340.29$	[m/s]	S. L.(海面上)での音速
$A = \dfrac{b^2}{S} = \dfrac{2b}{c_r(1+\lambda)}$	[—]	翼のアスペクト比(縦横比)
A_e	[—]	exposed 翼(流れにさらされている翼)のアスペクト比
b	[m]	翼幅(スパン)
b_J	[kgf/(hr·推力 kgf)]	燃料消費率(SFC)
c	[m]	翼弦長
c_t	[m]	翼端弦長
c_r	[m]	翼根弦長
$\bar{c} = \dfrac{2}{3}c_r\left(\lambda + \dfrac{1}{1+\lambda}\right)$	[m]	平均空力翼弦
$C_D = \dfrac{D}{qS} = C_{D_0} + C_{D_i}$	[—]	抗力係数
C_{D_0}	[—]	有害抗力(parasite drag)係数
$C_{D_i} = kC_L^2$	[—]	誘導抗力(induced drag)係数
$C_L = \dfrac{L}{qS} = \dfrac{2L}{\rho V^2 S}$	[—]	揚力係数
C_{L_1}	[—]	抗力 D が最小,C_L/C_D が最大となる C_L
C_{L_2}	[—]	$\sqrt{C_L}/C_D$ が最大となる C_L
C_{L_3}	[—]	$C_L/C_D^{3/2}$ が最大となる C_L
$C_{L_{\max}}$	[—]	最大揚力係数
C_{L_α}	[1/deg, 1/rad]	揚力傾斜
$C_{L_{\delta e}}$	[1/deg, 1/rad]	エレベータ 1deg あたりの揚力増加
C_{l_i}	[—]	主翼断面の理想迎角での揚力
$C_{l_{\max}}$	[—]	主翼断面の最大揚力

$C_{m\delta e}$	[1/rad]	エレベータ1degあたりのモーメント増加
$C_{l\alpha}$	[1/rad]	二次元揚力傾斜
D	[kgf]	抗力
e	[—]	飛行機効率
$\bar{e} = \bar{y}\tan\Lambda_{LE}$	[m]	主翼前縁の胴体中心線上の点から$\bar{c}$前縁までのx距離
E	[hr]	ロイター時間
$F/F = -\dfrac{dW_f}{dt} = b_J T$	[kgf/hr]	燃料流量
$g = 9.8$	[m/s²]	重力加速度
h	[ft]	高度
$h_e = h + \dfrac{3.281}{2g}V^2$	[ft]	specific energy (energy hight)
$k = 1/(\pi eA)$	[—]	誘導抗力の係数
$k = \dfrac{W_{TO}}{W_{fixed}}$	[—]	増大係数 (growth factor)
$K_{B(W)}$	[—]	翼による胴体部の揚力寄与分
$K_{W(B)}$	[—]	胴体付き翼の揚力寄与分
L	[kgf]	揚力
L_0	[m]	着陸滑走距離
L_1	[m]	着陸距離
$M = V/a$	[—]	マッハ数
m	[kgf·s²/m]	質量 (=W/g)
$n = \dfrac{L}{W}$	[—]	荷重倍数
n_{sus}	[—]	釣合い荷重倍数 (sustained load factor)
p	[deg/s]	ロール角速度
P	[kgf/m²]	大気圧
$P_s = \dot{h} + 3.281\dfrac{V(T-D)}{W}$	[ft/s]	余剰推力 (Specific Excess Power; SEP)
q	[deg/s]	ピッチ角速度

$\bar{q} = \dfrac{1}{2}\rho V^2$	[kgf/m²]	動圧（または，Pa=N/m²=kg/(m·s²)）
r	[deg/s]	ヨー角速度
r	[m]	旋回半径
R	[km]	航続距離
$R_e = \dfrac{V\bar{c}}{\nu}$	[—]	レイノルズ数
s_0	[m]	離陸滑走距離
s_1	[m]	離陸距離
$S = \dfrac{b}{2}c_r(1+\lambda)$	[m²]	主翼面積（平面に投影したときの面積）
S_N	[m²]	前胴部の断面積
SEP	[ft/s]	Ps の項参照
$S.R.$	[km/kgf]	比航続距離（specific range）
t	[sec]	時間
t	[m]	翼厚
t/c	[%]	翼厚比
T	[kgf]	エンジン推力
T/W	[—]	推力重量比
V	[m/s]	機体速度（$=\sqrt{u^2+v^2+w^2}$）（真対気速度）
V_{TAS}	[m/s, kt]	真対気速度
V_{KEAS}	[kt]	等価対気速度
V_{LO}	[m/s]	離陸速度
V_{TD}	[m/s]	着陸速度
V_s	[m/s]	失速速度
$\bar{y} = \dfrac{b}{6}\cdot\dfrac{1+2\lambda}{1+\lambda}$	[—]	$\bar{c}$ の y 方向位置（主翼，水平尾翼）
$\bar{y} = \dfrac{b}{3}\cdot\dfrac{1+2\lambda}{1+\lambda}$	[—]	$\bar{c}$ の y 方向位置（垂直尾翼）
W	[kgf]	機体重量
W_{crew}	[kgf]	乗員重量

W_{empty}	[kgf]	自重($W_{str}+W_{pp}+W_{eq}$)
W_{eq}	[kgf]	固有装備重量
W_f, W_{fuel}	[kgf]	燃料重量
W_{fixed}	[kgf]	$W_{crew}+W_{pay}$
W_{load}	[kgf]	搭載量($W_{crew}+W_{pay}+W_{fuel}$)
W_{pay}	[kgf]	ペイロード
W_{pp}	[kgf]	動力装備重量
W_{str}	[kgf]	機体構造重量
W_{TO}	[kgf]	離陸重量($W_{empty}+W_{load}$)
W/S	[kgf/m^2]	翼面荷重

α	[deg, rad]	迎角($=57.3\tan^{-1}\dfrac{w}{u}$)
α_0	[deg, rad]	零揚力角
$\alpha_{CL\max}$	[deg, rad]	失速角
β	[deg, rad]	横滑り角
$\beta=\sqrt{1-M^2}$	[—]	Prantl-Glauertの亜音速相似則の係数
r	[deg]	飛行経路角($=\theta-\alpha$)
Γ	[deg]	上反角
δa	[deg, rad]	エルロン舵角
δe	[deg, rad]	エレベータ舵角
δr	[deg, rad]	ラダー舵角
Δy	[%cord]	前縁 sharpness parameter
$\dfrac{\partial \varepsilon}{\partial \alpha}$	[—]	吹き下ろしの勾配
θ	[deg]	ピッチ角
$\kappa=\dfrac{C_{l\alpha}}{2\pi}$	[—]	2次元翼の揚力傾斜と2πとの比
$\lambda=c_t/c_r$	[—]	翼の先細比(テーパ比)
$\Lambda_{C/4}$, $\Lambda_{C/2}$	[deg]	翼の$c/4$線,$c/2$線の後退角
Λ_{LE}, Λ_{TE}	[deg]	翼の前縁後退角,後縁後退角

おもな記号表

$\tan\Lambda_{nC} = \tan\Lambda_{LE} - \dfrac{4n}{A}\cdot\dfrac{1-\lambda}{1+\lambda}$ （主翼，水平尾翼）：$n=0$ は前縁，$n=1$ は後縁

$\tan\Lambda_{nC} = \tan\Lambda_{LE} - \dfrac{2n}{A}\cdot\dfrac{1-\lambda}{1+\lambda}$ （垂直尾翼）：$n=0$ は前縁，$n=1$ は後縁

μ	[―]	タイヤの摩擦係数
ν	[m^2/s]	動粘性係数
ρ	[kgf·s^2/m^4]	空気密度
ρ_0	[kgf·s^2/m^4]	S. L.（海面上）での標準空気密度で，$\rho_0=0.12492$(kgf·s^2/m^4)
$\sigma = \rho/\rho_0$	[―]	空気密度比
ϕ	[deg]	ロール姿勢角(バンク角とも言われる)
ϕ_{TE}	[deg]	翼断面の後縁角
Ω	[deg/s]	旋回率
Ω_{sus}	[deg/s]	最大定常旋回率
Ω_{ins}	[deg/s]	最大瞬間旋回率

第1章　解析プログラム KMAP（ケーマップ）とは

　本書では，飛行機の概念設計を演習を通して学ぶために，実際に設計に必要な各種計算を簡単に行える **KMAP**（ケーマップ）というソフトウェアを用いる．KMAP とは "Katayanagi Motion Analysis Program" の略で，航空機の運動解析用に開発されたソフトウェアである．これをバージョンアップする形で，概念設計ルーチンを初心者にも簡単に使えるように機能追加したものである．本章では KMAP を自分のパソコンで使用できるようにソフトウェアのダウンロードの方法等について述べる．

1.1　KMAP の特徴

　一見複雑そうに見える飛行機の形も，図 1.1-1 に示すように主翼，尾翼ともにそれぞれ代表的な 5 個のデータで表すことができる．ただし，要求される飛行性能を満足するかどうかを詳細に解析するためには，翼の断面形状，翼と胴体の位置関係，主翼と尾翼の位置関係等を決める必要がある．さらに運動性能を満足するように操縦舵面の大きさも決める必要がある．具体的には図 1.1-2 〜図 1.1-6 のようなデータである．これらの細部データを用いて機体に働く空気力を計算して，要求性能を満足するかどうかを検討するわけであるが手計算では至難の業である．

　このように多くの計算を必要とする飛行機設計作業も，設計解析プログラム KMAP を用いると，必要最小限の機体形状インプットデータから，解析に必要な細部データを自動的に算出した後，機体に働く空力係数を推算し，飛行性能および飛行特性を満足する飛行機を簡単に設計できる．図 1.1-7 に，KMAP による飛行機設計のながれを示す．

代表的設計データ

(1) 主翼
 翼面積 S, 後退角 Λ, 先細比 λ,
 翼幅 b,　　 上反角 Γ

(2) 水平尾翼
 翼面積 S'', 後退角 Λ'', 先細比 λ'',
 翼幅 b'',　　上反角 Γ''

(3) 垂直尾翼
 翼面積 S_V, 後退角 Λ_V, 先細比 λ_V,
 翼幅 b_V

(4) 胴体
 胴体長 L_B, 胴体径 d

アスペクト比　　　 : $A = b^2/S$
先細比（テーパ比）: $\lambda = c_t/c_r$

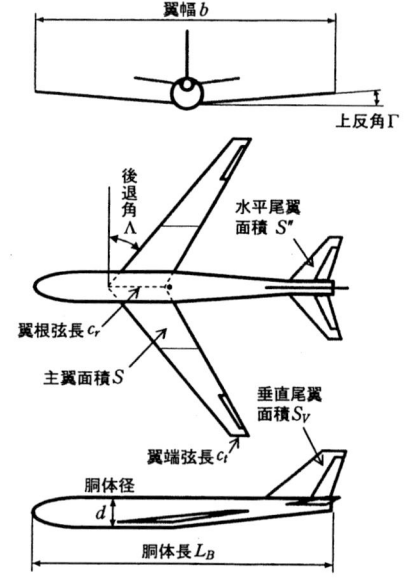

図 1.1-1　代表的設計データ

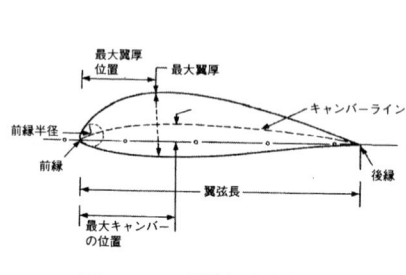

図 1.1-2　翼断面形状

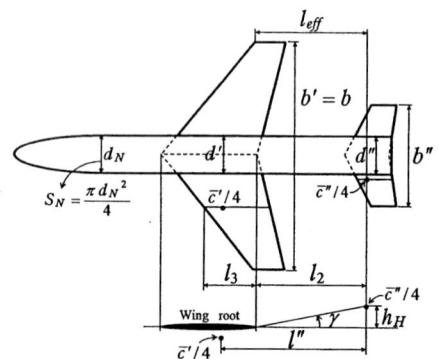

図 1.1-3　$C_{L\alpha}$, $C_{L\delta e}$, $C_{m\delta e}$ 関連図

　KMAPは強力な設計ツールであるものの，飛行機の形を創り出してくれるものではないことを理解しておく必要がある．飛行機の形は，設計者自ら創造するものである．KMAPは，与えられた機体形状について，飛行性能および

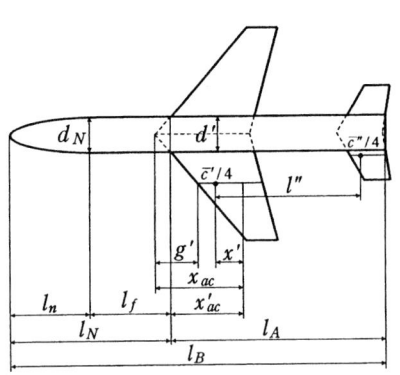
図 1.1-4 $C_{m\alpha}$ 関連図

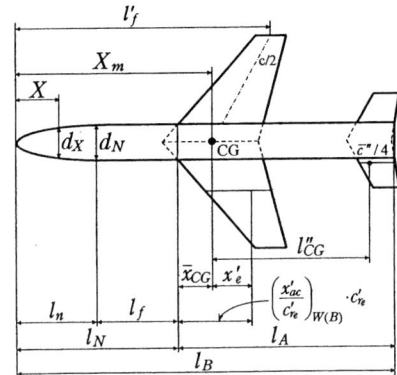
図 1.1-5 C_{m_q}, C_{L_q}, C_{l_β} 関連図

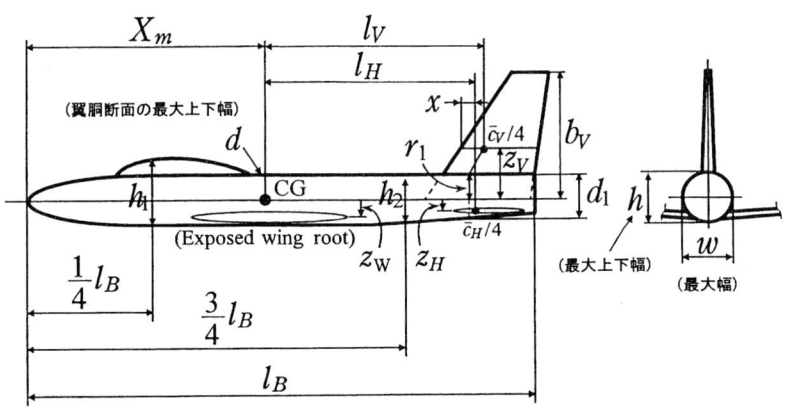
図 1.1-6 横・方向関連図

飛行特性を満足する機体規模（大きさと重量）の最適値を提案してくれるだけであり，それを決定するのは設計者自身である．例えば，ある既存の機体形状をまねて性能要求を満足した場合は，多少大きさは違っても既に飛んでいる機体そっくりの飛行機が出来上がるわけである．これでは新規設計とは言えず，また飛行機設計自体がつまらないものとなってしまう．KMAPを用いれば，解析計算は全てパソコンが行ってくれるので，設計者はそのツールを活用して，ぜひ新しい飛行機の創造設計を楽しんでいただければ幸いである．

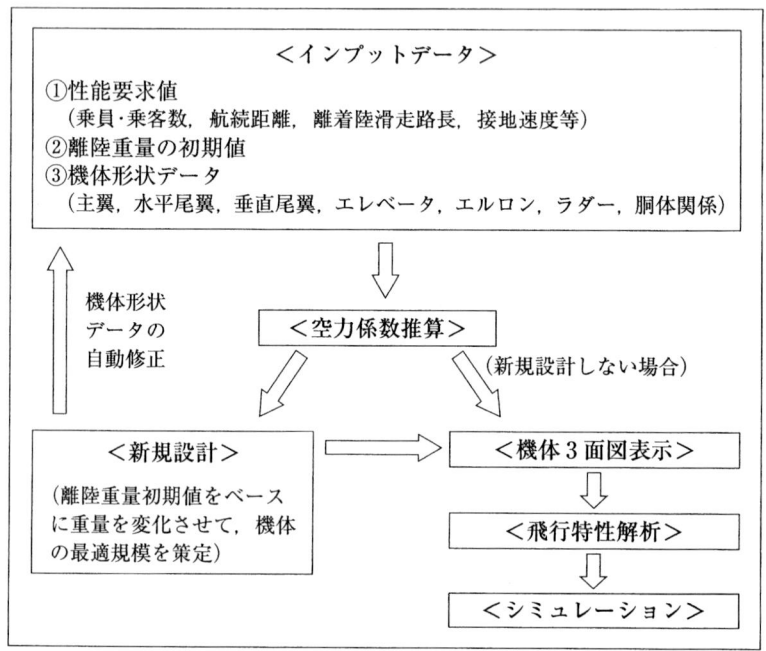

図 1.1-7　KMAP による飛行機設計

1.2　プログラムのインストール方法

　本書のプログラムを下記手順にてインストールします．インストールしたプログラムは，そのまま Microsoft Windows 上で実行することができます．（Windows Vista，XP および Me において作動することを確認しています）．
　（1）　インターネットで，著者の下記ホームページにアクセスする．
　　　　● http://r-katayanagi.air-nifty.com
　このホームページ内に，「**KMAP による飛行機設計演習**」の項目があり，その下の「KMAP のダウンロード」をクリックすると，ユーザー名とパスワードを入れる欄が表示されます．そこに下記をキーインするとダウンロードのページに入ることができます．
　　　　ユーザー名：「katalabo4」，パスワード：「kmap」

(2)　ファイルをダウンロードし解凍します．
ファイルの内容は下記のようになっています．
　①計算プログラム実行ファイル
　　・KMAP**.exe
　　　　（**はプログラムのバージョンを表す番号）
　②インプットデータファイル
　　・****.DAT
　　　　（****はユーザが設定する適当なファイル名）
　　　　（本書で用いたデータファイルもダウンロードされます）
　③計算実行時の書き出しファイル
　　・TES1.DAT～TES12.DAT
　　・Case1.csv
　④グラフ作成 Excel ファイル
　　・KMAP（時歴40*）**.xls
　　・KMAP（時歴200*）**.xls
　　　　（シミュレーション結果の図ファイル）
　　・KMAP（f特，根軌跡）**.xls
　　　　（安定性解析結果の図ファイル）
　⑤支援ファイル
　　・W000B.DAT
　　　　（インプットデータ作成支援用データ）
　　・KMAP.BAT
　　　　（C:¥KMAP ホルダーへ移動する実行ファイル）

1.3　プログラムの起動

(a)　プログラムの起動は，Windows のコマンドプロンプト画面から行うのが便利である．このコマンドプロンプト画面を用いなくとも直接 C:¥KMAP ホルダー内のプログラム KMAP**.exe をダブルクリックすればプログラムの起動は可能である．しかし，この場合は計算が終了すると画面は消えてしまうので計算の途中結果も一緒に消えてしまうため解析

状況がわかりにくい．これに対して，コマンドプロンプト画面から実行すると，計算終了後も画面に履歴が残るし，また画面のコピーを用いて出力のデータを報告書に貼り付けて使うことも可能となり使いやすい．

(b) コマンドプロンプト状態にするには，Windows の「スタート」，「プログラム」，「アクセサリー」，「コマンドプロンプト」を起動する．ここで，<u>CD C:¥KMAP</u> とタイプインすると次のようなコマンドプロンプト状態となる．

```
Microsoft Windows XP [Version 5.1.2600]
(C) Copyright 1985-2001 Microsoft Corp.

C:¥Documents and Settings¥Administrator>CD C:¥KMAP

C:¥KMAP>
```

なお，"C:¥Documents and Settings¥Administrator" のホルダーに，添付の "KMAP.BAT" ファイルをコピーしておくと，<u>KMAP</u> とタイプインすれば，上記プロンプト状態にできる．

(c) C:¥KMAP¥>の状態から <u>KMAP ∗∗</u> とキーインすると，プログラム KMAP ∗∗.exe ファイルが起動できる．（∗∗はプログラムのバージョンを表す番号）

1.4 インプットデータの読み込み

プログラムが起動すると，インプットデータのファイル名を聞いてくるので，<u>∗∗∗∗.DAT</u>（∗∗∗∗は作成したファイル名）をタイプインすると下記のような表示となる．

第1章 解析プログラム KMAP（ケーマップ）とは

```
C:¥KMAP>KMAP33        （←プログラム名を入力）
File name missing or blank - please enter file name
UNIT 8? CDES.EXAMPLE.DAT   （←インプットデータ名を入力）
         CDES.EXAMPLE.DAT...（大型旅客機の例題）

         ...IPRNT=0 : Simulation...
              =2 : Stability Analysis...
              =3 : Simulation データ加工(TMAX＞40秒)
----(INPUT)---- IPRNT=
```

これ以降の操作方法は，後述する実際の解析内容の章で説明する．

1.5 ご利用にあたっての注意事項

　航空機の運動解析プログラム（KMAP）は，産業図書株式会社が著作権者の許諾を受け，お客様に使用許諾するものです．ご利用にあたっては，下記注意事項をお読み下さい．
 (1) プログラム（KMAP）およびデータをはじめ，本書の内容の著作権その他の権利は著者にあります．
 (2) KMAP は本書を購入頂いたお客様の個人利用の範囲内において使用できます．
 (3) 利用者は第三者に譲渡，貸与することはできません．
 (4) KMAP を使用したことによる直接的または間接的に生じた障害や損害については，著作権者ならびに産業図書株式会社は一切の責任を負いません．

第 2 章　飛行機の開発計画

　飛行機を設計する際に重要なことは，その航空機に課せられた性能要求を，いかにうまく調和をとりながら満足させるか，ということである．しかし，全ての要求を平均的に満足しても，必ずしも最適な機体とはならない．その機体に要求されているミッションに最も適した機体でなければ，いくら調和がとれた性能であっても意味がないからである．与えられたミッションと性能要求を満足する機体を設計する場合，いきなり最適な機体が得られるわけではない．従来の統計データを基に，初期の諸元を仮設定し，それらを何度も見直して次第に最適な機体へと仕上げていくわけである．このような初期段階の機体設計を**概念設計**（conceptual design）といい，飛行機開発において機体の良し悪しを決める最も重要な作業である．本書では，この概念設計段階の作業を演習を通して学ぶ．

図 2.1　旅客機の例

2.1　飛行機開発のながれ

　概念設計後の飛行機開発のながれを少し説明すると以下のようである．概念設計の結果が満足いくものであれば開発に進むかどうかの決心が行われる．こ

こで開発ゴーとなれば，設計チームが編成されて**基本設計**，**細部設計**へと進んでいく．細部設計の中間段階になると，製造図の出図が開始され，機体の製作（試作）作業も始まることになる．この時点で**実大模型(モックアップ)**が作られ，実際に運用された場合を想定して，不具合等あれば早急に改善して製造図に反映していく．この段階で大きな不具合が発覚すると，開発スケジュールに影響するため，実大模型審査は大きな節目となるイベントである．細部設計が終了すると，機体が出来上がるまでの間，地上で搭載システムの確認試験が行われる．実際の物が設計どおりに機能するかどうか徹底的に確認が行われる．機体が出来上がると，機体をお披露目する**ロールアウト式典**が行われる．このとき工場内は晴れやかな式典会場に変身するが，この式典終了後，機体はもちろんであるが，開発担当者には過酷な**実機地上試験**が待ち受けている．初飛行のスケジュールは決まっているので，それまでに飛行可能であることを保証しなければならない．開発を始めてから4年程経過しているため，ここでのスケジュール遅延は大きな影響を与える．実機地上試験での不具合は徹底的に改善する必要があり，トラブルシュートは待ったなしの作業となる．その間他の部位の機能試験を先に実施することもあるが，全ての機能品が正常な状態で確認試験を行うのが基本である．実機の地上試験が進んでいくと，今度は初飛行の緊張感が開発担当者およびパイロットにのしかかってくる．パイロットは自分では緊張はしていないと言うが，実際に体重が減ってくることが知られている．（もちろん一連の飛行試験が終了するとまた元に戻るが．）こうして初飛行に成功したとしても，これで終わりではない．この後，1年から2年の長い**飛行試験**が続くわけである．軍用機の場合，完成した機体が実際に使われるまで約6年半の歳月がかかる（表2.1）．このような長期間の重圧をはねのけて開発を成功させたときは，本当に嬉しいものである．飛行機の評判が良ければなおさらである．

　本書は，以上述べた一連の飛行機開発のながれの中で，最初に実施される概念設計について述べたものである．概念設計の良し悪しは，その後に実施される開発作業に大きな影響を与え，かつ出来上がった機体の評価も左右する．機体が売れなければ開発は失敗である．かといっても，競争相手を凌駕するために，現実に達成不可能な性能を掲げて客先に提示した場合，それを満たせない場合には契約違反となってしまう．すなわち，最初の計画をしっかりすること

が重要であり，その意味でも概念設計は最初の正念場といえる作業なのである．

2.2 用途・任務目的の決定

概念設計を始める場合，まず開発する機体の用途・任務目的を決める必要がある．飛行機は民間機と軍用機で大きく異なる．民間機および軍用機の用途・任務の分類を以下に示す．

＜民間機の**耐空類別**＞
　①曲技A：⎫　　　　　　　　（用途）曲技飛行
　②実用U：⎬　5.7トン以下，（用途）一部を除く曲技飛行
　③普通N：⎭　　　　　　　　（用途）普通の飛行
　④輸送C：　　8.6トン以下，（用途）航空運送事業（客席≦19）
　⑤輸送T：　　　　　　　　　（用途）航空運送事業
　⑥特殊X：　　　　　　　　　（用途）①から⑤に属さないもの

＜軍用機の任務類別＞
　①輸送C，　②電子機E，　③戦闘F，　④空中給油K，
　⑤連絡L，　⑥掃海M，　　⑦観測O，　⑧哨戒P，
　⑨偵察R，　⑩対潜S，　　⑪練習T，　⑫救難U

このように，民間機または軍用機の用途・任務が決まると，次に示すその他の機体の分類を決める．

　①旅客機，貨物機
　②短距離機，中距離機，長距離機
　③亜音速機（subsonic），超音速機（SST），極超音速機（HST，$M>4$）
　④陸上機，水上機
　⑤エンジン単発，双発機，3発機，4発機
　⑥ピストンエンジン，ターボプロップ，ターボジェット，ターボファン
　⑦CTOL（Conventional Take-off and Landing），
　　STOL（Short Take-off and Landing），
　　VTOL（Vertical Take-off and Landing）
　⑧乗員数，乗客数

表2.1 開発日程例（XT-4中等練習機）[20]

項目 \ 年度	昭和56	57	58	59
開発階段と主要マイルストーン	開発開始▽　計画審査▽　技術開発実施計画書の承認	──計画審査および関連試験審査── △実大模型審査	細部設計 ────────── 試　作 ──────── 艤装審査▽ 構造審査△	
設計作業	▼開始　基本設計 細部設計開始▽ DTC手順書▽ コストコントロール活動	基本図完了▽ MD▽ 配分目標値▲	▲製造図出図開始 開始　試作維持設計 ▼計画図面完了	▼製造図完了 取扱説明書作成 ▽コスト評価（製造図）
開発関連試験など	関連試験── 部分木型── 実大木型──	基礎試験完了▽	脱出系統機能試験#00　設計 詳細試験完了▽	
装備品技術確認試験		主要装備品──────────────── 主要材料────────────────		完了▽
試作および全機試験		治具製作──	部品製作開始── #00 #01 #1 #2	最終組立 #3 #4 #02
技術実用試験				静強度試験#01▽
エンジン開発	エンジン選定▽			▽エンジン官給開始

第2章　飛行機の開発計画

	60	61	62	63	平成1
				試験運用	
		飛行試験(技術/実用試験)			量産機

関連試験審査　完成審査
▽▽飛行前審査　#4納入　　　　　開発完了
　　▽　　　　　▽　　　　　　　▲
　▲　△　　　　　　　　飛行試験完了　部隊使用承認
初飛行　飛行審査
　　　　#1納入

　　　▼取扱説明書完成　　　　　　▼TO制定
　　　　　TO作成
　　　　△完了
　　　　　▽実績評価(試作機)

確認試験完了
　　▽

▽試験完了

　完了
　▽
　　　初飛行　社内飛行
地上試験▼　試験
　　　　　　▽納入
　　　　↑
　　　▽完成
　初飛行条件完了　試験完了　　　　損傷許容性試験完了
疲労強度試験#02▽　▽1ライフタイム
　　　　　　　　　　▽2ライフタイム完了　▽
　　　　　　　　技術/実用試験　　　完了
　　　　　　　　△受領　　　　　　△

注記
1. ■クリティカルパス
2. MD(Master Dimension)とは数式で表された線図で，CAD/CAMシステムに連接される．
3. TOとは技術指令書(Technical Order)の略。

2.3 性能要求値の決定

　飛行機の用途・任務の目的が決まると，それに最適な飛行機を決めていくわけであるが，まず必要なのは，この飛行機にどのような性能を持たせるのかということである．単に一番の性能値を競うわけではないので，飛行機の目的にあったバランスの良い性能を決める必要がある．総花的にあらゆる性能値を高く設定すると，特徴のない高価な機体となり，結果として売れないため，その飛行機は失敗作となってしまう．

　目的にあったバランスの良い性能値を決めることは簡単ではない．通常は，同様な目的を持つ飛行機をターゲット機として，その性能値を参考にするのが良い．何故そのような性能値となっているのか，何故そのような機体形状となっているのかを理解する必要がある．その理解なくしてそのターゲット機を凌駕する機体を生み出すことはできない．飛行性能値を決めるためには，飛行性能の物理的意味を理解しておく必要がある．次章では，概念設計に必要な飛行機の性能について学んでいく．

第3章　飛行性能

　飛行機の概念設計の方法を学ぶためには，まず機体の運動方程式を理解する必要がある．本章では，飛行機を質点として運動方程式を導き，各種飛行性能の解析に必要となる基礎関係式について述べる．

3.1　機体に働く力の釣合い

　航空機の縦面内（航空機を対称面で切った断面）における重心の並進運動，すなわち質点の運動方程式を導く．

(1)　重心の運動方程式

　図 3.1-1 に示す機体に働く力の釣合いについて考えよう．機体に働く力は，揚力 L(kgf)，抗力 D(kgf)，機体重量 W(kgf) およびエンジン推力 T(kgf) である．α は迎角（deg），θ はピッチ角（deg），γ は飛行経路角（deg）である．

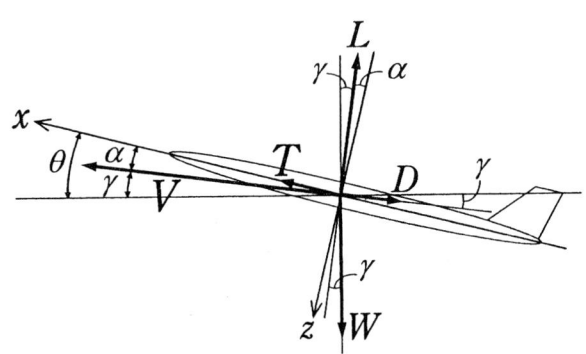

図 3.1-1　機体に働く力

重心における機体速度を V(m/s) とすると，接線加速度 $\dot{V}_t$ と法線加速度 $\dot{V}_n$ は，図 3.1-2 から次のように得られる．

$$\begin{cases} \dot{V}_t = \lim_{\Delta t \to 0} \dfrac{(V+\Delta V)\cos\Delta\gamma - V}{\Delta t} = \dot{V} \\ \dot{V}_n = \lim_{\Delta t \to 0} \dfrac{(V+\Delta V)\sin\Delta\gamma}{\Delta t} = V\dfrac{\dot{\gamma}}{57.3} \end{cases} \quad (3.1\text{-}1)$$

ここで，(3.1-1)式の第2式右辺の 57.3 という数字が出てくるのは，deg 単位と rad 単位との換算式 1(rad)=57.3(deg) である．

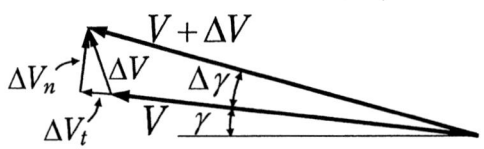

図 3.1-2　接線加速度と法線加速度

(3.1-1)式の第1式から，機体速度 V 方向の運動方程式が次式で表される．

$$\boxed{\dfrac{W}{g}\dot{V} = T\cos\alpha - D - W\sin\gamma} \quad [V\text{方向の運動方程式}] \quad (3.1\text{-}2)$$

一方，V に直角方向の法線加速度は $V\dot{\gamma}/57.3$ であるから，揚力方向の運動方程式は次式で与えられる．

$$\boxed{\dfrac{W}{g}\cdot\dfrac{V\dot{\gamma}}{57.3} = T\sin\alpha + L - W\cos\gamma} \quad [V\text{に直角方向の運動方程式}] \quad (3.1\text{-}3)$$

いま，速度 V = 一定とすると，(3.1-2)式より

$$\sin\gamma = \dfrac{T\cos\alpha - D}{W} \quad (3.1\text{-}4)$$

が得られ，従って上昇率 $\dot{h}$(ft/s) が次式で与えられる．

$$\dot{h} = 3.281 V\sin\gamma = 3.281 V\dfrac{T\cos\alpha - D}{W} \quad (3.1\text{-}5)$$

さて，次式で定義される specific energy (energy hight とも言われる) h_e(ft) について考えよう．

$$h_e = h + \dfrac{3.281}{2g}V^2 \quad (\text{ft}) \quad (3.1\text{-}6)$$

この h_e を時間微分した量，すなわちエネルギーレートは**余剰推力**（SEP；

specific excess power) と呼ばれ，P_s(ft/s) で表す．余剰推力は，(3.1-5)式を時間微分し，(3.1-1)式を用いて変形すると次のように与えられる．

$$P_s = \dot{h}_e = \dot{h} + \frac{3.281}{g}V\dot{V}$$
$$= 3.281 V\sin\gamma + \frac{3.281}{g}V \cdot \frac{g}{W}(T\cos\alpha - D - W\sin\gamma)$$
$$= 3.281 V \frac{T\cos\alpha - D}{W} \qquad (3.1\text{-}7)$$

P_s が正の値の時は，機体はより高いエネルギー状態に移行出来る能力があることを示す．例えば，高度一定の場合は加速度に比例した量を示す．また，速度が一定の場合には上昇率を示し，(3.1-5)式と一致することがわかる．

  <注意>本書では，コックピット内の計器表示に合わせ，高度 h は ft，上昇率 $\dot{h}$ は ft/s 単位を用いる．速度については，真対気速度 V は m/s，等価対気速度 V_{KEAS} は kt 単位を併用する．(コックピット内は，V_{KEAS} に計器誤差を含んだものが kt 単位で表示される．)

(2) 定常直線飛行の式

定常直線飛行の場合は，(3.1-2)式および (3.1-3)式において，$\dot{V} = \dot{\gamma} = 0$ とおいて次式が得られる．

$$\begin{cases} W\sin\gamma = T\cos\alpha - D \\ W\cos\gamma = T\sin\alpha + L \end{cases} \qquad (3.1\text{-}8)$$

これから，飛行経路角 γ (deg) が次のように得られる．

$$\gamma = 57.3 \sin^{-1} \frac{T\cos\alpha - D}{W} = 57.3 \tan^{-1} \frac{T\cos\alpha - D}{T\sin\alpha + L} \qquad (3.1\text{-}9)$$

ただし，この式の右辺の $\sin^{-1}$ の式は，(3.1-8)式の第 1 式のみで求めており，直線運動のもう一つの条件式である第 2 式が考慮されていないことに注意する必要がある．

(3) 定常水平飛行の式

定常水平飛行の場合は，(3.1-8)式において，$\gamma = 0$ とおいて次式が得られる．

$$\begin{cases} D = T\cos\alpha \\ L = W - T\sin\alpha \end{cases} \qquad (3.1\text{-}10)$$

また，α は小さいと仮定すると，次のように近似できる．
$$\begin{cases} D \fallingdotseq T \\ L \fallingdotseq W \end{cases} \tag{3.1-11}$$

(4) 揚力および抗力の式

流体の流れに関するベルヌーイの定理によると，密度 ρ，速度 V の流れの中に垂直においた板でせき止めると，この板が受ける圧力は $(1/2)\rho V^2$ である．$(1/2)\rho V^2$ は**動圧**と呼ばれ圧力の単位($\mathrm{kgf/m^2}$)で表される．従って，動圧に主翼面積を掛けると力の単位になることから，揚力 L および抗力 D を $(1/2)\rho V^2 S$ で無次元化して，揚力係数 C_L および抗力係数 C_D を次式で定義する．

$$L = \frac{1}{2}\rho V^2 S C_L = \bar{q} S C_L \tag{3.1-12}$$

$$D = \frac{1}{2}\rho V^2 S C_D = \bar{q} S C_D \tag{3.1-13}$$

ここで，ρ は空気密度($\mathrm{kgf \cdot s^2/m^4}$)，$V$ は機体速度($\mathrm{m/s}$)，S は主翼面積($\mathrm{m^2}$)，$\bar{q} = (1/2)\rho V^2$ は動圧($\mathrm{kgf/m^2}$) である．

抗力係数 C_D は一般的に次のような式で与えられる．
$$C_D = C_{D_0} + k C_L^2 \tag{3.1-14}$$

ここで，右辺第1項の C_{D_0} は**有害抗力**（parasite drag）**係数**と言い揚力が零のときの抗力，第2項は**誘導抗力**（induced drag）**係数**と言い揚力に起因する抗力である．誘導抗力の係数 k は次の式で与えられる．

$$k = \frac{1}{\pi e A} \tag{3.1-15}$$

ここで，e は**飛行機効率**（airplane efficiency）で 0.8 程度の値である．また，A は翼の**縦横比**（**アスペクト比**，aspect ratio）である．

ここで，図 3.1-3 に示す3次元直線翼の平面形について説明しておく．x 軸は飛行方向を表し，y 軸は右翼方向を表す．c_r は**翼根弦長**，c_t は**翼端弦長**，$\lambda = c_t/c_r$ は**先細比**（**テーパ比**），b は**翼幅**（**スパン**）である．このとき，翼面積 S は次式で表される．

$$S = \frac{b}{2} c_r (1 + \lambda) \tag{3.1-16}$$

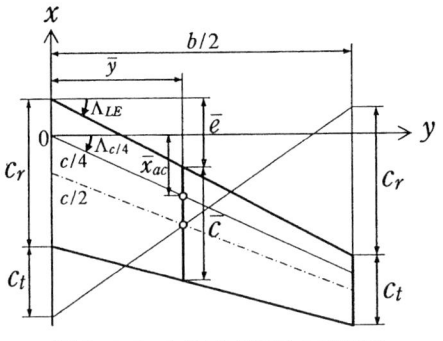

図 3.1-3　3次元直線翼の平面形

アスペクト比 A はスパン b と翼面積 S を用いて次のように与えられる．

$$A = \frac{b^2}{S} \tag{3.1-17}$$

また，次式

$$\bar{c} = \frac{2}{3} c_r \frac{1+\lambda+\lambda^2}{1+\lambda} = \frac{2}{3} c_r \left(\lambda + \frac{1}{1+\lambda}\right) \tag{3.1-18}$$

で表される $\bar{c}$ は**平均空力翼弦**（Mean Aerodynamic Chord；MAC）といい，各翼断面の空力中心のモーメント $C_{m_{ac}}$ の全翼での合計に等しくなるような平均の翼弦である．

$\bar{c}$ の y 軸方向位置 $\bar{y}$ は次のように表される．

$$\bar{y} = \frac{b}{6} \cdot \frac{1+2\lambda}{1+\lambda} \text{（主翼，水平尾翼）}, \quad \bar{y} = \frac{b}{3} \cdot \frac{1+2\lambda}{1+\lambda} \text{（垂直尾翼）} \tag{3.1-19}$$

なお，$\bar{c}$ の位置は図 3.1-3 に示すように幾何学的に簡単に求めることができる．さらに，Λ_{LE} は前縁の**後退角**，$\Lambda_{c/4}$ は**翼弦長** c の前縁から25％の位置（$c/4$ と表記）を連ねた線の後退角である．

図 3.1-4 は，主翼に発生する抗力について図示したものである．図 3.1-5 は誘導抗力の係数 k の他機例，図 3.1-6 は有害抗力係数 C_{D_0} の他機例である．図 3.1-7 は C_{D_0} の後退角の影響を示す．また，図 3.1-8 は戦闘機と旅客機の抗力の内訳を比較したものを示す．

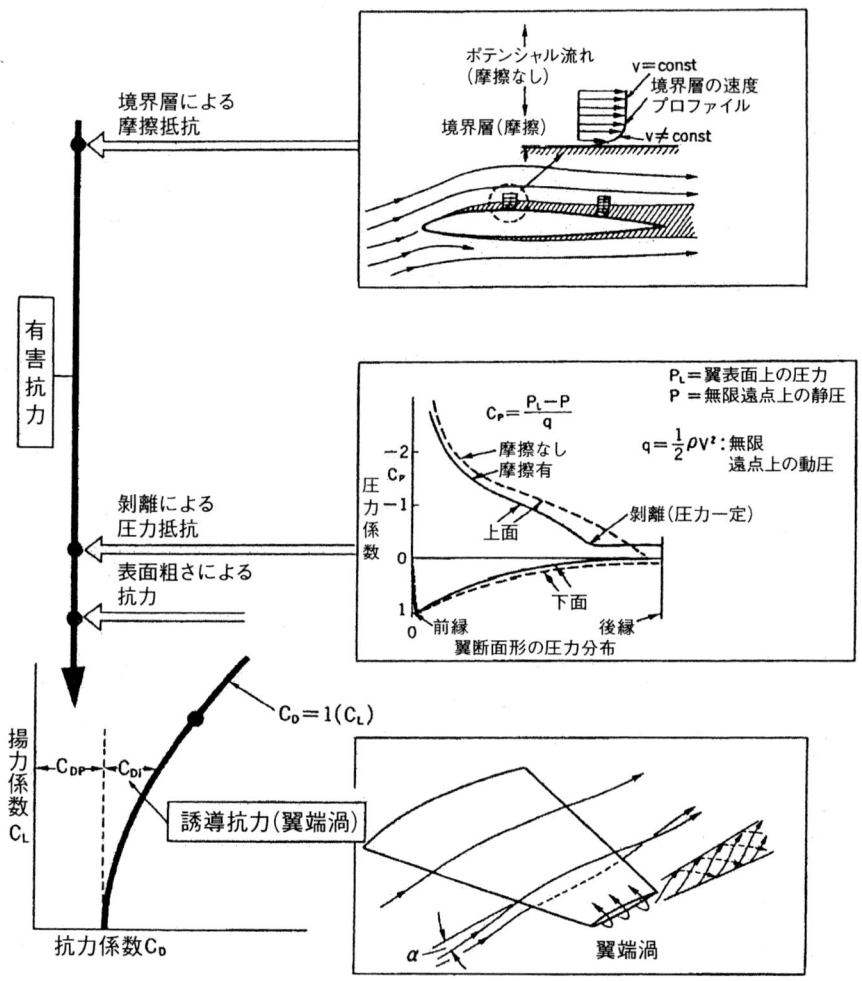

図 3.1-4 主翼に発生する抗力[7]

第3章 飛行性能

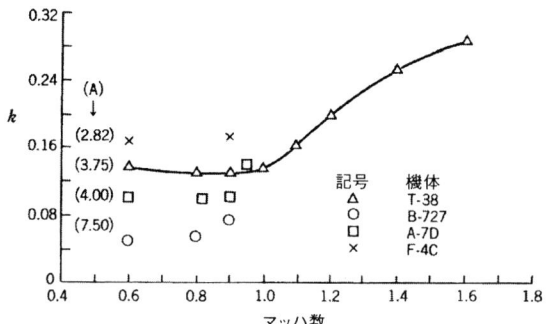

図 3.1-5 誘導抗力の係数 k [6)]

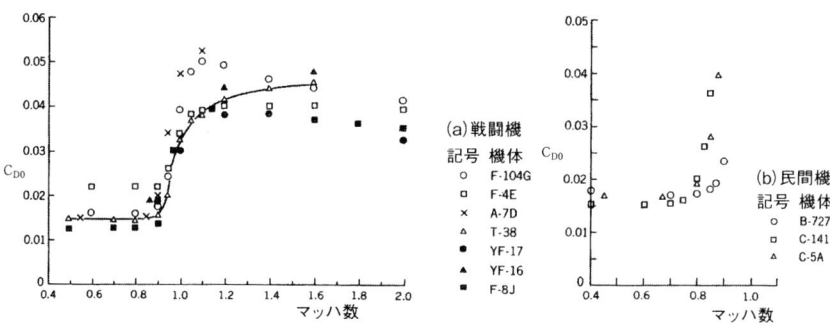

図 3.1-6 有害抗力係数 C_{D_0} [6)]

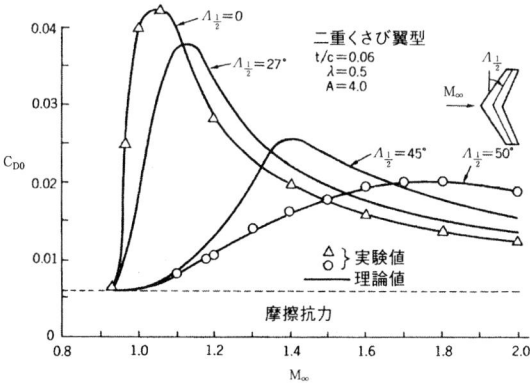

図 3.1-7 C_{D_0} の後退角の影響 [6)]

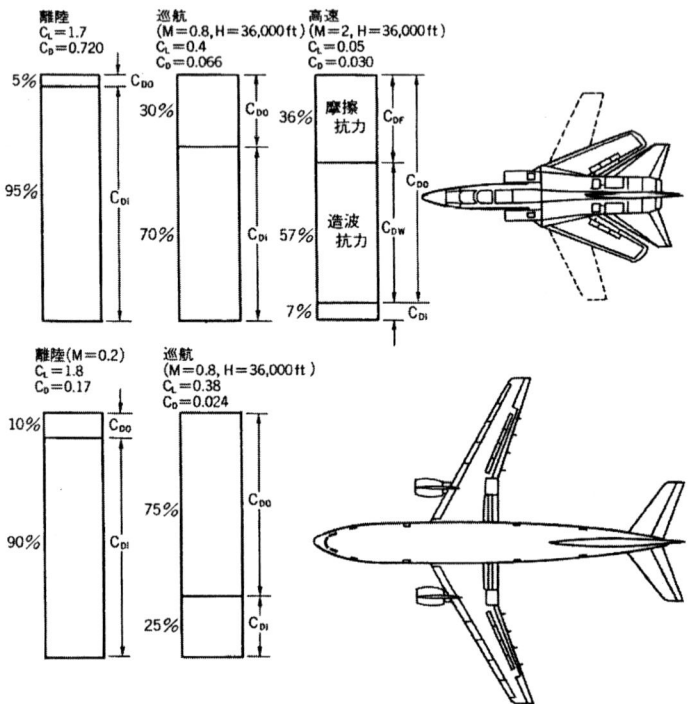

図 3.1-8　戦闘機と旅客機の抗力比較[7]

3.2 巡航性能

(1) 巡航の基礎式

巡航性能は,速度一定の水平飛行の性能である.力の釣合いは,(3.1-11)式より次の簡単な式で表される.

$$\begin{cases} D = T \\ L = W \end{cases} \quad (3.2\text{-}1)$$

ここで,(3.1-12)式および(3.1-13)式を(3.2-1)式に代入すると次式を得る.

$$L = \bar{q}SC_L = W, \quad \therefore \bar{q}S = \frac{W}{C_L} \quad (3.2\text{-}2)$$

$$T = D = \bar{q}SC_D = W\frac{C_D}{C_L} \tag{3.2-3}$$

いま,抗力係数 C_D は

$$C_D = C_{D_0} + kC_L^2 \tag{3.2-4}$$

と表されるから,(3.2-3)式に代入して

$$D = W\frac{C_D}{C_L} = W\frac{C_{D_0} + kC_L^2}{C_L} = \frac{W}{C_L}C_{D_0} + kWC_L \tag{3.2-5}$$

ここで,(3.2-2)式を用いると,(3.2-5)式は次のように変形できる.

$$\begin{aligned} D &= W\frac{C_D}{C_L} = \bar{q}SC_{D_0} + \frac{kW^2}{\bar{q}S} \\ &= \frac{\rho SC_{D_0}}{2}V^2 + \frac{2kW^2}{\rho S}\cdot\frac{1}{V^2} \end{aligned} \tag{3.2-6}$$

すなわち,抗力 D は速度の2乗に比例する項と速度の2乗に反比例する項との加え合わせであるから,速度変化に対して最小値を持つことがわかる.

(2) 抗力最小の条件

抗力 D が最小になる条件は,(3.2-3)式から C_D/C_L が最小(揚抗比 C_L/C_D が最大)のときである.この場合の揚力係数を求めてみる.(3.2-5)式から

$$\frac{d}{dC_L}\left(\frac{C_D}{C_L}\right) = \frac{d}{dC_L}\left(\frac{C_{D_0}}{C_L} + kC_L\right) = -\frac{C_{D_0}}{C_L^2} + k = 0 \tag{3.2-7}$$

$$\therefore \boxed{C_{L_1} = \sqrt{\frac{C_{D_0}}{k}}} \quad (\text{抗力 } D \text{ 最小},\ C_D/C_L \text{ 最小},\ C_L/C_D \text{ 最大}) \tag{3.2-8}$$

を得る.このときの抗力(必要推力)の最小値は,(3.2-5)式から

$$D_{\min} = \frac{W}{C_L}C_{D_0} + kWC_L = W\sqrt{kC_{D_0}} + W\sqrt{kC_{D_0}} = 2W\sqrt{kC_{D_0}} \tag{3.2-9}$$

となり,重量に比例し高度(ρ)には無関係であることがわかる.なお,このとき抗力の第1項と第2項は等しくなっている.図3.2-1 は抗力に最小値が生じることを説明したものである.

また,揚抗比の最大値は(3.2-9)式から次のようになる.

$$\left(\frac{L}{D}\right)_{\max} = \left(\frac{C_L}{C_D}\right)_{\max} = \frac{W}{D} = \frac{1}{2\sqrt{kC_{D_0}}} \tag{3.2-10}$$

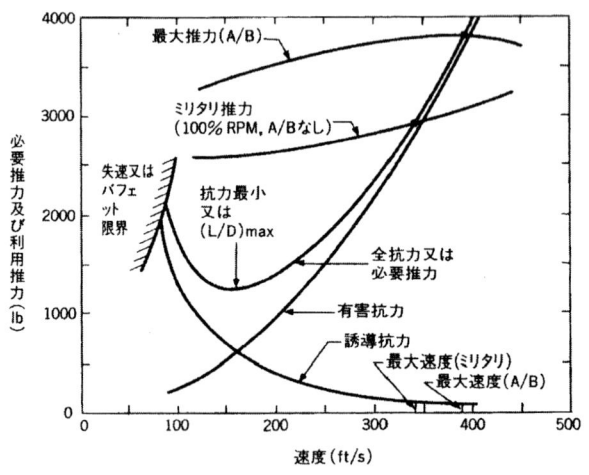

図3.2-1 抗力最小値[6]

巡航時においては

$$\frac{T}{W} = \frac{D}{L} = \frac{1}{C_L/C_D} \tag{3.2-11}$$

であるから,抗力最小(揚抗比最大)巡航の場合の T/W の条件として次式が得られる.

$$\frac{T}{W} \geq 2\sqrt{kC_{D_0}} \quad (抗力 D 最小,\ C_D/C_L 最小,\ C_L/C_D 最大) \tag{3.2-12}$$

この T/W は**推力重量比**(thrust-to-weight ratio)という.図3.2-2に C_L に対する C_D の変化および L/D の変化を示す.また,図3.2-3に $(L/D)_{\max}$ に対するアスペクト比 A の影響を示す.

(3.2-12)式は巡航時の条件であるが,他の性能と比較するために,推力および重量を離陸時の値に換算すると

$$\frac{T/T_{TO}}{W/W_{TO}} \cdot \left(\frac{T}{W}\right)_{TO} \geq 2\sqrt{kC_{D_0}} \tag{3.2-13}$$

と変形でき,これから次の関係式が得られる.

$$\left(\frac{T}{W}\right)_{TO} \geq 2\sqrt{kC_{D_0}} \left(\frac{W/W_{TO}}{T/T_{TO}}\right)_{巡航} \quad (D 最小,\ C_L/C_D 最大) \tag{3.2-14}$$

(3.2-14)式の条件式は,後述する航続時間最大の条件と同じである.

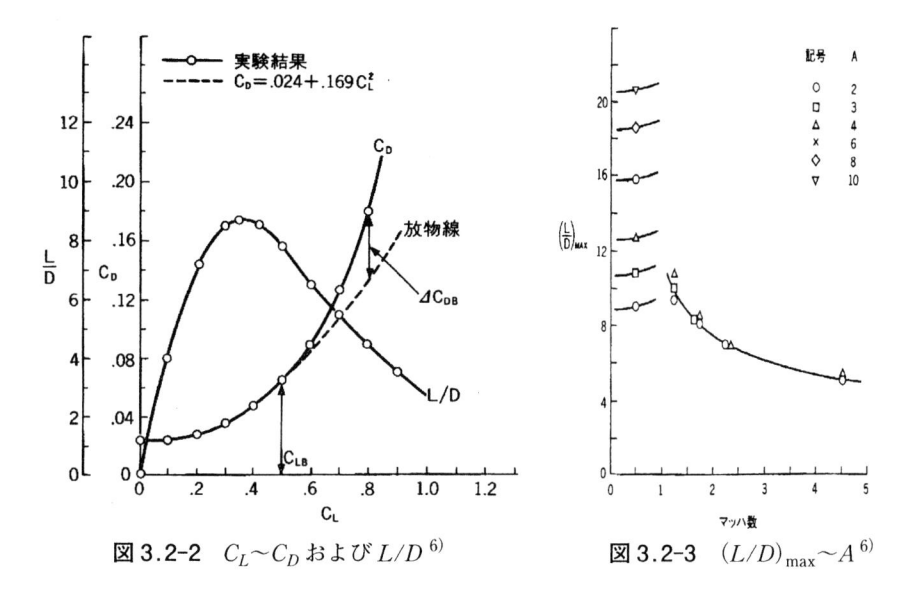

図 3.2-2 $C_L \sim C_D$ および L/D [6]

図 3.2-3 $(L/D)_{max} \sim A$ [6]

次に，(3.2-14)式右辺の $\left(\dfrac{W/W_{TO}}{T/T_{TO}}\right)_{巡航}$ について考える．巡航状態における推力 T は，巡航高度および巡航マッハ数によって変化する．この巡航時の推力 T の離陸時の推力 T_{TO} に対する比を次のように表す．

$$T/T_{TO} = E_{TO} \tag{3.2-15}$$

一方，巡航時の重量比 W/W_{TO} は，離陸後の重量比 W_2/W_{TO} および離陸後から巡航開始時の重量比 W_3/W_2 から次のように表される．

$$W/W_{TO} = (W_2/W_{TO}) \cdot (W_3/W_2) \tag{3.2-16}$$

(3.2-15)式と (3.2-16)式を (3.2-14)式に代入すると，離陸時に換算した推力重量比の要求値が次式で得られる．

$$\boxed{\left(\frac{T}{W}\right)_{TO} \geq 2\sqrt{kC_{D_0}} \cdot \frac{(W_2/W_{TO}) \cdot (W_3/W_2)}{E_{TO}}} \tag{3.2-17}$$

(D 最小，C_L/C_D 最大)

ここで，E_{TO} は (3.2-15)式に示すように，離陸時推力に対する巡航時推力の倍率で，ターゲットエンジンの性能値を参考にして決める．

(3) 航続距離

燃料1kgfで飛行できる距離は重要である．これを**比航続距離** $S.R.$ (specific range) といい，機体速度 V(m/s) として次式で与えられる．

$$S.R. = 3.6 \frac{V}{F/F} \quad (\text{km}/\text{燃料 kgf}) \tag{3.2-18}$$

ここで，F/F は**燃料流量**で次式である．

$$F/F = -\frac{dW_f}{dt} = b_J T \quad (\text{燃料 kgf/hr}) \tag{3.2-19}$$

ここで，W_f は**燃料重量**，b_J は**燃料消費率**（specific fuel consumption）［単位はジェットエンジンでは kgf/(hr・推力 kgf)，ピストンエンジンでは gf/(hr・1PS)］，T は推力（kgf）である．推力 T は (3.2-3)式で表されるから，(3.2-19)式とともに (3.2-18)式に代入すると，$S.R.$ が次のように変形できる．

$$\boxed{S.R. = 3.6\frac{V}{F/F} = 3.6\frac{V}{b_J} \cdot \frac{C_L}{C_D} \cdot \frac{1}{W}} \quad (\text{km}/\text{燃料 kgf}) \tag{3.2-20}$$

一方，巡航時は

$$W = \frac{1}{2}\rho V^2 S C_L, \quad T = D = \frac{1}{2}\rho V^2 S C_D \tag{3.2-21}$$

の関係があるから，この式から速度 V は次のように表される．

$$V = \sqrt{\frac{2W}{\rho S C_L}}, \quad V = \sqrt{\frac{2T}{\rho S C_D}} \tag{3.2-22}$$

(3.2-22)式の最初の式を (3.2-20)式に代入すると

$$\begin{aligned}
S.R. &= 3.6\frac{V}{b_J} \cdot \frac{C_L}{C_D} \cdot \frac{1}{W} = 3.6\frac{1}{b_J}\sqrt{\frac{2W}{\rho S C_L}} \cdot \frac{C_L}{C_D} \cdot \frac{1}{W} \\
&= 3.6\frac{1}{b_J}\sqrt{\frac{2}{\sigma \rho_0 S}} \cdot \frac{\sqrt{C_L}}{C_D} \cdot \frac{1}{\sqrt{W}} = \frac{14.4}{b_J\sqrt{\sigma S}} \cdot \frac{\sqrt{C_L}}{C_D} \cdot \frac{1}{\sqrt{W}}
\end{aligned} \tag{3.2-23}$$

と表される．ここで，$\sigma = \rho/\rho_0$ は空気密度比，$\rho_0 = 0.12492$(kg・s^2/m^4) は S.L.（海面上）での標準空気密度である．(3.2-23)式は，C_L 一定（C_D も一定）および高度（$\sigma = \rho/\rho_0$）一定の場合に用いられる．（W 以外一定値となる）

また，(3.2-22)式の2つ目の式を (3.2-20)式に代入すると

第3章 飛行性能

$$S.R. = 3.6 \frac{V}{b_J} \cdot \frac{C_L}{C_D} \cdot \frac{1}{W} = 3.6 \frac{1}{b_J} \sqrt{\frac{2T}{\rho S C_D}} \cdot \frac{C_L}{C_D} \cdot \frac{1}{W}$$

$$= 3.6 \frac{1}{b_J} \sqrt{\frac{2T}{\sigma \rho_0 S}} \cdot \frac{C_L}{C_D^{3/2}} \cdot \frac{1}{W} = \frac{14.4}{b_J} \cdot \sqrt{\frac{T}{\sigma S}} \cdot \frac{C_L}{C_D^{3/2}} \cdot \frac{1}{W} \quad (3.2\text{-}24)$$

と表される．(3.2-24)式は，C_L 一定（C_D も一定）および速度 V 一定の場合に用いられる．V 一定であるから，W/ρ および T/ρ が一定である．この場合には (3.2-20)式も W 以外一定値となるので，航続距離を求める際には (3.2-20)式をそのまま用いても良い．

次に，**航続距離**を $R(\mathrm{km})$ とすると，$S.R.$ は燃料1kgfで飛行できる距離であるから

$$S.R. = -\frac{dR}{dW} \quad (3.2\text{-}25)$$

と表せる．従って，巡航開始時の重量 W_3 から巡航終了時の重量 W_4 に変化するまでの航続距離 R は

$$\boxed{R = \int_{W_3}^{W_4} \frac{dR}{dW} dW = -\int_{W_3}^{W_4} S.R. \, dW} \quad (\mathrm{km}) \quad (3.2\text{-}26)$$

で与えられる．

次に，燃料消費率 b_J を一定と仮定した場合に，$S.R.$ 最大の条件を求めてみよう．

① C_L および高度（ρ）一定の場合

(3.2-21)式の関係式から，C_L および高度（ρ）一定の場合，重量 W の減少とともに速度 V が減少しながらの巡航となる．このとき，$S.R.$ は (3.2-23)式から次のようになる．

$$S.R. = \frac{14.4}{b_J \sqrt{\sigma S}} \cdot \frac{\sqrt{C_L}}{C_D} \cdot \frac{1}{\sqrt{W}} \quad (\mathrm{km/kgf}) \quad (3.2\text{-}27)$$

(3.2-27)式は W 以外は一定値であり，$S.R.$ が最大となるのは $\sqrt{C_L}/C_D$ が最大のときである．その条件は次のように得られる．

$$\frac{d}{dC_L}\left(\frac{C_D}{\sqrt{C_L}}\right) = \frac{d}{dC_L}\left(\frac{C_{D_0}+kC_L^{\,2}}{\sqrt{C_L}}\right) = \frac{d}{dC_L}\left(C_{D_0}C_L^{-1/2}+kC_L^{\,3/2}\right)$$

$$= -\frac{1}{2}C_{D_0}C_L^{-3/2} + \frac{3}{2}kC_L^{1/2} = \frac{-C_{D_0}+3kC_L^{\,2}}{2C_L^{\,3/2}} = 0 \quad (3.2\text{-}28)$$

$$\therefore \boxed{C_{L_2} = \sqrt{\frac{C_{D_0}}{3k}} = \frac{1}{\sqrt{3}}C_{L_1}} \quad (\sqrt{C_L}/C_D \text{ が最大}) \quad (3.2\text{-}29)$$

このとき,抗力(必要推力)は,(3.2-5)式から

$$D = \frac{W}{C_L}C_{D_0} + kWC_L = W\sqrt{3kC_{D_0}} + W\sqrt{\frac{k}{3}C_{D_0}} = \frac{4}{\sqrt{3}}W\sqrt{kC_{D_0}} \quad (3.2\text{-}30)$$

となるから,揚抗比は次式で表される.

$$\frac{L}{D} = \frac{C_L}{C_D} = \frac{W}{D} = \frac{\sqrt{3}}{4\sqrt{kC_{D_0}}} = \frac{\sqrt{3}}{2}\left(\frac{L}{D}\right)_{\max} \quad (3.2\text{-}31)$$

また,$\sqrt{C_L}/C_D$ の最大値は

$$\left(\frac{\sqrt{C_L}}{C_D}\right)_{\max} = \frac{C_L}{C_D}\cdot\left(\frac{1}{C_L}\right)^{1/2} = \frac{\sqrt{3}}{4\sqrt{kC_{D_0}}}\cdot\left(\sqrt{\frac{3k}{C_{D_0}}}\right)^{1/2}$$

$$= \frac{\sqrt{3}}{4}k^{-1/2}C_{D_0}^{\,-1/2}\cdot(3k)^{1/4}C_{D_0}^{\,-1/4}$$

$$= 0.570\,k^{-1/4}C_{D_0}^{\,-3/4} \quad (3.2\text{-}32)$$

従って,(3.2-27)式から $S.R.$ の最大値が次のように得られる.

$$(S.R.)_{\max} = \frac{14.4}{b_J\sqrt{\sigma S}}\cdot\frac{\sqrt{C_L}}{C_D}\cdot\frac{1}{\sqrt{W}}$$

$$= \frac{8.20}{b_J\sqrt{\sigma S}}\cdot\frac{1}{k^{1/4}C_{D_0}^{\,3/4}}\cdot\frac{1}{\sqrt{W}} \quad (3.2\text{-}33)$$

次に,航続距離 $R(\mathrm{nm})$ は,$S.R.$ を積分することで得られるから,(3.2-33)式は W 以外は一定であるから積分すると次式が得られる.

$$(R)_{\max} = -\int_{W_3}^{W_4}(S.R.)_{\max}dW$$

$$= \frac{8.20}{b_J\sqrt{\sigma S}}\cdot\frac{1}{k^{1/4}C_{D_0}^{\,3/4}}\int_{W_4}^{W_3}W^{-1/2}dW$$

$$= \frac{8.20}{b_J\sqrt{\sigma S}}\cdot\frac{1}{k^{1/4}C_{D_0}^{\,3/4}}\cdot\left[2W^{\frac{1}{2}}\right]_{W_4}^{W_3}$$

$$= \frac{16.4}{b_J}\cdot\frac{1}{k^{1/4}C_{D_0}^{\,3/4}}\cdot\sqrt{\frac{W_3}{\sigma S}}\cdot\left(1 - \sqrt{\frac{W_4}{W_3}}\right) \quad (3.2\text{-}34)$$

さて，$\sqrt{C_L}/C_D$ が最大のときの揚抗比は，(3.2-31)式を用いると

$$\frac{T}{W} = \frac{D}{L} = \frac{1}{C_L/C_D} = \frac{4}{\sqrt{3}}\sqrt{kC_{D_0}} \qquad (3.2\text{-}35)$$

となる．これから，推力重量比 T/W の条件として次式が得られる．

$$\frac{T}{W} \geq \frac{4}{\sqrt{3}}\sqrt{kC_{D_0}} \qquad (3.2\text{-}36)$$

(3.2-35)式は巡航時の条件であるが，他の性能と比較するために推力および重量を離陸時の値に換算すると，(3.2-17)式と同様に次の関係式が得られる．

$$\boxed{\left(\frac{T}{W}\right)_{TO} \geq \frac{4}{\sqrt{3}}\sqrt{kC_{D_0}} \cdot \frac{(W_2/W_{TO})\cdot(W_3/W_2)}{E_{TO}}} \qquad (3.2\text{-}37)$$
$$(\sqrt{C_L}/C_D \text{ が最大})$$

ここで，E_{TO} は (3.2-15)式に示すように，離陸時推力に対する巡航時推力の倍率を表す．また，右辺の係数は 2.31 で，(3.2-14)式の揚抗比 C_L/C_D 最大の場合の係数 2.0 よりも若干辛い条件となっている．

② C_L および速度 V 一定の場合

(3.2-22)式の関係式から，C_L および速度一定の場合，重量 W は減少していくから空気密度 ρ が減少，すなわち上昇しながらの巡航（いわゆる "cruse climb"）となる．このとき，S.R. は (3.2-24)式から次のようになる．

$$S.R. = 3.6\frac{V}{b_J}\cdot\frac{C_L}{C_D}\cdot\frac{1}{W} = \frac{14.4}{b_J}\cdot\sqrt{\frac{T}{\sigma S}}\cdot\frac{C_L}{C_D^{3/2}}\cdot\frac{1}{W} \qquad (3.2\text{-}38)$$

(3.2-38)式は W 以外は一定値であり，S.R. が最大となるのは $C_L/C_D^{3/2}$ が最大のときである．その条件は次のように得られる．

$$\frac{d}{dC_L}\left(\frac{C_D^{3/2}}{C_L}\right) = \frac{d}{dC_L}\left[C_L^{-1}\cdot\left(C_{D_0}+kC_L^2\right)^{3/2}\right]$$

$$= -C_L^{-2}\cdot\left(C_{D_0}+kC_L^2\right)^{3/2} + \frac{3}{2}C_L^{-1}\cdot\left(C_{D_0}+kC_L^2\right)^{1/2}\cdot 2kC_L$$

$$= \sqrt{C_{D_0}+kC_L^2}\left[-C_L^{-2}\cdot\left(C_{D_0}+kC_L^2\right)+3k\right] = 0 \qquad (3.2\text{-}39)$$

$$\therefore \boxed{C_{L_3} = \sqrt{\frac{C_{D_0}}{2k}} = \frac{1}{\sqrt{2}}C_{L_1}} \quad (C_L/C_D^{3/2} \text{ が最大}) \qquad (3.2\text{-}40)$$

このとき，抗力（必要推力）は，(3.2-5)式から

$$D = \frac{W}{C_L}C_{D_0} + kWC_L = W\sqrt{2kC_{D_0}} + W\sqrt{\frac{k}{2}C_{D_0}} = \frac{3}{\sqrt{2}}W\sqrt{kC_{D_0}} \quad (3.2\text{-}41)$$

となるから，揚抗比は次式で表される．

$$\frac{L}{D} = \frac{C_L}{C_D} = \frac{W}{D} = \frac{\sqrt{2}}{3\sqrt{kC_{D_0}}} = \frac{2\sqrt{2}}{3}\left(\frac{L}{D}\right)_{max} \quad (3.2\text{-}42)$$

また，$C_L/C_D^{3/2}$ の最大値は

$$\left(\frac{C_L}{C_D^{3/2}}\right)_{max} = \left(\frac{C_L}{C_D}\right)^{3/2} \cdot \left(\frac{1}{C_L}\right)^{1/2} = \left(\frac{\sqrt{2}}{3\sqrt{kC_{D_0}}}\right)^{3/2} \cdot \left(\sqrt{\frac{2k}{C_{D_0}}}\right)^{1/2}$$

$$= \frac{2^{3/4}}{3\sqrt{3}\,k^{3/4}C_{D_0}^{3/4}} \cdot \frac{2^{1/4}k^{1/4}}{C_{D_0}^{1/4}} = \frac{2}{3\sqrt{3}} \cdot \frac{1}{\sqrt{k}\cdot C_{D_0}} \quad (3.2\text{-}43)$$

従って，(3.2-38)式から $S.R.$ の最大値が次のように得られる．

$$(S.R.)_{max} = \frac{14.4}{b_J} \cdot \sqrt{\frac{T}{\sigma S}} \cdot \frac{2}{3\sqrt{3}} \cdot \frac{1}{\sqrt{k}\cdot C_{D_0}} \cdot \frac{1}{W}$$

$$= \frac{5.54}{b_J} \cdot \sqrt{\frac{T}{\sigma S}} \cdot \frac{1}{\sqrt{k}\cdot C_{D_0}} \cdot \frac{1}{W} \quad (3.2\text{-}44)$$

次に，航続距離 $R(\mathrm{km})$ は $S.R.$ を積分することで得られる．(3.2-20)式の $S.R.$ は W 以外は一定であるから

$$\boxed{\begin{aligned}R &= -\int_{W_3}^{W_4} S.R.\,dW = 3.6\frac{V}{b_J} \cdot \frac{C_L}{C_D} \int_{W_4}^{W_3} \frac{dW}{W} \\ &= 3.6\frac{V}{b_J} \cdot \frac{C_L}{C_D} \ln\frac{W_3}{W_4}\end{aligned}} \quad (\mathrm{km}) \quad (3.2\text{-}45\mathrm{a})$$

が得られる．この式は**ブレゲー**（Breguet）**の式**と呼ばれる．

また，(3.2-44)式の $(S.R.)_{max}$ を用いると

$$(R)_{max} = -\int_{W_3}^{W_4}(S.R.)_{max}\,dW = \frac{5.54}{b_J} \cdot \sqrt{\frac{T}{\sigma S}} \cdot \frac{1}{\sqrt{k}\cdot C_{D_0}} \int_{W_4}^{W_3} \frac{dW}{W}$$

$$= \frac{5.54}{b_J} \cdot \sqrt{\frac{T}{\sigma S}} \cdot \frac{1}{\sqrt{k}\cdot C_{D_0}} \ln\frac{W_3}{W_4} \quad (3.2\text{-}45\mathrm{b})$$

と表される．

さて，$C_L/C_D^{3/2}$ が最大のときの揚抗比は，(3.2-42)式を用いると

$$\frac{T}{W} = \frac{D}{L} = \frac{1}{C_L/C_D} = \frac{3}{\sqrt{2}}\sqrt{kC_{D_0}} \tag{3.2-46}$$

となる．これから，推力重量比 T/W の条件として次式が得られる．

$$\frac{T}{W} \geq \frac{3}{\sqrt{2}}\sqrt{kC_{D_0}} \tag{3.2-47}$$

(3.2-47)式は巡航時の条件であるが，他の性能と比較するために推力および重量を離陸時の値に換算すると，(3.2-37)式と同様に次の関係式が得られる．

$$\boxed{\left(\frac{T}{W}\right)_{TO} \geq \frac{3}{\sqrt{2}}\sqrt{kC_{D_0}} \cdot \frac{(W_2/W_{TO})\cdot(W_3/W_2)}{E_{TO}}} \tag{3.2-48}$$
$$(C_L/C_D^{3/2} \text{ が最大})$$

ここで，E_{TO} は離陸時推力に対する巡航時推力の倍率を表す．また，右辺の係数は 2.12 である．

③ 高度および速度一定の場合

(3.2-21)式の関係式から，高度（ρ）および速度 V 一定の場合，重量 W は減少していくから C_L が減少しながらの巡航となる．このとき，(3.2-21)式から

$$\frac{VC_L}{W} = \frac{2}{\rho VS} \tag{3.2-49}$$

の関係式が得られるが，この値が一定となる．(3.2-49)式を(3.2-20)式に代入すると，S.R. が次のように変形できる．

$$S.R. = 3.6\frac{V}{b_J}\cdot\frac{C_L}{C_D}\cdot\frac{1}{W} = \frac{7.20}{b_J}\cdot\frac{1}{\rho VS}\cdot\frac{1}{C_D}$$
$$= \frac{7.20}{b_J}\cdot\frac{1}{\rho VS}\cdot\frac{1}{C_{D_0}+k(2W/\rho V^2 S)^2} \tag{3.2-50}$$

従って，ρ および V が一定であるから，S.R. は $1/(A+BW^2)$ の形で変化することがわかる．

④ S.R. 一定の場合

S.R. 一定の場合，航続距離 R は (3.2-26)式より

$$R = -S.R.\int_{W_3}^{W_4}dW = S.R.\cdot(W_3-W_4) = S.R.\cdot W_f \tag{3.2-51}$$

という簡単な式となる．ここで，W_f は燃料重量である．

(3.2-51)式は，上記①（C_L および高度一定）のケースにおいて，航続距離 R を求めた (3.2-34)式の中の重量の積分

$$-\int_{W_3}^{W_4} W^{-1/2} dW = 2\sqrt{W_3}\left(1 - \sqrt{\frac{W_4}{W_3}}\right) \tag{3.2-52}$$

の関係式において

$$2\left(1 - \sqrt{\frac{W_4}{W_3}}\right) = 2\left(1 - \sqrt{1 - \frac{W_f}{W_3}}\right) \fallingdotseq 2\left(1 - 1 + \frac{W_f}{2W_3}\right) = \frac{W_f}{W_3} \tag{3.2-53}$$

と近似した場合に相当する．

以上得られた関係式を，横軸に**翼面荷重**（wing loading）W/S，縦軸に推力重量比 T/W のグラフに描くと，図 3.2-4 に示すように横軸に平行な直線で表される．

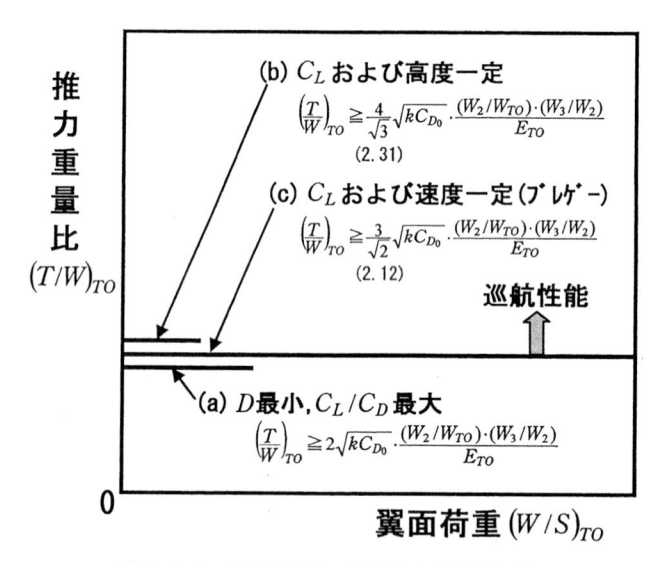

図 3.2-4　巡航性能による推力重量比要求

上記で説明した揚力係数 C_{L_1}，C_{L_2} および C_{L_3} を図示すると図 3.2-5 のようになる．

第3章 飛行性能

$$C_L$$ 軸上に、図中に示される点：
- $C_{L1}=\sqrt{\dfrac{C_{D_0}}{k}}$ → C_L/C_D 最大
- $C_{L3}=\sqrt{\dfrac{C_{D_0}}{2k}}=0.707C_{L1}$ → $C_L/C_D^{3/2}$ 最大
- $C_{L2}=\sqrt{\dfrac{C_{D_0}}{3k}}=0.577C_{L1}$ → $\sqrt{C_L}/C_D$ 最大

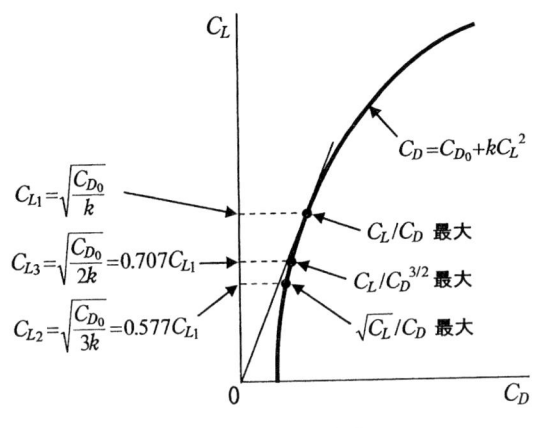

曲線：$C_D=C_{D_0}+kC_L^2$

図 3.2-5　ドラッグポーラ

(4) 航続時間

巡航性能においては**航続時間**（endurance または loiter）も重要である．微小時間 dt（hr）における航続距離 dR（km）と燃料重量 dW（kgf）との関係は次のように表せる．

$$dt = \frac{dt}{dR} \cdot \frac{dR}{dW} dW \tag{3.2-54}$$

ここで，dt/dR は速度の逆数であり

$$\frac{dt}{dR} = \frac{1}{3.6V} \quad (\text{hr/km}) \tag{3.2-55}$$

である．ただし，V の単位は（m/s）である．また，dR/dW は(3.2-25)式と(3.2-20)式から

$$\frac{dR}{dW} = -S.R. = -3.6\frac{V}{b_J} \cdot \frac{C_L}{C_D} \cdot \frac{1}{W} \quad (\text{m/kgf}) \tag{3.2-56}$$

と表せる．従って，(3.2-54)式から次式が得られる．

$$dt = -\frac{1}{3.6V} \cdot 3.6\frac{V}{b_J} \cdot \frac{C_L}{C_D} \cdot \frac{1}{W} \cdot dW = -\frac{1}{b_J} \cdot \frac{C_L}{C_D} \cdot \frac{dW}{W} \quad (\text{hr}) \tag{3.2-57}$$

燃料消費率 b_J と C_L を一定と仮定した場合，航続時間 E(hr) は (3.2-57)式を積分して次のように得られる．

$$E = -\frac{1}{b_J} \cdot \frac{C_L}{C_D} \int_{W_3}^{W_4} \frac{dW}{W} = \boxed{\frac{1}{b_J} \cdot \frac{C_L}{C_D} \cdot \ln \frac{W_3}{W_4}} \quad (\text{hr}) \qquad (3.2\text{-}58)$$

従って，揚抗比 C_L/C_D が最大のときに，航続時間最大巡航（best loiter）となる．

(5) 巡航性能のまとめ

以上の結果をまとめると以下のようになる．ただし，ここでの結果は燃料消費率 b_J [kgf/(hr・推力 kgf)] が変化する影響を考慮していないことに注意する必要がある．

(a) 揚抗比最大

$$C_{L_1} = \sqrt{\frac{C_{D0}}{k}} \quad (\text{抗力 } D \text{ 最小，} C_D/C_L \text{ 最小，} C_L/C_D \text{ 最大}) \qquad (3.2\text{-}8)$$

(b) S.R. および航続距離 R 最大

C_L および速度一定の場合，航続距離 R(km) は $C_L = C_{L_3}$ のとき最大となる．

$$C_{L_3} = 0.707 C_{L_1} \quad (C_L/C_D^{3/2} \text{ 最大}) \qquad (3.2\text{-}40)$$

$$R = -\int_{W_3}^{W_4} S.R. dW = 3.6 \boxed{\frac{V}{b_J} \cdot \frac{C_L}{C_D}} \ln \frac{W_3}{W_4} \quad (\text{ブレゲーの式}) \qquad (3.2\text{-}45\text{a})$$

ここで，V は速度（m/s），b_J は燃料消費率（kgf/(hr・推力 kgf))，また右辺の□内の係数は**航続係数**（range factor）と呼ばれる．

(c) 航続時間 E 最大

$C_L = C_{L_1}$ のとき C_L/C_D が最大となり，航続時間 E(hr) が最大となる．

$$E = -\frac{1}{b_J} \cdot \frac{C_L}{C_D} \cdot \int_{W_3}^{W_4} \frac{dW}{W} = \boxed{\frac{1}{b_J} \cdot \frac{C_L}{C_D}} \ln \frac{W_3}{W_4} \qquad (3.2\text{-}58)$$

これらの巡航性能についての一例を図 3.2-6 に示す．

第3章 飛行性能

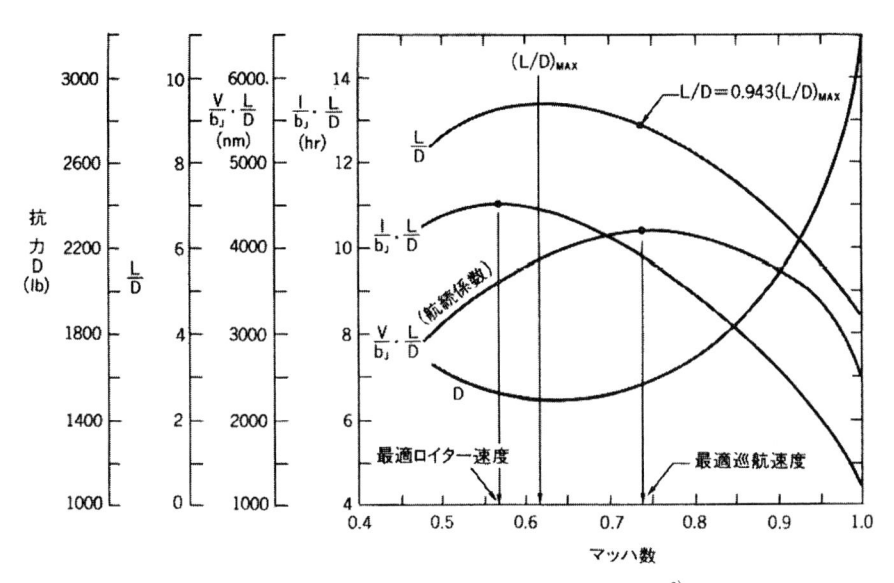

図 3.2-6 最適巡航および最適ロイター速度 [6]

3.3 離陸性能

離陸形態の失速速度を V_s とすると

$$W = \frac{1}{2}\rho_0 V_s^2 S C_{L_{\max}}, \quad V_s = \sqrt{\frac{2W}{\rho_0 S C_{L_{\max}}}} \tag{3.3-1}$$

と表される．ここで，ρ_0 は海面上の空気密度である．

離陸性能には，実際に滑走路を滑走する**離陸滑走距離**（take-off run distance）s_0 と，離陸して次の高度 h_{ob}

　　民間機：タービンエンジン機 35ft，ピストエンジン機 50ft
　　軍用機：50ft

に達するまでの飛行距離 s_A を加えた**離陸距離**（take-off distance）s_1 がある．また，s_A は次の二つに分けることができる．その一つは離陸後に空中で上昇しないで加速している状態の空中加速距離 s_{A1} であり，二つ目は上昇して高度を得るための上昇飛行時の距離 s_{A2} である．

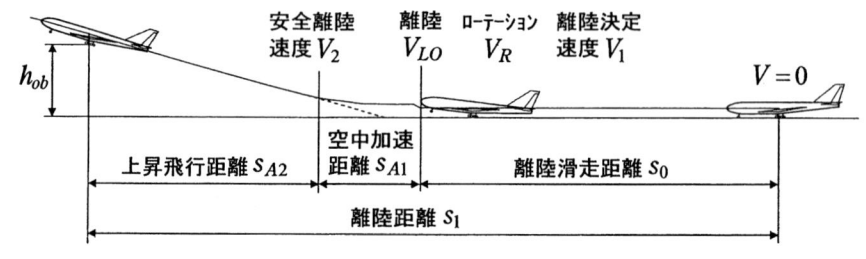

図 3.3-1　離陸経路図

　離陸中に，**臨界発動機**（critical engine）（故障したとき飛行安全に最も影響が大きい発動機）が1基停止した場合，速度が V_1 以下では離陸を断念し，V_1 を越えた場合は離陸を続行する速度 V_1 を**離陸決定速度**（take-off decision speed）または**臨界点速度**という．

　引き起こし速度（rotation speed）V_R で機首上げを行い，**離陸速度**（lift-off speed）V_{LO}（概ね $1.1 V_s$）で離陸する．離陸後は，**安全離陸速度**（safety take-off speed）V_2（$1.2 V_s \sim 1.3 V_s$）まで加速した後に上昇する．

　民間機では，速度 V_1 で臨界発動機が1基停止したとき，離陸を続行して高度35ftに達した時点までの水平距離と，故障無しでの離陸距離の1.15倍のどちらか大きい方を**離陸滑走路長**（take-off field length）という．V_1 速度は，その速度で離陸を断念した場合も，同じ離陸滑走路長で停止できるように設定される．この場合の離陸滑走路長のことを**釣合い滑走路長**（balanced field length）s_B または**平衡滑走路長**ともいう．一方，軍用機においては，発動機故障時には障害物越えまでの距離ではなく，離陸するまでの距離である**臨界滑走路長**（critical field length）が規定されいてる．

(1)　**離陸滑走距離 s_0**

　離陸滑走距離 s_0 は，離陸（lift-off）する速度を V_{LO} として，以下のように求められる．なお，V_{LO} は概ね $1.1 V_s$ で実施される．

第3章　飛行性能

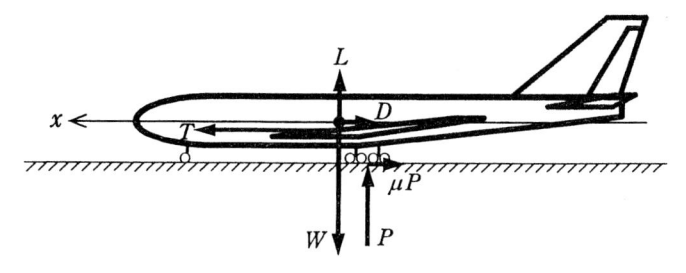

図 3.3-2 離陸滑走中に働く力

地上滑走中の運動方程式は，重量 W，速度 V，エンジン推力 T，揚力 L，抗力 D，μ を車輪のころがり摩擦係数とすると次式で与えられる．

$$\boxed{\frac{W}{g}\dot{V} = T - D - \mu(W - L)} \tag{3.3-2}$$

ここで，揚力 L および抗力 D は次式

$$L = \frac{1}{2}\rho_0 V^2 S C_L, \quad D = \frac{1}{2}\rho_0 V^2 S C_D \tag{3.3-3}$$

の関係式を用いると，(3.3-2)式は次式のようになる．

$$\begin{aligned}\frac{W}{g}\dot{V} &= (T - \mu W) - \frac{1}{2}\rho_0 V^2 S(C_D - \mu C_L) \\ &= A - BV^2\end{aligned} \tag{3.3-4}$$

ここで，滑走中は C_L および C_D は一定であり，また

$$A = T - \mu W, \quad B = \frac{1}{2}\rho_0 S(C_D - \mu C_L) \tag{3.3-5}$$

である．(3.3-4)式の左辺に V，右辺に ds_0/dt を掛けると

$$\frac{W}{g} \cdot \frac{V}{A - BV^2} \cdot \frac{dV}{dt} = \frac{ds_0}{dt} \quad (s_0 \text{の単位は m}) \tag{3.3-6}$$

と変形できる．(3.3-6)式を時間で積分すると次式が得られる．

$$s_0 = \frac{W}{g}\int_0^{V_{LO}} \frac{V}{A - BV^2} dV \quad (\text{m}) \tag{3.3-7}$$

一方，離陸の場合はエンジン推力が最大であるため，加速力がほぼ一定である．そこで，(3.3-7)式を積分するのではなく，s_0 を求める場合は通常以下のように近似して簡単に求める．

(3.3-4)式の右辺の加速力の $V=0$ から V_{LO} における平均値は

$$\frac{A+A-BV_{LO}^2}{2} = A - B\frac{V_{LO}^2}{2} = (T-\mu W) - \frac{1}{2}\rho_0 V_m^2 S(C_D - \mu C_L) \quad (3.3\text{-}8)$$

で表される．ここで，V_m は(3.3-4)式の加速力が平均値となる速度で次式である．

$$V_m^2 = \frac{V_{LO}^2}{2}, \quad \therefore V_m = \frac{1}{\sqrt{2}}V_{LO} = 0.707 V_{LO} \quad (3.3\text{-}9)$$

(3.3-8)式の平均の加速度が滑走距離 s_0 に達するまでになした仕事が，速度 $V=0$ から V_{LO} までの運動エネルギー増加に等しいとおいて次式

$$s_0\left\{(T-\mu W) - \frac{1}{2}\rho_0 V_m^2 S(C_D - \mu C_L)\right\} = \frac{W}{2g}V_{LO}^2 \quad (3.3\text{-}10)$$

の関係式から，滑走距離 s_0 が次のように得られる．

$$s_0 = \frac{1}{2g} \cdot \frac{WV_{LO}^2}{(T-\mu W) - \frac{1}{2}\rho_0 V_m^2 S(C_D - \mu C_L)} \quad (\text{m}) \quad (3.3\text{-}11)$$

次に，(3.3-11)式の滑走距離 s_0 の式において，滑走中の迎角は小さく，従って空気力の影響も小さいとして，加速力をエンジン推力 T のみと仮定すると次式となる．

$$s_0 = \frac{1}{2g} \cdot \frac{WV_{LO}^2}{T} \quad (3.3\text{-}12)$$

ここで，$V_{LO} = 1.1 V_s$ と仮定し，(3.3-1)式を考慮すると

$$V_{LO}^2 = (1.1)^2 V_s^2 = \frac{(1.1)^2 \times 2W}{0.12492 SC_{L_{\max}}} \quad (3.3\text{-}13)$$

であるから，(3.3-13)式を (3.3-12)式に代入すると次のように表せる．

$$\boxed{s_0 = \frac{1}{2g} \cdot \frac{W}{T} \cdot \frac{(1.1)^2 \times 2W}{0.12492 SC_{L_{\max}}} = 0.817 \frac{(1.1)^2}{C_{L_{\max}}} \cdot \frac{W}{S} \cdot \frac{W}{T}} \quad (\text{m}) \quad (3.3\text{-}14)$$

これから，滑走距離 s_0 が与えられたとき，それを満足する条件式は (3.3-14)式から次のように得られる．

$$\boxed{\left(\frac{T}{W}\right)_{TO} \geq \frac{0.817}{s_0} \cdot \frac{(1.1)^2}{C_{L_{\max}}} \cdot \left(\frac{W}{S}\right)_{TO}} \quad (s_0 \text{ の単位は m}) \quad (3.3\text{-}15)$$

すなわち，推力重量比 T/W は，翼面荷重 W/S に比例する．この条件式は，

横軸に翼面荷重 W/S, 縦軸に推力重量比 T/W のグラフにおいて，右上がりの直線で表される．

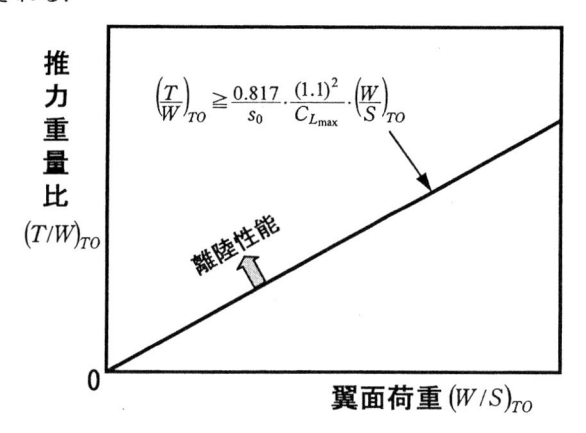

図3.3-3 離陸滑走距離による $W/S \sim T/W$

(2) 空中加速距離 s_{A1}

空中加速距離 s_{A1} は，滑走距離の式(3.3-11)と同様に次のように求められる．

$$s_{A1} = \frac{1}{2g} \cdot \frac{W(V_2^2 - V_{LO}^2)}{T - \frac{1}{2}\rho_0 V_{2m}^2 S C_D} \tag{3.3-16}$$

ここで，V_2 は安全離陸速度，V_{2m} は加速力が平均値となる速度で次式の関係がある．

$$\frac{(T - 0.5\rho_0 V_{LO}^2 S C_D) + (T - 0.5\rho_0 V_2^2 S C_D)}{2} = T - \frac{1}{2}\rho_0 \frac{V_2^2 + V_{LO}^2}{2} S C_D$$

$$= T - \frac{1}{2}\rho_0 V_{2m}^2 S C_D \tag{3.3-17}$$

これから

$$V_{2m} = \sqrt{\frac{V_2^2 + V_{LO}^2}{2}} = \sqrt{\frac{(V_2 + V_{LO})^2 + (V_2 - V_{LO})^2}{4}} = \frac{V_2 + V_{LO}}{2} \cdot \sqrt{1 + \left(\frac{V_2 - V_{LO}}{V_2 + V_{LO}}\right)^2}$$

$$\fallingdotseq \frac{V_2 + V_{LO}}{2} \cdot \left\{1 + \frac{1}{2}\left(\frac{V_2 - V_{LO}}{V_2 + V_{LO}}\right)^2\right\} \fallingdotseq \frac{V_2 + V_{LO}}{2} \tag{3.3-18}$$

と表される．なお，空中加速の場合は，地上滑走とは異なり迎角が大きいので空気力の影響は無視できないことに注意が必要である．

いま，$V_{LO}=1.1V_s$，$V_2=1.25V_s$ と仮定すると，(3.3-13)式を用いて次式が得られる．

$$s_{A1} = \frac{1}{2g} \cdot \frac{W\{(1.25)^2-(1.1)^2\}V_s^2}{T-\frac{1}{2}\rho_0(1.18)^2V_s^2SC_D}$$

$$= 0.817\frac{(1.25)^2-(1.1)^2}{C_{L\max}} \cdot \frac{W}{S} \cdot \frac{W}{T} \cdot \frac{1}{1-\frac{(1.18)^2C_D}{C_{L\max}} \cdot \frac{W}{T}}$$

$$\therefore \boxed{s_{A1} = \frac{0.288}{C_{L\max}} \cdot \frac{W}{S} \cdot \frac{W}{T} \cdot \frac{1}{1-\frac{1.39C_D}{C_{L\max}} \cdot \frac{W}{T}}} \qquad (3.3\text{-}19)$$

(3) 上昇飛行距離 s_{A2}

上昇飛行時の距離 s_{A2} は，速度は V_2 一定として (3.1-5)式から上昇率 $\dot{h}$ が次式で与えられる．

$$\dot{h} = 3.281V_2\frac{T-\frac{1}{2}\rho_0V_2^2SC_D}{W} \quad \text{(ft/s)} \qquad (3.3\text{-}20)$$

いま，時間 t_{A2} で高度 h(ft) まで上昇すると考えると

$$t_{A2} = \frac{h}{\dot{h}} = \frac{hW}{3.281V_2(T-\frac{1}{2}\rho_0V_2^2SC_D)} \quad \text{(sec)} \qquad (3.3\text{-}21)$$

であるから，上昇飛行距離 s_{A2}(m) は V_2t_{A2} から，$V_2=1.25V_s$ と仮定して次のように得られる．

$$\boxed{s_{A2} = \frac{(h/3.281)W}{T-\frac{1}{2}\rho_0(1.25V_s)^2SC_D} = \frac{h}{3.281} \cdot \frac{W}{T} \cdot \frac{1}{1-\frac{1.56C_D}{C_{L\max}} \cdot \frac{W}{T}}} \text{ (m)} \qquad (3.3\text{-}22)$$

(4) 離陸距離 s_1

以上の結果から，離陸距離 s_1 は次式で与えられる．

$$s_1 = s_0 + s_{A1} + s_{A2} \qquad (3.3\text{-}23)$$

この式の右辺の各式は，(3.3-14)式，(3.3-19)式および (3.3-22)式を用いると，次式で表される．

$$s_1 = \frac{0.989}{C_{L\max}} \cdot \frac{W}{S} \cdot \frac{W}{T} \cdot \left(1 + \frac{0.29}{1 - \frac{1.39 C_D}{C_{L\max}} \cdot \frac{W}{T}}\right) + \frac{h}{3.281} \cdot \frac{W}{T} \cdot \frac{1}{1 - \frac{1.56 C_D}{C_{L\max}} \cdot \frac{W}{T}} \quad (\mathrm{m})$$

(3.3-24)

ここで，s_1 は離陸距離(m)，$C_{L\max}$ は離陸形態での最大揚力係数，C_D は離陸形態での空中飛行時の抗力係数，W は機体重量(kgf)，T はエンジン推力(kgf)，S は主翼面積(m^2)，h は高度 (ft) で民間機の場合，タービンエンジン機では 35ft，ピストンエンジン機では 50ft，また軍用機では 50ft である．(3.3-24)式は $1.1V_s$ で離陸し，$1.25V_s$ まで加速した後に，$1.25V_s$ の速度一定で高度 h まで上昇したと仮定した場合の離陸距離を表す．

いま，$C_{L\max} = 1.4$, $C_D = 0.1$, $W/S = 700 (\mathrm{kgf/m}^2)$, $T/W = 0.25$, $h = 35$ (ft) と仮定すると，離陸距離 s_1 は

$$s_1 = \frac{0.989}{C_{L\max}} \cdot \frac{W}{S} \cdot \frac{W}{T} \cdot \left(1 + \frac{0.29}{1 - \frac{1.39 C_D}{C_{L\max}} \cdot \frac{W}{T}}\right) + \frac{h}{3.281} \cdot \frac{W}{T} \cdot \frac{1}{1 - \frac{1.56 C_D}{C_{L\max}} \cdot \frac{W}{T}}$$

$$= \frac{0.989}{1.4} \times 700 \times \frac{1}{0.25} \cdot \left(1 + \frac{0.29}{1 - \frac{1.39 \times 0.1}{1.4} \times \frac{1}{0.25}}\right) + \frac{35.0}{3.281} \times \frac{1}{0.25} \cdot$$

$$\frac{1}{1 - \frac{1.56 \times 0.1}{1.4} \times \frac{1}{0.25}}$$

$$= 1980 \times (1 + 0.48) + 42.7 \times 1.8 = 3,010 (\mathrm{m}) \qquad (3.3\text{-}25)$$

となる．離陸滑走路長は，1.15 倍して，3,460(m)となる．

この例から，概念設計においては，離陸距離 s_1 は滑走距離 s_0 の約 1.5 倍と仮定して初期推算を実施し，次第に精度を上げていけば良い．

3.4 着陸性能

着陸形態の失速速度を V_s とすると

$$W = \frac{1}{2}\rho_0 V_s^2 S C_{L_{\max}}, \quad V_s = \sqrt{\frac{2W}{\rho_0 S C_{L_{\max}}}} \qquad (3.4\text{-}1)$$

と表される．ここで，ρ_0 は海面上の空気密度である．

着陸性能には，V_{app}（概ね $1.2V_s$）の速度で高度 50ft を超えて最終進入，フレアー（最終引き起こし），フローティングで着地（速度 V_{TD}）までの飛行距離 L_A と，実際に滑走路を滑走する**着陸滑走距離**（landing run distance）L_0 とがあり，それらの合計が**着陸距離**（landing distance）L_1 である．飛行距離 L_A は次の 2 つに分けることができる．その 1 つは水平飛行距離 L_{A1} であり，2 つ目は降下飛行距離 L_{A2} である．民間輸送機の場合，着陸距離 L_1 に安全係数 (1/0.6) を乗じたものを**着陸滑走路長**（landing field length）という．

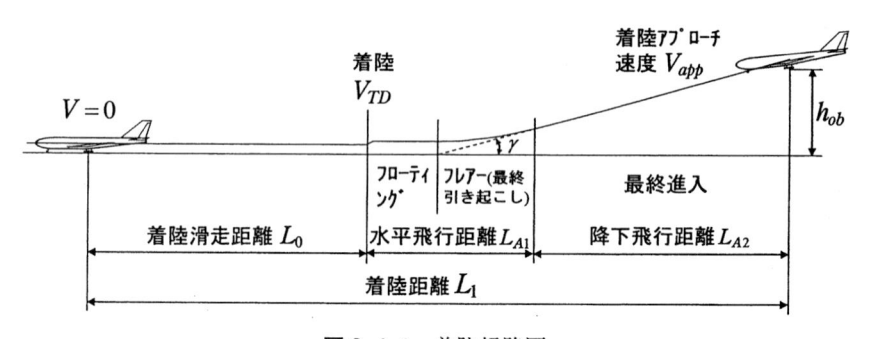

図 3.4-1 着陸経路図

(1) 滑走距離 L_0

滑走距離 L_0 は以下のように求められる．なお，V_{TD} は概ね $1.15V_s$ 程度で実施される．

第3章 飛行性能　　　　　　　　　　　　　　　43

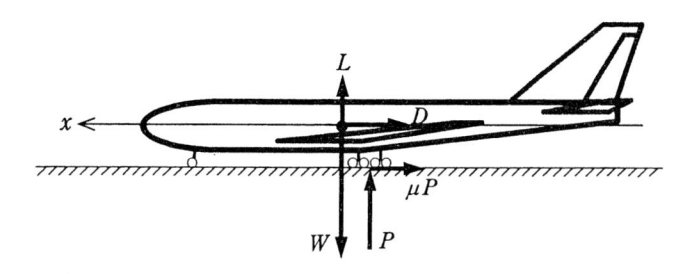

図 3.4-2　着陸滑走中に働く力

地上滑走中の運動方程式は，エンジン推力を零と仮定すると次式で表される．

$$\boxed{\begin{aligned}\frac{W}{g}\dot{V}&=-D-\mu(W-L)\\&=-\mu W-\frac{1}{2}\rho_0 V^2 S(C_D-\mu C_L)\end{aligned}} \qquad (3.4\text{-}2)$$

ここで，μ はブレーキをかけたときのタイヤの摩擦係数で0.3程度の値である．(3.4-2)式は次のように変形できる．

$$\frac{W}{g}\dot{V}=-A-BV^2 \qquad (3.4\text{-}3)$$

ここで，

$$A=\mu W, \quad B=\frac{1}{2}\rho_0 S(C_D-\mu C_L) \qquad (3.4\text{-}4)$$

である．なお，滑走中は機体姿勢は水平として C_L および C_D は一定と仮定する．このとき，μC_L は通常小さいので無視しても良い．

(3.4-3)式の左辺に V，右辺に dL_0/dt を掛けると

$$-\frac{W}{g}\cdot\frac{V}{A+BV^2}\cdot\frac{dV}{dt}=\frac{dL_0}{dt} \quad (L_0 \text{の単位は m}) \qquad (3.4\text{-}5)$$

と変形できる．(3.4-5)式を時間で積分すると次式が得られる．

$$L_0=-\frac{W}{g}\int_{V_{TD}}^{0}\frac{V}{A+BV^2}dV=\frac{W}{g}\int_{0}^{V_{TD}}\frac{V}{A+BV^2}dV=\frac{W}{g}\left[\frac{1}{2B}\ln(A+BV^2)\right]_{0}^{V_{TD}}$$

$$= \frac{W}{g} \cdot \frac{1}{2B} \ln \frac{A + BV_{TD}^2}{A} = \frac{W}{g\rho_0 S(C_D - \mu C_L)} \ln\left(1 + \frac{\rho_0 S(C_D - \mu C_L)}{2\mu W} V_{TD}^2\right)$$
(3.4-6)

ここで，$V_{TD} = 1.15 V_s$ と仮定し，(3.4-1)式を考慮すると

$$V_{TD}^2 = (1.15)^2 V_s^2 = \frac{(1.15)^2 \times 2W}{\rho_0 S C_{L_{\max}}}$$
(3.4-7)

であるから，(3.4-7)式を (3.4-6)式に代入すると次のように表せる．

$$L_0 = \frac{0.817}{C_D - \mu C_L} \cdot \frac{W}{S} \ln\left(1 + \frac{\rho_0 S(C_D - \mu C_L)}{2\mu W} \cdot \frac{(1.15)^2 \times 2W}{\rho_0 S C_{L_{\max}}}\right)$$
(3.4-8)

$$\therefore L_0 = \frac{0.817}{C_D - \mu C_L} \cdot \frac{W}{S} \ln\left(1 + \frac{(1.15)^2(C_D - \mu C_L)}{\mu C_{L_{\max}}}\right) \quad \text{(m)}$$
(3.4-9)

これから，滑走距離 L_0 が与えられたとき，それを満足する条件式は，他の性能と比較するために，推力および重量を離陸時の値に換算すると，(3.4-9)式から次式が得られる．

$$\frac{W}{W_{TO}} \cdot \left(\frac{W}{S}\right)_{TO} \leq \frac{L_0(C_D - \mu C_L)}{0.817 A_0}$$
(3.4-10)

$$\therefore \left(\frac{W}{S}\right)_{TO} \leq \frac{L_0(C_D - \mu C_L)}{0.817 A_0} \cdot \frac{1}{(W/W_{TO})_{着陸}} \quad (L_0 \text{の単位は m})$$
(3.4-11)

ただし，

$$A_0 = \ln\left(1 + \frac{(1.15)^2(C_D - \mu C_L)}{\mu C_{L_{\max}}}\right)$$
(3.4-12)

である．

いま，$\mu = 0.3$, $C_L \fallingdotseq 0$, $C_D \fallingdotseq C_{D_0} = 0.015$ と仮定すると，(3.4-12)式の関数 ln の括弧内の第 2 項は，次式のように 1 より小さな値となる．

$$\frac{(1.15)^2(C_D - \mu C_L)}{\mu C_{L_{\max}}} \fallingdotseq \frac{0.066}{C_{L_{\max}}} < 1.0$$
(3.4-13)

従って，(3.4-12)式は次式のように近似できる．

$$A_0 = \ln\left(1 + \frac{(1.15)^2(C_D - \mu C_L)}{\mu C_{L_{\max}}}\right) \fallingdotseq \frac{(1.15)^2(C_D - \mu C_L)}{\mu C_{L_{\max}}}$$
(3.4-14)

この式を (3.4-9)式に代入すると次式が得られる．

第3章 飛行性能

$$L_0 = \frac{0.817}{C_D - \mu C_L} \cdot \frac{W}{S} \ln\left(1 + \frac{(1.15)^2(C_D - \mu C_L)}{\mu C_{L_{\max}}}\right)$$

$$\fallingdotseq \frac{0.817}{C_D - \mu C_L} \cdot \frac{W}{S} \cdot \frac{(1.15)^2(C_D - \mu C_L)}{\mu C_{L_{\max}}}$$

$$\therefore \boxed{L_0 = \frac{0.817(1.15)^2}{\mu C_{L_{\max}}} \cdot \left(\frac{W}{S}\right)_{TO} \cdot \left(\frac{W}{W_{TO}}\right)_{着陸}} \quad (L_0 \text{ の単位は m}) \quad (3.4\text{-}15)$$

この式は次のように解釈できる．いま，(3.4-7)式および

$$0.817 = \frac{1}{g\rho_0} \tag{3.4-16}$$

を用いると，(3.4-15)式は次のように変形できる．

$$L_0 = \frac{0.817(1.15)^2}{\mu C_{L_{\max}}} \cdot \frac{W}{S} = \frac{1}{2g\mu} \cdot \frac{(1.15)^2 \times 2W}{\rho_0 S C_{L_{\max}}} = \frac{1}{2g\mu} V_{TD}{}^2$$

$$= \frac{1}{\mu W} \cdot \frac{W}{2g} V_{TD}{}^2 \tag{3.4-17}$$

この式は，着陸滑走距離 L_0 を次のように近似して求めたものに等しいことがわかる．すなわち，(3.4-2)式の運動方程式において，減速力を μW のみとして，それが距離 L_0 だけの仕事量が，着地時の運動エネルギー $(W/2g)V_{TD}{}^2$ に等しいとすると (3.4-17)式が得られる．

(3.4-15)式を用いると，滑走距離 L_0 が与えられたとき，それを満足する条件式として得られた (3.4-11)式は，次のように近似できる．

$$\boxed{\left(\frac{W}{S}\right)_{TO} \leq \frac{\mu C_{L_{\max}}}{0.817 \times (1.15)^2} L_0 \cdot \frac{1}{(W/W_{TO})_{着陸}}} \quad (L_0 \text{ の単位は m}) \quad (3.4\text{-}18)$$

この式の右辺の L_0 の係数は，0.5 程度の値である．例えば，滑走距離 L_0 を 1,000(m)とすると，翼面荷重 W/S を 500(kgf/m²)以下にする必要がある．この条件式は，図 3.4-3 に示すように，横軸に翼面荷重 W/S, 縦軸に推力重量比 T/W のグラフにおいて，縦軸に平行な直線で表される．

図中:

$$\left(\frac{W}{S}\right)_{TO} \leq \frac{\mu C_{L_{\max}}}{0.817 \times (1.15)^2} L_0 \cdot \frac{1}{(W/W_{TO})_{着陸}}$$

縦軸: 推力重量比 $(T/W)_{TO}$
横軸: 翼面荷重 $(W/S)_{TO}$
着陸性能

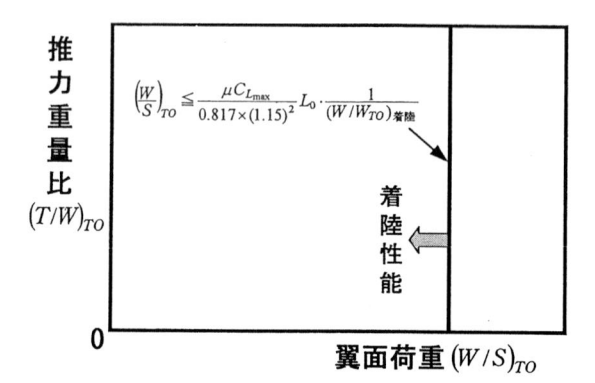

図3.4-3　着陸滑走距離による翼面荷重要求値

(2) 水平飛行距離 L_{A1}

着地までの水平飛行距離 L_{A1} は，$T=0$ とおいて，減速力（抗力）がする仕事が運動エネルギー減少に等しいとして，次式のように求められる．

$$L_{A1} = \frac{1}{2g} \cdot \frac{W(V_{app}^2 - V_{TD}^2)}{\frac{1}{2}\rho_0 V_m^2 S C_D} = \frac{0.817}{C_D} \cdot \frac{V_{app}^2 - V_{TD}^2}{V_m^2} \cdot \frac{W}{S} \quad (3.4\text{-}19)$$

ここで，V_m は V_{app} から V_{TD} に減速する際の減速力が平均値となる速度で

$$\frac{0.5\rho_0 V_{app}^2 + 0.5\rho_0 V_{TD}^2}{2} S C_D = \frac{1}{2}\rho_0 \frac{V_{app}^2 + V_{TD}^2}{2} S C_D = \frac{1}{2}\rho_0 V_m^2 S C_D \quad (3.4\text{-}20)$$

の関係式が得られ，これから

$$\begin{aligned}
V_m &= \sqrt{\frac{V_{app}^2 + V_{TD}^2}{2}} = \sqrt{\frac{(V_{app} + V_{TD})^2 + (V_{app} - V_{TD})^2}{4}} \\
&= \frac{V_{app} + V_{TD}}{2} \cdot \sqrt{1 + \left(\frac{V_{app} - V_{TD}}{V_{app} + V_{TD}}\right)^2} \\
&\fallingdotseq \frac{V_{app} + V_{TD}}{2} \cdot \left\{1 + \frac{1}{2}\left(\frac{V_{app} - V_{TD}}{V_{app} + V_{TD}}\right)^2\right\} \fallingdotseq \frac{V_{app} + V_{TD}}{2}
\end{aligned}$$

$$(3.4\text{-}21)$$

と表される．

$V_{TD} = 1.15 V_s$，$V_{app} = 1.2 V_s$ と仮定すると，(3.4-21)式から $V_m = 1.18 V_s$ となり，これらを (3.4-19) 式に代入すると次式を得る．

$$L_{A1} = \frac{0.817}{C_D} \cdot \frac{V_{app}^2 - V_{TD}^2}{V_m^2} \cdot \frac{W}{S} = \frac{0.069}{C_D} \cdot \frac{W}{S} \quad (L_{A1} \text{の単位は m}) \quad (3.4\text{-}22)$$

(3) 降下飛行距離 L_{A2}

速度は V_{app} 一定,降下角 3° とすると,$h(\text{ft})$ 降下する時間 $t_{A2}(\text{sec})$ は

$$t_{A2} = \frac{57.3h}{3.281 V_{app} \times 3} \tag{3.4-23}$$

である.従って,降下飛行距離 L_{A2} は次式で表される.

$$L_{A2} = V_{app} \cdot \frac{57.3h}{3.281 V_{app} \times 3} = 5.8h \quad (L_{A1} \text{は m, } h \text{は ft}) \quad (3.4\text{-}24)$$

(4) 着陸距離 L_{A1}

以上の結果から,着陸距離 L_1 は次式で与えられる.

$$L_1 = L_0 + L_{A1} + L_{A2} \tag{3.4-25}$$

この式の右辺の各式は,(3.4-15)式,(3.4-22)式 および(3.4-24)式を用いると,次式で表される.

$$L_1 = \left(\frac{1.08}{\mu C_{L\max}} + \frac{0.069}{C_D} \right) \cdot \frac{W}{S} + 5.8h \quad (\text{m}) \tag{3.4-26}$$

ここで,L_1 は着陸距離 (m),C_D は着陸形態での空中飛行時の抗力係数,W は機体重量 (kgf),S は主翼面積 (m^2),h は高度 50ft,μ はブレーキをかけたときの摩擦係数で 0.3 である.(3.4-26)式は高度 h から $1.2V_s$ でアプローチし,$1.15V_s$ で着地したと仮定した場合の着陸距離を表す.

いま,$C_{L\max} = 1.6$, $C_D = 0.2$, $W/S = 500 (\text{kgf/m}_2)$, $h = 50(\text{ft})$, $\mu = 0.3$ と仮定すると,着陸距離 L_1 は

$$L_1 = \left(\frac{1.08}{\mu C_{L\max}} + \frac{0.069}{C_D} \right) \cdot \frac{W}{S} + 5.8h = \left(\frac{1.08}{0.3 \times 1.6} + \frac{0.069}{0.2} \right) \times 500 + 5.8 \times 50$$

$$= (2.25 + 0.345) \times 500 + 290 = 1300 + 290 = 1,590 (\text{m}) \tag{3.4-27}$$

また,着陸滑走路長は

$$1,590 \times (1/0.6) = 2,650 (\text{m}) \tag{3.4-28}$$

となる.

この例から，概念設計においては，着陸距離 L_1 は滑走距離 L_0 の約 1.5 倍と仮定して初期推算を実施し，次第に精度を上げていけば良い．

3.5 接地速度性能

着陸形態の失速速度を V_s とすると

$$W = \frac{1}{2}\rho_0 V_s^2 S C_{L\max}, \quad V_s = \sqrt{\frac{2W}{\rho_0 S C_{L\max}}} \tag{3.5-1}$$

と表される．ここで，ρ_0 は海面上の空気密度である．

いま，着陸接地速度を $V_{TD} = 1.15 V_s$ と仮定すると，接地時の釣合い式から

$$W = \frac{1}{2}\rho_0 V_{TD}^2 S C_L = \frac{1}{2}\rho_0 (1.15 V_s)^2 S C_L = \frac{1}{2}\rho_0 V_s^2 S C_{L\max} \tag{3.5-2}$$

$$\therefore C_L = \frac{C_{L\max}}{(1.15)^2} \tag{3.5-3}$$

の関係式が得られる．従って，(3.5-2)式は次のように変形できる．

$$W = \frac{1}{2}\rho_0 V_{TD}^2 S C_L = \frac{1}{2}\rho_0 V_{TD}^2 S \frac{C_{L\max}}{(1.15)^2} \tag{3.5-4}$$

接地速度が与えられた場合，それを満足する条件式は，他の性能と比較するために，推力および重量を離陸時の値に換算すると，(3.5-4)式から次式が得られる．

$$\frac{W}{W_{TO}} \cdot \left(\frac{W}{S}\right)_{TO} \leq \frac{1}{2}\rho_0 V_{TD}^2 \frac{C_{L\max}}{(1.15)^2} = 0.0625 \frac{C_{L\max}}{(1.15)^2} V_{TD}^2 \tag{3.5-5}$$

$$\therefore \boxed{\left(\frac{W}{S}\right)_{TO} \leq 0.0625 \frac{C_{L\max}}{(1.15)^2} \cdot V_{TD}^2 \frac{1}{(W/W_{TO})_{着陸}}} \tag{3.5-6}$$

ただし，V_{TD} の単位は (m/s) である．この条件式は，横軸に翼面荷重 W/S，縦軸に推力重量比 T/W（単位は無次元）のグラフにおいて，縦軸に平行な直線で表される．この接地速度の要求は，着陸滑走距離と物理的に同じものである．着陸接地後にブレーキによって減速して停止するまでの距離は，接地時の運動エネルギーの大きさによって決まるが，ブレーキ力も重量に比例するから滑走距離は重量には無関係となる．ところが，第4章の概念設計法における性能要求には，着陸滑走路長と接地速度が独立に要求される．これは長い着陸滑

第3章 飛行性能

走路長のみの要求で機体を決めてしまうと，接地速度が非常に大きくなって操縦が難しくなるため，接地速度の上限も要求しておく必要があるためである．

図中の式:
$$\left(\frac{W}{S}\right)_{TO} \leqq 0.0625 \frac{C_{L\max}}{(1.15)^2} V_{TD}^2 \cdot \frac{1}{(W/W_{TO})_{着陸}}$$

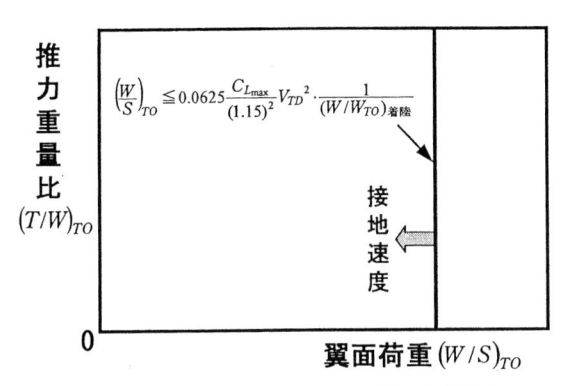

縦軸: 推力重量比 $(T/W)_{TO}$
横軸: 翼面荷重 $(W/S)_{TO}$
矢印: 接地速度

図 3.5-1　接地速度による翼面荷重要求値

3.6　最大速度性能

音速 a，マッハ数 M は次式である．

$$a = \sqrt{1.4 \frac{P}{\rho}}, \quad M = V/a \tag{3.6-1}$$

従って，動圧 $\bar{q}$ は次のように表される．

$$\bar{q} = \frac{1}{2}\rho V^2 = \frac{1}{2}\rho a^2 M^2 = \frac{1}{2}\rho \times 1.4 \frac{P}{\rho} M^2 = 0.7 P M^2 \tag{3.6-2}$$

従って，水平飛行の釣合い式は次のように表される．

$$T = \frac{1}{2}\rho V^2 S C_D = \frac{1}{2}\rho a^2 M^2 S C_D = 0.7 P M^2 S C_D \tag{3.6-3}$$

これから，最大速度は

$$V_{\max} = \sqrt{\frac{2}{\rho C_D} \cdot \frac{T_{\max}}{S}} \tag{3.6-4}$$

または，

$$\boxed{M_{\max} = \frac{1}{a}\sqrt{\frac{2}{\rho C_D} \cdot \frac{T_{\max}}{S}} = \sqrt{\frac{1}{0.7PC_D} \cdot \frac{T_{\max}}{S}}} \qquad (3.6\text{-}5)$$

である．

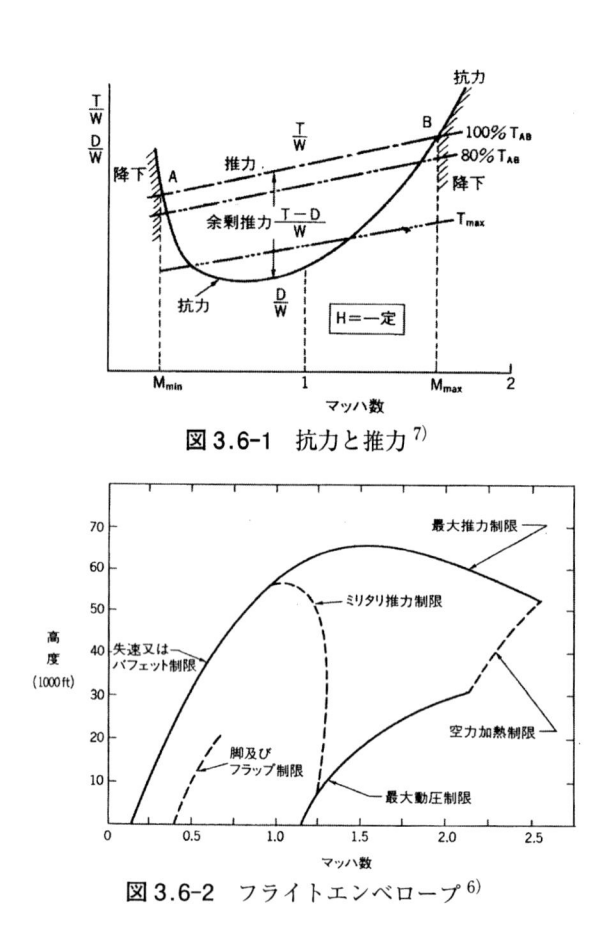

図 3.6-1 抗力と推力 [7)]

図 3.6-2 フライトエンベロープ [6)]

ある高度での最大マッハ数 M が与えられたとき，(3.6-3)式から

$$\frac{T}{S} \geqq \frac{1}{2}\rho a^2 M^2 C_D = 0.7PM^2 C_D \qquad (3.6\text{-}6)$$

であれば，そのマッハ数で釣り合うことができる．(3.6-6)式を他の性能と比較するために，離陸時の推力に換算すると

$$(T/T_{TO})_{最大速度} \cdot \left(\frac{T}{W}\right)_{TO} \left(\frac{W}{S}\right)_{TO} \geqq \frac{1}{2}\rho a^2 M^2 C_D = 0.7PM^2 C_D \quad (3.6\text{-}7)$$

となる．これから次の関係式を得る．

$$\boxed{\left(\frac{T}{W}\right)_{TO} \cdot \left(\frac{W}{S}\right)_{TO} \geqq \frac{1}{2}\rho a^2 M^2 C_D \frac{1}{(T/T_{TO})_{最大速度}} = 0.7PM^2 C_D \frac{1}{(T/T_{TO})_{最大速度}}} \quad (3.6\text{-}8)$$

この条件式は，横軸に翼面荷重 W/S，縦軸に推力重量比 T/W のグラフにおいて，横軸の値に対してその逆数の曲線で表される．

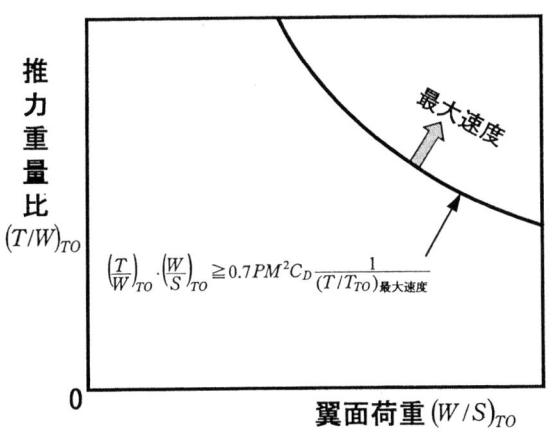

図 3.6-3　最大速度による $W/S \sim T/W$

3.7　旋回性能

(1) 最大定常旋回

機体の運動（マニューバ）性能を表すために，3.1節に示した単位重量当たりの全エネルギー（specific energy）h_e(ft)を用いる．h_e はエネルギー高度（energy height）とも言われる．再び書くと次式である．

$$\boxed{h_e = h + \frac{3.281}{2g}V^2} \quad (h_e,\ h\ \text{は ft},\ V\ \text{は m/s}) \quad (3.7\text{-}1)$$

(3.7-1)式の時間微分，すなわちエネルギーレートは余剰推力（specific excess power；SEP）といわれ，P_s(ft/s)で表す．

$$P_s = \dot{h}_e = \dot{h} + \frac{3.281}{g} V\dot{V} \tag{3.7-2}$$

一方，速度方向の運動方程式は，(3.1-2)式から $\alpha = \gamma = 0$ として次のようになる．

$$\frac{W}{g} \dot{V} = T - D \tag{3.7-3}$$

この式を用いて (3.7-2)式に代入すると次式を得る．

$$\boxed{P_s = \dot{h} + 3.281 \frac{V(T-D)}{W}} \quad \text{(ft/s)} \tag{3.7-4}$$

P_s が正の値のときは，機体はより高いエネルギー状態に移行できる能力があることを示す．例えば，速度一定とすると (3.7-3)式から $T=D$ であり P_s の値は上昇率 $\dot{h}$ を，また，高度一定とすると P_s の値は加速度 $(T-D)$ に比例した量を表す．

P_s の右辺第2項は，速度 V に加速度 $(T-D)$ を掛けたものであるから，遷音速で抗力が急増するまでは速度の増加とともに増加する．抗力が急増すると，それに伴って P_s も急激に減少する．P_s の値は主に T/W の値に依存するが，D/W を小さくすることも重要であり，そのために主翼面積を小さくし，また抗力増大を送らせるためになるべく主翼を薄くする必要がある．

揚力の大きさは重量の何倍であるかは重要なパラメータである．次式で表される n を**荷重倍数**という．

$$n = \frac{L}{W} = \frac{\bar{q}SC_L}{W} \tag{3.7-5}$$

ただし，$\bar{q} = 0.5\rho V^2$ で動圧（kgf/m^2）である．

荷重倍数 n のとき揚力係数 C_L は (3.7-5)式から

$$C_L = \frac{nW}{\bar{q}S} \tag{3.7-6}$$

と表される．また抗力係数 C_D は (3.1-14)式から

$$C_D = C_{D_0} + kC_L^2 \tag{3.7-7}$$

であるから，抗力 D は

$$D = \bar{q}SC_D = \bar{q}SC_{D_0} + k\bar{q}SC_L^2 = \bar{q}SC_{D_0} + k\bar{q}S\left(\frac{nW}{\bar{q}S}\right)^2$$

$$= \bar{q}SC_{D_0} + k\frac{n^2 W^2}{\bar{q}S} \qquad (3.7\text{-}8)$$

となる.

(3.7-8)式を (3.7-4)式に代入すると,水平面内 ($\dot{h}=0$) の運動能力を表す P_s の値が次式のように得られる.

$$(P_s)_{水平} = 3.281\frac{V(T-D)}{W} = 3.281V\left(\frac{T}{W} - \frac{\bar{q}C_{D_0}}{W/S} - \frac{k\cdot n^2}{\bar{q}}\cdot\frac{W}{S}\right) \quad (3.7\text{-}9)$$

これから,$(P_s)_{水平}=0$ とおくと,**釣合い荷重倍数** (sustained load factor) n_{sus} が次のように得られる.ただし,推力は最大 $T_{\max}$ とする.

$$n_{sus}^2 = \frac{\bar{q}S}{kW}\left(\frac{T_{\max}}{W} - \frac{\bar{q}C_{D_0}}{W/S}\right) = \left(\frac{\bar{q}}{W/S}\right)^2\frac{1}{k}\left(\frac{W}{\bar{q}S}\cdot\frac{T_{\max}}{W} - \frac{W}{\bar{q}S}\cdot\frac{\bar{q}C_{D_0}}{W/S}\right)$$

$$= \left(\frac{\bar{q}}{W/S}\right)^2\frac{1}{k}\left(\frac{T_{\max}}{\bar{q}S} - C_{D_0}\right)$$

$$\therefore \boxed{n_{sus} = \frac{\bar{q}}{W/S}\sqrt{\frac{1}{k}\left(\frac{T_{\max}}{\bar{q}S} - C_{D_0}\right)}} \qquad (3.7\text{-}10)$$

これは,水平面内における**最大定常旋回**時の荷重倍数である.

次に,機体が水平面内において定常旋回している場合を考える.

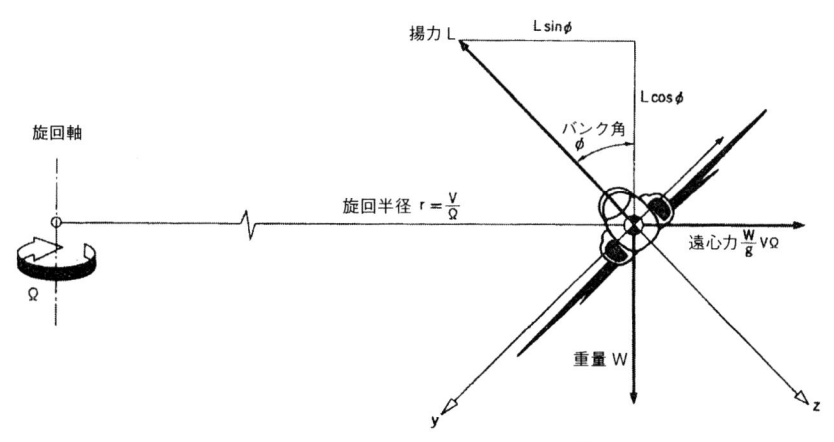

図 3.7-1 水平面内における旋回 [7)]

旋回率を Ω (deg/s), 旋回半径を r (m), 機体速度を V (m/s) とすると,

$$V = r \frac{\Omega}{57.3} \tag{3.7-11}$$

の関係がある. 機体に働く遠心力は次式で与えられる.

$$\frac{W}{g} r \left(\frac{\Omega}{57.3}\right)^2 = \frac{W}{57.3g} V\Omega \tag{3.7-12}$$

このとき, バンク角 ϕ の機体が水平面内で定常旋回する条件は

$$\begin{cases} L\cos\phi = W \\ L\sin\phi = \dfrac{W}{57.3g} V\Omega \end{cases} \tag{3.7-13}$$

である. ここで, $L = nW$ とすると (3.7-13) 式の第1式から

$$\cos\phi = \frac{1}{n}, \quad \sin\phi = \sqrt{1 - \frac{1}{n^2}} \tag{3.7-14}$$

となるから, (3.7-13) 式の第2式に代入すると次の関係式が得られる.

$$nW\sqrt{1 - \frac{1}{n^2}} = \frac{W}{57.3g} V\Omega \tag{3.7-15}$$

従って, 最大定常旋回時の旋回率 Ω_{sus} は次式で与えられる.

$$\boxed{\Omega_{sus} = \frac{57.3g}{V} \sqrt{n_{sus}^2 - 1}} \tag{3.7-16}$$

ある飛行条件において, n と T/W が与えられたとき, P_s が最大となるのは D/W が最小になるときであるから, D/W が最小になるように翼面荷重 W/S を設定することは重要である. これは, (3.2-8) 式の抗力最小の条件

$$C_{L_1} = \sqrt{\frac{C_{D_0}}{k}} \tag{3.7-17}$$

の場合であるから, (3.7-17) 式を (3.7-5) 式に代入して次の関係式が得られる.

$$n = \frac{\bar{q}S}{W}\sqrt{\frac{C_{D_0}}{k}}, \quad \therefore \frac{W}{S} = \frac{\bar{q}}{n}\sqrt{\frac{C_{D_0}}{k}} \tag{3.7-18}$$

この抗力最小になる W/S を (3.7-9) 式に代入すると

$$(P_s)_{水平} = 3.281 V\left(\frac{T}{W} - n\sqrt{kC_{D_0}} - n\sqrt{kC_{D_0}}\right) = 3.281 V\left(\frac{T}{W} - 2n\sqrt{kC_{D_0}}\right) \tag{3.7-19}$$

となる.

第3章　飛行性能

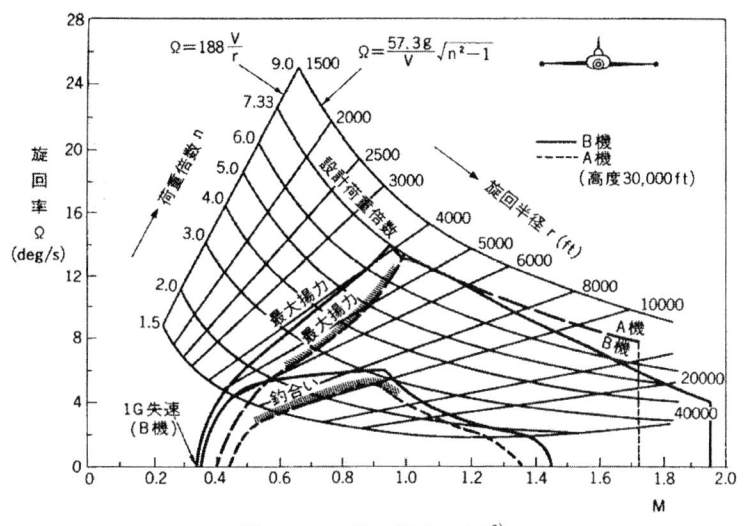

図 3.7-2　旋回性能の例[6]

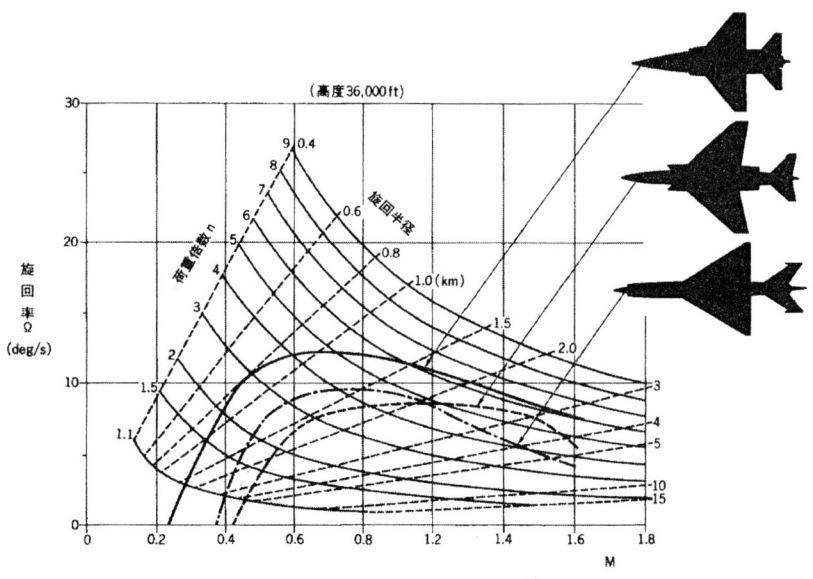

図 3.7-3　旋回性能の例[7]

さて，ある飛行条件で最大定常旋回の荷重倍数 n_{sus} の値が与えられたとき，それを満足する機体の条件式を導く．この条件は $P_s \geqq 0$ であるから，(3.7-9)式から次の関係式が得られる．

$$\frac{T}{W} \geqq \frac{\bar{q}C_{D0}}{W/S} + \frac{k \cdot n_{sus}^2}{\bar{q}} \cdot \frac{W}{S} \tag{3.7-20}$$

(3.7-20)式を他の性能と比較するために，離陸時の推力に換算すると

$$\frac{T/T_{TO}}{W/W_{TO}} \cdot \left(\frac{T}{W}\right)_{TO} \geqq \frac{\bar{q}C_{D0}}{(W/W_{TO})(W/S)_{TO}} + \frac{k \cdot n_{sus}^2}{\bar{q}} \cdot \frac{W}{W_{TO}} \left(\frac{W}{S}\right)_{TO}$$

$$\therefore \boxed{\left(\frac{T}{W}\right)_{TO} \geqq \left\{\frac{\bar{q}C_{D0}}{(W/S)_{TO}} + \frac{k \cdot n_{sus}^2}{\bar{q}} \cdot \left(\frac{W}{W_{TO}}\right)_{sus}^2 \cdot \left(\frac{W}{S}\right)_{TO}\right\} \frac{1}{(T/T_{TO})_{sus}}} \tag{3.7-21}$$

この条件式は，横軸に翼面荷重 W/S，縦軸に推力重量比 T/W のグラフにおいて，下に凸の曲線で表される（図 3.7-4）．

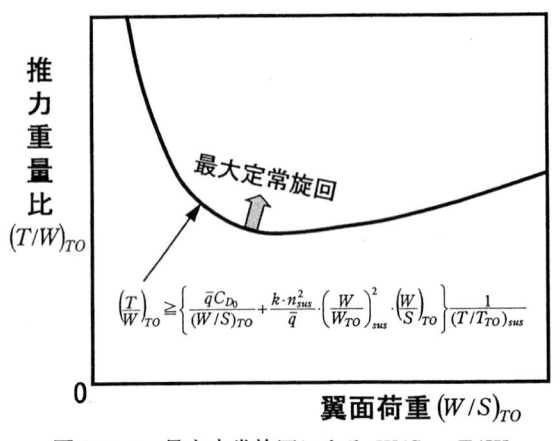

図 3.7-4　最大定常旋回による $W/S \sim T/W$

図 3.7-4 の曲線が最小となる W/S は，(3.7-21)式から次のようになる．

$$\frac{d(T/W)_{TO}}{d(W/S)_{TO}} = \left\{-\frac{\bar{q}C_{D0}}{(W/S)_{TO}^2} + \frac{k \cdot n_{sus}^2}{\bar{q}} \cdot \left(\frac{W}{W_{TO}}\right)_{sus}^2\right\} \frac{1}{(T/T_{TO})_{sus}} = 0$$

$$\therefore \left(\frac{W}{S}\right)_{TO} = \frac{\bar{q}}{n_{sus}} \sqrt{\frac{C_{D0}}{k}} \cdot \frac{1}{(W/W_{TO})_{sus}} \quad (\text{グラフ最小位置}) \tag{3.7-22}$$

このとき，T/S の最小値が次式で与えられる．

$$\left(\frac{T}{W}\right)_{TO} \geqq 2n_{sus}\sqrt{kC_{D_0}} \cdot \frac{(W/W_{TO})_{sus}}{(T/T_{TO})_{sus}} \quad (\text{グラフ最小値}) \qquad (3.7\text{-}23)$$

(3.7-23)式は，抗力最小条件で求めた(3.7-19)式を 0 とおいても求められる．

(2) 最大瞬間旋回

揚力の最大値で決まる瞬間的な荷重倍数（instantaneous load factor）は，次式で表される．

$$n_{ins} = \frac{\bar{q}SC_{L\max}}{W} \qquad (3.7\text{-}24)$$

このとき，水平面内の旋回率 Ω_{ins} は，(3.7-16)式と同様に

$$\boxed{\Omega_{ins} = \frac{57.3g}{V}\sqrt{n_{ins}^2 - 1}} \qquad (3.7\text{-}25)$$

で与えられる．このときの旋回は最大瞬間旋回といわれる．

(3.7-25)式から

$$n_{ins}^2 = 1 + \left(\frac{V\Omega_{ins}}{57.3g}\right)^2 \qquad (3.7\text{-}26)$$

であるから，これを(3.7-9)式の P_s の式の n^2 に代入すると，旋回率 Ω_{ins} と P_s の関係式が次式のように得られる．

$$(P_s)_{水平} = 3.281V\left[\frac{T}{W} - \frac{\bar{q}C_{D_0}}{W/S} - \frac{k}{\bar{q}}\cdot\left\{1 + \left(\frac{V\Omega_{ins}}{57.3g}\right)^2\right\}\frac{W}{S}\right] \qquad (3.7\text{-}27)$$

図 3.7-6 に旋回率と P_s の関係を示す．Ω_{ins} は P_s の値は負となるので，降下または減速する．

3.8 直線運動における余剰推力

(1) 時間最小および燃料最小飛行

余剰推力 P_s（Specific Excess Power；SEP）は，機体をより高いエネルギー状態に移行できる能力，すなわちエネルギー余裕度を表すこと，そして水平面内で定常旋回できる最大値を表す荷重倍数 n_{sus}，および瞬間的な荷重倍数 n_{ins} については 3.7 節で述べた．ここでは，直線運動（$n \fallingdotseq 1\mathrm{G}$）における飛行性能について述べる．

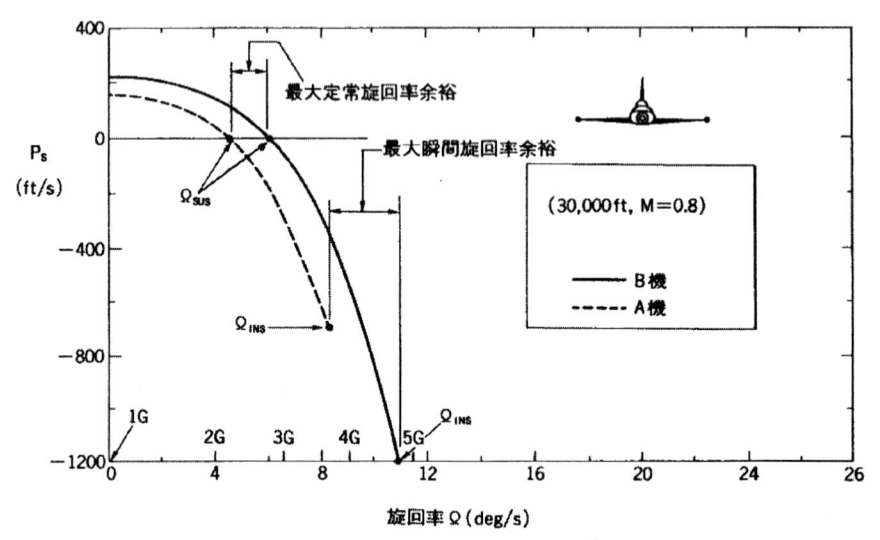

図 3.7-6　旋回率と P_s の関係[6]

　上昇および加速を伴ってどのような飛行範囲まで飛行可能であるかを調べるには，P_s の値で考察するのが便利である．エネルギー高度 h_e および P_s の式を 3.7 節から再び書くと

$$h_e = h + \frac{3.281}{2g}V^2 \text{ (ft)}, \quad P_s = \dot{h} + 3.281\frac{V(T-D)}{W} \text{ (ft/s)} \quad (3.8\text{-}1)$$

である．
　時間最小の飛行を考えよう．h_e を時間微分したものが P_s であるから，次のように表される．

$$dt = \frac{dt}{dh_e}dh_e = \frac{1}{P_s}dh_e \quad (3.8\text{-}2)$$

これを積分することにより，エネルギー状態 h_{e1} から h_{e2} への移動に要する時間 t_{12} が次式で得られる．

$$t_{12} = \int_{h_{e1}}^{h_{e2}}\frac{1}{P_s}dh_e \quad (3.8\text{-}3)$$

従って，時間最小の移動は，h_e 一定のラインと接する P_s の値が常に最大となるような軌跡をたどることによって実現される（図 3.8-1，図 3.8-3）．

第3章 飛行性能

次に，燃料最小の飛行を考えよう．単位燃料あたりのエネルギー変化量を f_s (ft/燃料 kgf) とすると

$$f_s = -\frac{dh_e}{dW_f} = -\frac{dh_e}{dt} \cdot \frac{dt}{dW_f} = P_s \frac{3600}{b_J T} \tag{3.8-4}$$

と表せる．ここで，W_f は燃料重量，b_J は燃料消費率 kgf/(hr・推力 kgf) である．これを用いると次式を得る．

$$dW_f = \frac{dW_f}{dh_e} dh_e = -\frac{1}{f_s} dh_e \tag{3.8-5}$$

これを積分することにより，エネルギー状態 h_{e1} から h_{e2} への移動に要する燃料 W_{12} が次式で得られる．

$$W_{12} = -\int_{h_{e1}}^{h_{e2}} \frac{1}{f_s} dh_e \tag{3.8-6}$$

従って，燃料最小の移動は，h_e 一定のラインと接する f_s の値が常に最大となるような軌跡をたどることによって実現される（図 3.8-2, 図 3.8-4）.

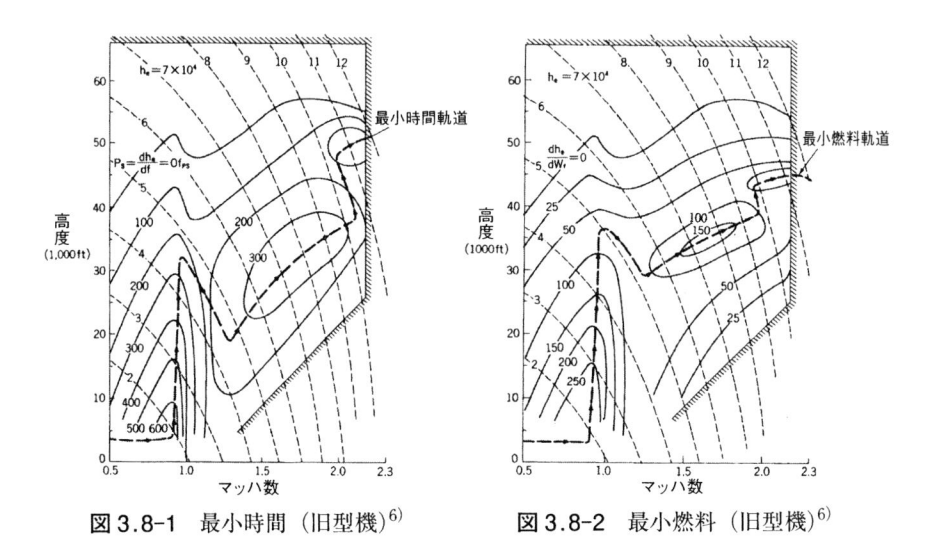

図 3.8-1 最小時間（旧型機）[6]

図 3.8-2 最小燃料（旧型機）[6]

図 3.8-3 最小時間（新型機）[6]

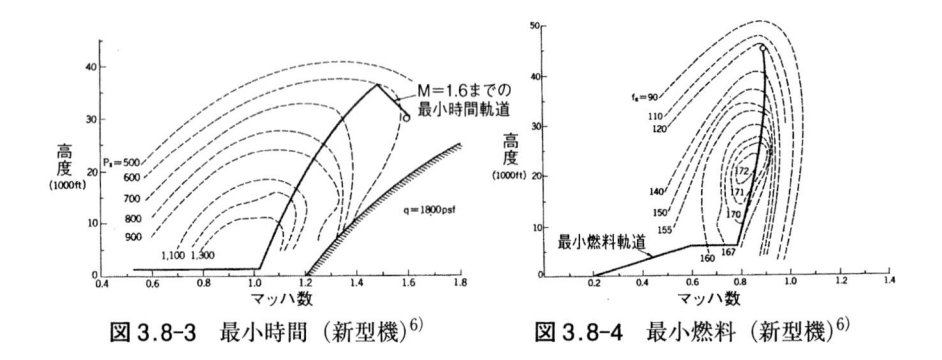

図 3.8-4 最小燃料（新型機）[6]

(2) $(P_s)_{1G}$ による要求性能

水平直線飛行での P_s について考える．(3.8-1)式を変形すると

$$3.281\frac{V(T-D)}{W} - P_s + \dot{h} = 0 \tag{3.8-7}$$

が得られる．ある水平飛行条件において，$n \fallingdotseq 1G$ で P_s の値が与えられたとき，その P_s の値を満足する機体の条件は，(3.8-7)式において $\dot{h}=0$ の条件で左辺が正となることである．すなわち，推力余裕が P_s 以上となることが条件であり次式で与えられる．

$$3.281\frac{V(T-D)}{W} \geq P_s \tag{3.8-8}$$

この左辺に(3.7-9)式を用い，$n \fallingdotseq 1G$ とおくと次のようになる．

$$3.281 V\left(\frac{T}{W} - \frac{\bar{q} C_{D0}}{W/S} - \frac{k}{\bar{q}} \cdot \frac{W}{S}\right) \geq P_s$$

$$\therefore \frac{T}{W} \geq \frac{P_s}{3.281 V} + \frac{\bar{q} C_{D0}}{W/S} - \frac{k}{\bar{q}} \cdot \frac{W}{S} \tag{3.8-9}$$

(3.8-9)式を他の性能と比較するために，離陸時の推力に換算すると

$$\frac{T/T_{TO}}{W/W_{TO}} \cdot \left(\frac{T}{W}\right)_{TO} \geq \frac{P_s}{3.281 V} + \frac{\bar{q} C_{D0}}{(W/W_{TO})(W/S)_{TO}} + \frac{k}{\bar{q}} \cdot \frac{W}{W_{TO}} \cdot \left(\frac{W}{S}\right)_{TO}$$

$$\therefore \boxed{\left(\frac{T}{W}\right)_{TO} \geq \left\{\frac{P_s}{3.281 V} \cdot \left(\frac{W}{W_{TO}}\right)_{Ps} + \frac{\bar{q} C_{D0}}{(W/S)_{TO}} + \frac{k}{\bar{q}} \cdot \left(\frac{W}{W_{TO}}\right)_{Ps}^2 \cdot \left(\frac{W}{S}\right)_{TO}\right\} \frac{1}{(T/T_{TO})_{Ps}}}$$

$$\tag{3.8-10}$$

この条件式は,横軸に翼面荷重 W/S, 縦軸に推力重量比 T/W のグラフにおいて,下に凸の曲線で表される(図 3.8-5).

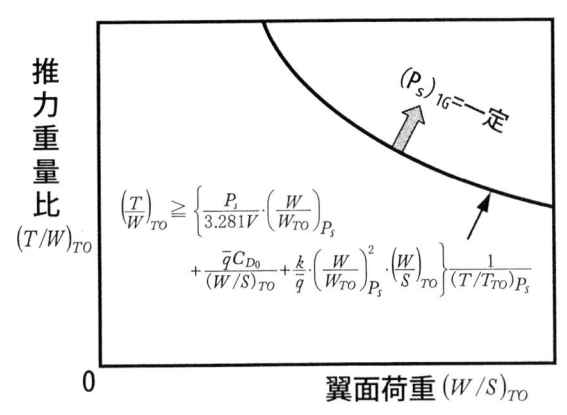

図 3.8-5 直線運動の $(P_s)_{1G}$ による $W/S \sim T/W$

図 3.8-5 の曲線が最小となる W/S は,(3.8-10)式から次のようになる.

$$\frac{d(T/W)_{TO}}{d(W/S)_{TO}} = \left\{-\frac{\bar{q}C_{D_0}}{(W/S)_{TO}^2} + \frac{k}{\bar{q}} \cdot \left(\frac{W}{W_{TO}}\right)_{P_s}^2\right\} \frac{1}{(T/T_{TO})_{P_s}} = 0$$

$$\therefore \left(\frac{W}{S}\right)_{TO} = \bar{q}\sqrt{\frac{C_{D_0}}{k}} \cdot \frac{1}{(W/W_{TO})_{P_s}} \quad (グラフ最小位置) \quad (3.8\text{-}11)$$

このとき, T/S の最小値が次式で与えられる.

$$\left(\frac{T}{W}\right)_{TO} = \left\{\frac{P_s}{3.281V} + 2\sqrt{kC_{D_0}}\right\} \cdot \frac{(W/W_{TO})_{P_s}}{(T/T_{TO})_{P_s}} \quad (グラフ最小値) \quad (3.8\text{-}12)$$

3.9 上昇性能

図 3.9-1 に上昇飛行状態を示す.このとき,上昇角 γ は一定とし,また迎角 α は小さいと仮定すると,3.1 節から次の運動方程式が得られる.

$$\frac{W}{g}\dot{V} = T - D - W\sin\gamma \quad [V 方向の運動方程式] \quad (3.9\text{-}1)$$

$$0 = L - W\cos\gamma \quad [V に直角方向の釣合い式] \quad (3.9\text{-}2)$$

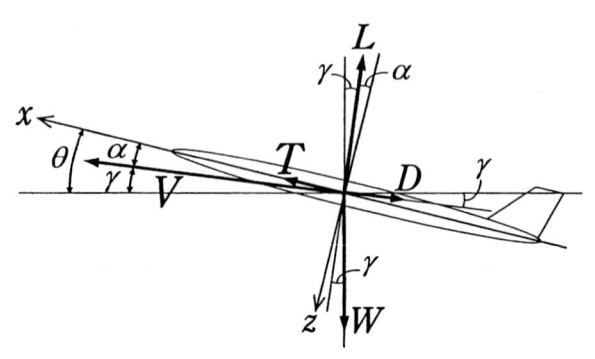

図 3.9-1　上昇飛行

(3.9-1)式および (3.9-2)式から，次式が得られる．

$$\sin\gamma = \frac{T-D}{W} - \frac{\dot{V}}{g}, \qquad \tan\gamma = \frac{T-D}{L} - \frac{\dot{V}}{g}\cdot\frac{W}{L} \tag{3.9-3}$$

また，高度を h(ft) とすると，上昇速度 $\dot{h}$ が次式で与えられる．

$$\dot{h} = 3.281 V\sin\gamma = 3.281\left\{\frac{V(T-D)}{W} - \frac{V\dot{V}}{g}\right\} \tag{3.9-4}$$

ここで，

$$\dot{V} = \frac{dV}{dh}\dot{h} \tag{3.9-5}$$

の関係式を用いると，(3.9-4)式は次のように変形できる．

$$\dot{h} = 3.281\frac{V(T-D)}{W\cdot A_F} \quad \text{(ft/s)} \tag{3.9-6}$$

ただし，

$$A_F = 1 + \frac{3.281}{g} V\frac{dV}{dh} \tag{3.9-7}$$

である．この A_F の値は，マッハ数 M 一定の上昇を考えると

$$\frac{dV}{dh} = \frac{d}{dh}(Ma) = M\frac{da}{dh} \quad (a \text{ は音速}) \tag{3.9-8}$$

を用いて次のように変形できる．

$$A_F = 1 + \frac{3.281}{g} M^2 a \frac{da}{dh} = \begin{cases} 1 - 0.1332M^2 & (h \leq 36{,}000\,\text{ft}) \\ 1 & (h > 36{,}000\,\text{ft}) \end{cases} \tag{3.9-9}$$

第3章 飛行性能

一方, エネルギー高度 h_e および余剰推力 P_s の式は, 3.1節および3.7節から再び書くと

$$h_e = h + \frac{3.281}{2g}V^2 \text{ (ft)}, \quad P_s = \dot{h}_e = \dot{h} + \frac{3.281}{g}V\dot{V} \quad (V\text{ は m/s}) \quad (3.9\text{-}10)$$

である. ここで, (3.9-5)式および (3.9-7)式を用いると

$$\dot{h} = \frac{P_s}{A_F} \text{ (ft/s)} \tag{3.9-11}$$

と表される.

上昇に要する時間は

$$\frac{dt}{dh} = \frac{A_F}{P_s} \text{ (s/ft)} \tag{3.9-12}$$

を積分することによって得られる.

なお, 機体を設計する場合は, この上昇性能の値よりも, 3.8節で述べた $1G$ における P_s の値を満たすように決められる.

3.10 降下性能

(1) 基礎式

図 3.10-1 に降下中の力の釣合いを示す. 降下角 γ は一定とすると, 3.9節の上昇の場合と同様に, 次式が得られる.

$$\frac{W}{g}\dot{V} = T - D + W\sin\gamma \quad [V\text{方向の運動方程式}] \tag{3.10-1}$$

$$0 = L - W\cos\gamma \quad [V\text{に直角方向の釣合い式}] \tag{3.10-2}$$

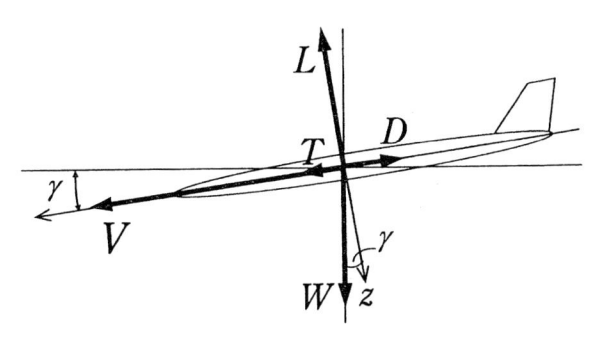

図 3.10-1 降下中の力の釣合い

(3.10-1)式および (3.10-2)式から，次式が得られる．

$$\sin\gamma = \frac{D-T}{W} + \frac{\dot{V}}{g}, \qquad \tan\gamma = \frac{D-T}{L} + \frac{\dot{V}}{g} \cdot \frac{W}{L} \qquad (3.10\text{-}3)$$

これから，**降下率** R/D (rate of descent) が次のように得られる．

$$-\dot{h} = 3.281 V \sin\gamma = 3.281 \left\{ \frac{V(D-T)}{W} + \frac{V\dot{V}}{g} \right\} \qquad (3.10\text{-}4)$$

ここで，(3.9-5)式を用いると

$$-\dot{h} = 3.281 \frac{V(D-T)}{W \cdot A_F} \fallingdotseq 3.281 \frac{V(D-T)}{L \cdot A_F} \quad \text{(ft/s)} \qquad (3.10\text{-}5)$$

を得る．この A_F も (3.9-7)式と同じく次式である．

$$A_F = 1 + \frac{3.281}{g} V \frac{dV}{dh} \qquad (3.10\text{-}6)$$

降下中の推力 T は，アイドルまで絞ると0，あるいは負となり抗力として作用する場合もある．推力を増すと，(3.10-5)式から降下角 γ および降下率 R/D を小さくすることができる．このように推力により降下角 γ および降下率 R/D は変化するが，まず $T=0$ として基本的な降下特性について考えてみよう．

(2) 推力 $T=0$, $V=$ 一定の場合

降下率 R/D は (3.10-5)式より

$$-\dot{h} = 3.281 V \frac{C_D}{C_L} \qquad (3.10\text{-}7)$$

となる．すなわち，降下率 R/D は速度 V と揚抗比 C_L/C_D によって決まる．抗力係数 C_D は

$$C_D = C_{D_0} + k C_L^2 \qquad (3.10\text{-}8)$$

と表されるから，(3.10-7)式に代入すると次のようになる．

$$\frac{-\dot{h}}{3.281} = V \frac{C_D}{C_L} = V \frac{C_{D_0}}{C_L} + kVC_L \qquad (3.10\text{-}9)$$

また，揚力係数 C_L について

$$W = \frac{1}{2}\rho V^2 S C_L, \qquad \therefore \quad C_L = \frac{2W}{\rho S} \cdot \frac{1}{V^2} \qquad (3.10\text{-}10)$$

の式を (3.10-9)式に代入すると次式が得られる．

第3章 飛行性能

$$\boxed{\frac{-\dot{h}}{3.281} = V\frac{C_{D_0}}{C_L} + kVC_L = A\cdot V^3 + B\cdot\frac{1}{V}} \tag{3.10-11}$$

ただし,

$$A = C_{D_0}\frac{\rho S}{2W}, \qquad B = k\frac{2W}{\rho S} \tag{3.10-12}$$

である.(3.10-11)式の右辺第1項は重量が重くなると降下率が小さくなり,第2項は重量が重くなると降下率が大きくなることがわかる.

(3.10-11)式の降下率 R/D が速度によってどのように変化するのかをみるために,極値を求めてみる.

$$\frac{\partial}{\partial V}(R/D) = 3A\cdot V^2 - B\cdot\frac{1}{V^2} = 0 \tag{3.10-13}$$

この式を満足する速度を V_0 とすると,次式が得られる.

$$V_0 = \left(\frac{B}{3A}\right)^{1/4} = \left(\frac{k}{3C_{D_0}}\cdot\frac{4W^2}{\rho^2 S^2}\right)^{1/4} = \left(\frac{k}{3C_{D_0}}\right)^{1/4}\sqrt{\frac{2W}{\rho S}} \tag{3.10-14}$$

この速度 V_0 のときの降下率 R/D の最小値は,(3.10-11)式から次のようになる.

$$\begin{aligned}\left(\frac{-\dot{h}}{3.281}\right)_{\min} &= A\cdot V_0^3 + B\cdot\frac{1}{V_0} = A\cdot\left(\frac{B}{3A}\right)^{3/4} + B\cdot\left(\frac{B}{3A}\right)^{-1/4}\\ &= \left(\frac{B}{3A}\right)^{-1/4}\cdot\left(\frac{B}{3} + B\right) = \frac{4B}{3}\left(\frac{B}{3A}\right)^{-1/4} = \frac{8kW}{3\rho S}\cdot\frac{1}{V_0}\\ &= 4\left(\frac{k}{3}\right)^{3/4}\cdot(C_{D_0})^{1/4}\cdot\sqrt{\frac{2W}{\rho S}}\end{aligned} \tag{3.10-15}$$

いま,実際の数値で考察してみよう.各諸元は次の値とする.

$S = 511\,(\mathrm{m}^2),\quad C_{D_0} = 0.025,\quad k = 0.060$

高度 35,000 (ft),重量 W1 = 250 (t) および W2 = 300 (t)

このとき,等価対気速度 VEAS(kt) を横軸として,それぞれの重量に対して (3.10-11)式から求めた降下率 R/D をプロットすると,図3.10-2のようになる.

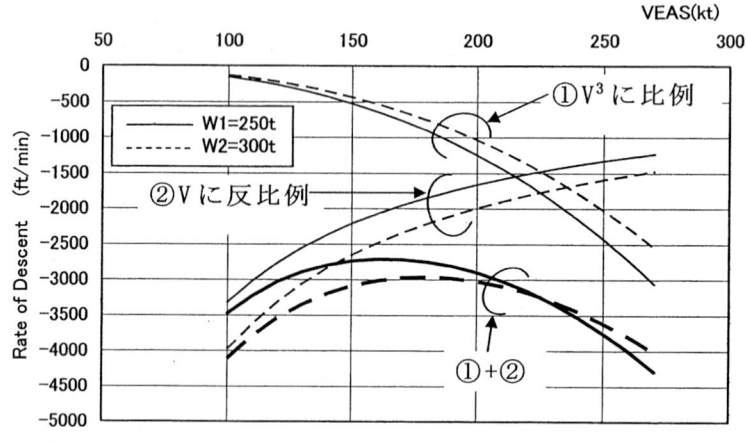

図 3.10-2　重量 W1 および W2 に対する降下率の変化（35,000ft）

　図 3.10-1 で，①は (3.10-11)式の降下率の式における第1項で V^3 に比例するもので，重量が重い方（破線）が R/D が小さくなる．また，②は (3.10-11)式第2項で V に反比例し，重量が重い方が R/D が大きくなる．①と②との合計が実際の降下率 R/D を表し，この例では 220kt（$M=0.70$）以下では重い方が降下率 R/D が大きくなり，220kt 以上では重い方が降下率 R/D が小さくなることがわかる．
　なお，降下率の最小値 R/D_{min} は次のような値である．
　　W1＝250(t)：R/D_{min}＝2708(ft/min)　@ 164(ktEAS)
　　W2＝300(t)：R/D_{min}＝2966(ft/min)　@ 179(ktEAS)

(3)　推力 $T=0$，加速度 $\dot{V}$ の影響
加速度がある場合，(3.10-4)式から

$$\frac{-\dot{h}}{3.281} = V\frac{C_D}{C_L} + \frac{V\dot{V}}{g} \tag{3.10-16}$$

である．これから，加速度が増加すると降下率 R/D が増大する．例えばパイロットが操縦桿を押すと釣合い迎角が小さくなり，速度が増すとともに加速度による降下角増大が加わり降下率 R/D は大きく変化する．

第3章 飛行性能

(4) 推力 T の影響

推力がある場合，(3.10-5)式から

$$\frac{-\dot{h}}{3.281} = \frac{V(D-T)}{L \cdot A_F} \tag{3.10-17}$$

である．アイドル推力のときに降下率 R/D が最も大きくなる．従って，降下角 γ を小さくするには推力を増加すればよい．なお，速度は推力変化により変わらないので，操縦桿の操作により機体の釣合い迎角を変化させる必要がある．（推力を変化させると，機体の姿勢は変化するが速度は変化しない）

3.11 翼面荷重と推力重量比（まとめ）

上記飛行性能の全てを満足する翼面荷重 W/S および推力重量比 T/W は，図 3.11-1 のように全ての要求値を 1 枚の図に描くことで得られる．この図から，全ての性能を満足する最大の W/S と最小の T/W として，翼面荷重および推力重量比が決定される．

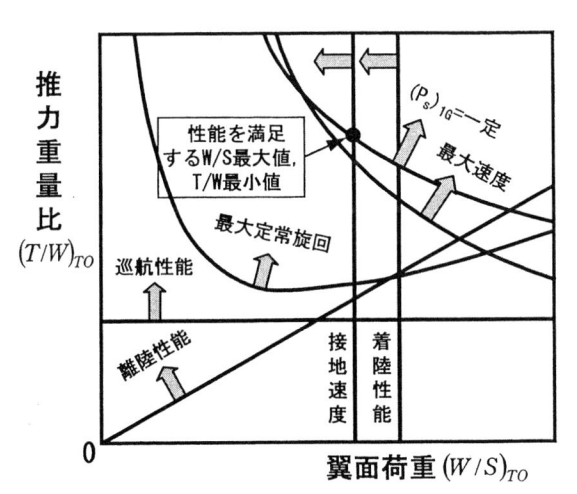

図 3.11-1　全ての性能要求を満足する W/S と T/W

第4章　飛行機設計演習

　与えられたミッションと性能要求を満足する調和のとれた機体を設計するには，従来の統計データを基に，初期の諸元を仮設定し，それらを何度も見直して次第に最適な機体へと仕上げていく初期段階の概念設計が，機体の善し悪しを決める上で最も重要である．本章では，模型飛行機から旅客機まで，主として民間機の各種飛行機について，設計解析プログラム KMAP を用いて，概念設計のやり方を演習を通して学ぶ．なお，ここで考える機体は，空力安定微係数推算の制限からマッハ数 $M \leq 0.85$ とする．

　第1章に述べたように，プログラムを起動すると，インプットデータのファイル名を聞いてくる．ユーザーが作成したファイル名（データの1行目の最初の4文字は"CDES"としておくこと）を入力すると，"IPRNT ="の番号を聞いてくるので，IPRNT＝2と入力すると新規設計するかどうかを聞いてくる．ここではまず新規設計する場合として，1をキーインすると，設計計算が開始される．例を以下に示す．

```
C:¥KMAP>KMAP33
File name missing or blank - please enter file name
UNIT 8? CDES.EXAMPLE.DAT
            CDES.EXAMPLE.DAT...（大型旅客機の例題）

      ...IPRNT=0 : Simulation...
            =2 : Stability Analysis...
            =3 : Simulationデータ加工(TMAX＞40秒)
----(INPUT)---- IPRNT=2
      ●機体形状を新しく設計しますか？　Yes=1,　No=0
1
```

ここで，アスペクト比を新たに入力するかどうかを聞いてくる．そのままでよければ99と入力する．

```
●アスペクト比(縦横比 A=b**2/S) を入力しますか？
 (アスペクト比 A=一定として設計が実施されます)
 現在のアスペクト比 A= 0.69607E+01
         --> INPUT (99 入力で元データのまま)=99
    6.96072
    旧スパン b= 0.59640E+02 ⇒ 新スパン b=√(A・S) = 0.59640E+02 (m)
```

4.1 性能要求値の設定

次に，下記の1～12の性能要求値が表示される．第2章で述べたように，良い飛行機を設計するには，目的にあったバランスの良い性能要求値を設定する必要がある．ここでは，大型旅客機の例として下記の性能要求値を設定する．

```
         << 4.1 性能要求値の設定(M≦0.85) >>
  1 乗員・乗客数                   Npassen = 0.45000E+03 (名)
  2 ペイロード(除く乗客)            Wpay    = 0.00000E+00 (tf)
  3 航続距離(巡航)                  R3      = 0.12000E+02 (1000km)
  4    巡航時の高度                Hp      = 0.36000E+02 (1000ft)
  5    巡航マッハ数                M       = 0.85000E+00 (―)
  6    巡航推力比                  ETO =Tcr/Tto = 0.25000E+00 (―)
  7    巡航時推力 1kgf あたりの燃料消費率 bJ = 0.60000E+00 (kgf/hr)
  8 離陸滑走路長                    sTO     = 0.30000E+04 (m)
  9 着陸滑走路長                    Ld      = 0.20000E+04 (m)
 10 接地速度                       VTD     = 0.13000E+03 (kt)
 11 CLmaxTO 計算用のフラップ角      δfmaxTO = 0.20000E+02 (deg)
 12 CLmaxLD 計算用のフラップ角      δfmaxLD = 0.40000E+02 (deg)
```

- 1項の乗員・乗客の重量については，1人約100(kgf)と仮定する．
- 6項の巡航推力比 ETO とは，離陸時推力に対する巡航時推力の倍率で，ターゲットエンジンの性能値を参考にして決める．
- 離陸滑走距離 s_0 の1.5倍を離陸距離 s_1，その1.15倍を離陸滑走路長 s_{TO} と仮定．
- 着陸滑走距離 L_0 の1.5倍を着陸距離 L_1，その (1/0.6) 倍を着陸滑走路長 L_d と仮定．
- 10項の接地速度 V_{TD} は揚力から決まる着陸最小速度で，失速速度 V_s の1.15倍．

4.2 空力推算用機体諸元データの設定

(A) 入力データ
(A.1) 離着陸検討用データ

機体設計において最も重要な作業は**離陸重量**(take off weight) W_{TO} の推算である．ここで，重量の内訳を説明すると以下のようである．

離陸重量 W_{TO} は次のように表される．

$$\begin{aligned} W_{TO} &= W_{empty} + W_{load} \\ &= W_{empty} + W_{fixed} + W_{fuel} \end{aligned} \quad (4.2\text{-}1)$$

ここで，W_{empty} は自重（empty weight）で

$$W_{empty} = W_{st} + W_{pp} + W_{eq} \quad (4.2\text{-}2)$$

と表される．ここで，W_{str} は機体構造重量，W_{pp} は動力装備重量，W_{eq} は固有装備重量である．また，W_{load} は搭載量で

$$\begin{aligned} W_{load} &= W_{crew} + W_{pay} + W_{fuel} \\ &= W_{fixed} \qquad\quad + W_{fuel} \end{aligned} \quad (4.2\text{-}3)$$

と表される．ここで，W_{crew} は乗員重量，W_{pay} はペイロード，W_{fuel} は燃料重量である．また，W_{fixed} は

$$W_{fixed} = W_{crew} + W_{pay} \quad (4.2\text{-}4)$$

と表される．使用不能の燃料は自重に含める．また，自重に乗員重量を含めたものを**運用自重**（operational empty weight）という．

本例題では，乗員・乗客数を1つのインプットデータとし，ペイロードから乗客関連重量を除いた搭載貨物のみをペイロードとしてのインプットデータとした．それが，4.1節のインプットデータ1, 2である．

さて，概念設計を始めるにあたって，離陸重量の初期値を仮定する必要がある．この離陸重量には下記インプットデータの4番目を用いる．ただし，この離陸重量は概念設計過程においては，この値を中心に0.6倍〜1.5倍の範囲で変化させながら解析するので，大まかな値をインプットしておけば良い．その他の離着陸検討用に必要なデータも下記に示すがこれは大型旅客機の例である．なお，この内5番目の着陸重量については，設計結果によって自動的に修正されるので，初期データとしては適当な値でよい．

```
        << 4.2 空力推算用機体諸元データの設定 >>
(A.1) 離着陸検討用データ
1 着陸開始高度                           Hp = 0.15000E+01 (1000ft)
2 着陸開始マッハ数(0 の時 VKEAS から計算) M = 0.00000E+00  (-)
3 着陸開始速度     (等価対気速度)       VKEAS = 0.16500E+03 (kt)
4 離陸重量         (新設計開始時)         WTO = 0.35000E+03 (tf)
5 着陸重量         (設計で自動修正)       WLD = 0.25500E+03 (tf)
6 脚 (UP=0, DN=1)                       NGEAR = 1 (-)
7 フラップ型式                           NFTYPE = 1 (-)
  ( NFTYPE=0--> なし,   NFTYPE=1--> best 2-slot )
  ( NFTYPE=2--> 1-slot, NFTYPE=3--> plane       )
```

次に，機体形状データについて述べる．形状データは，図4.2-1に示すデータと主翼および水平尾翼の上反角データが主要なものであるが，細部は次に示す(A.2)〜(A.5)の全てのインプットデータが必要である．しかし，初期計算においては，図4.2-1以外のデータは他のインプットデータ例をそのまま使用するのが良い．なお，これらの機体形状データを用いた空力係数の推算の詳細については，付録Aを参照のこと．

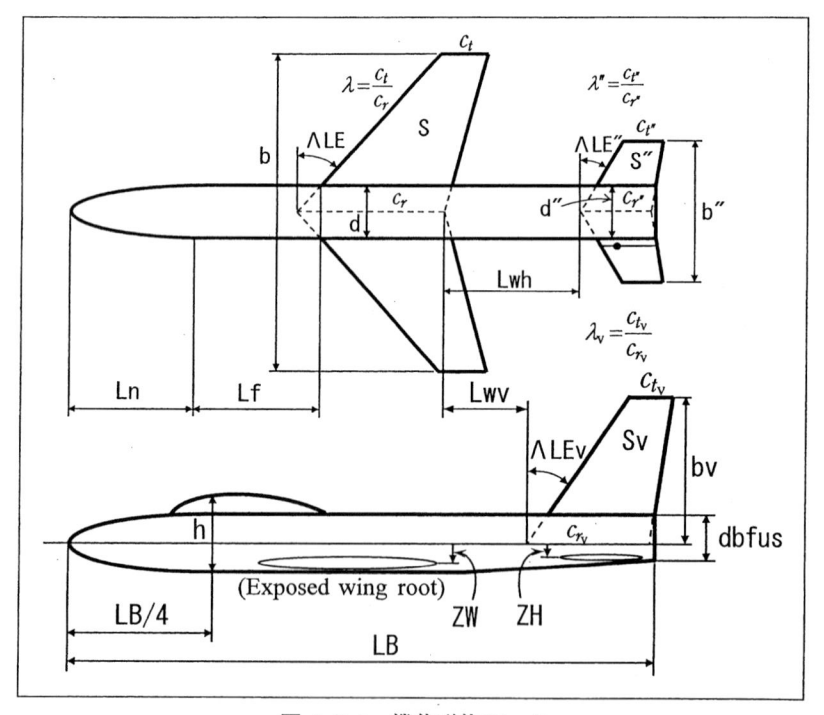

図 4.2-1　機体形状データ

第4章 飛行機設計演習

(A.2) 主翼，フラップおよびエルロン関係

```
主翼面積                                S    = 0.51100E+03  (m2)
スパン(主翼)                             b    = 0.59640E+02  (m)
先細比(主翼)                             λ    = 0.32000E+00  (－)
前縁後退角(主翼)                         ΛLE  = 0.42000E+02  (deg)
主翼上反角                               Γ    = 0.45000E+01  (deg)
胴体中心～expo主翼根距離(翼が下が正)     ZW   = 0.20000E+01  (m)
主翼断面後縁角                           φTE  = 0.18000E+02  (deg)
主翼の前縁半径比                         r0/C = 0.20000E-01  (－)
翼厚比(主翼)                             t/c  = 0.11000E+00  (－)
翼厚比(主翼)(t/c)のmax位置               xt   = 0.30000E+02  (%MAC)
フラップのchord extention比              c1/c = 0.13000E+01  (－)
フラップ弦長比(せり出し後)               cf/c = 0.30000E+00  (－)
フラップのスパン方向開始位置             ηi   = 0.10000E+00  (－)
フラップのスパン方向終了位置             ηo   = 0.70000E+00  (－)
フラップ舵角(空力推算時参考舵角)         δf   = 0.20000E+02  (deg)
エルロン弦長比                           ca/c = 0.25000E+00  (－)
エルロンのスパン方向開始位置             ηiA  = 0.73000E+00  (－)
エルロンのスパン方向終了位置             ηoA  = 0.95000E+00  (－)
エルロン舵角(空力推算時参考舵角)         δa   = 0.20000E+02  (deg)
```

(A.3) 水平尾翼およびエレベータ関係

```
水平尾翼面積                             S″   = 0.13500E+03  (m2)
スパン(水平尾翼)                         b″   = 0.22000E+02  (m)
先細比(水平尾翼)                         λ″   = 0.28000E+00  (－)
前縁後退角(水平尾翼)                     ΛLE″ = 0.43000E+02  (deg)
水平尾翼上反角                           Γ″   = 0.80000E+01  (deg)
胴体中心～水尾CBAR/4距離(翼が下が正)     ZH   =-0.20000E+01  (m)
胴体中心の主翼後縁～水尾前縁距離         Lwh  = 0.27000E+02  (m)
後縁角(deg)(水平尾翼)                    φTE″ = 0.15000E+02  (deg)
翼厚比(水平尾翼)                         t/c″ = 0.90000E-01  (－)
エレベータ弦長比(全動はce/c″=1.0)       ce/c″= 0.35000E+00  (－)
エレベータスパン方向開始位置             ηi″  = 0.15000E+00  (－)
エレベータスパン方向終了位置             ηo″  = 0.80000E+00  (－)
エレベータ舵角(空力推算時参考舵角)       δe   = 0.20000E+02  (deg)
```

(A.4) 垂直尾翼およびラダー関係

```
垂直尾翼面積(胴体中心線まで)             Sv    = 0.15200E+03  (m2)
スパン(垂直尾翼)                         bv    = 0.13500E+02  (m)
先細比(垂直尾翼)                         λv    = 0.30000E+00  (－)
前縁後退角(垂直尾翼)                     ΛLEv  = 0.51000E+02  (deg)
胴体中心の主翼後縁～垂尾前縁距離         Lwv   = 0.19000E+02  (m)
後縁角(deg)(垂直尾翼)                    φTEv  = 0.15000E+02  (deg)
翼厚比(垂直尾翼)                         (t/c)v= 0.90000E-01  (－)
ラダー弦長比                             cdr/c = 0.30000E+00  (－)
ラダーのスパン方向開始位置               ηiV   = 0.25000E+00  (－)
ラダーのスパン方向終了位置               ηoV   = 0.90000E+00  (－)
ラダー舵角(空力推算時参考舵角)           δr    = 0.30000E+02  (deg)
```

(A.5) 胴体関係

```
胴体長さ                                    LB   = 0.68600E+02 (m)
機首部(前胴と同じ太さまで)の長さ              Ln   = 0.11000E+02 (m)
機首を除く前胴部(expo主翼根先端)長さ          Lf   = 0.85000E+01 (m)
胴体直径(主翼部)                            d    = 0.65000E+01 (m)
胴体直径(水平尾翼部)                         d″   = 0.27000E+01 (m)
胴体最大上下幅(機首から1/4と仮定)             h    = 0.82000E+01 (m)
胴体後部base面の直径                        dbfus = 0.25000E+01 (m)
```

4.3 新規設計における機体諸元変更

離陸重量 W_{TO} の初期値は，4.2節（A.1）のインプットデータ4の値を用いる．重量 W_{TO} の機体は離陸後に重量 W_2 になるとする．また上昇・加速して巡航開始時の重量を W_3 とする．このときの燃料使用量を次のように仮定する．

(a) 離陸　　　　　　： $W_{TO} \rightarrow W_2$, $W_2/W_{TO} = 0.975$　　　　　(4.3-1)

(b) 巡航開始まで： $W_2 \rightarrow W_3$, $W_3/W_2 = 0.975$　　　　　(4.3-2)

機体形状インプットデータから，本例題では主翼面積 $S=511 (\text{m}^2)$ であるから，離陸時の翼面荷重 W_{TO}/S の初期値は次のようになる．

$$\frac{W_{TO}}{S} = \frac{350000}{511} = 685 \quad (\text{kgf/m}^2) \tag{4.3-3}$$

これから，巡航開始時の翼面荷重 W_3/S の初期値は次のようになる．

$$\frac{W_3}{S} = \frac{W_2}{W_{TO}} \cdot \frac{W_3}{W_2} \cdot \frac{W_{TO}}{S} = 0.975 \times 0.975 \times 685 = 651 \quad (\text{kgf/m}^2) \tag{4.3-4}$$

次に，設計時における注意事項を以下に述べる．

(1) アスペクト比（縦横比） $A(=b^2/S)$ が大きいということは，主翼が細長いということである．図4.3-1に示すように，アスペクト比が大き過ぎると荷重的に辛くなるので注意が必要である．実際の種々の飛行機について，アスペクト比 A と翼面荷重 W/S の関係をプロットすると図4.3-2のようになる．ここでは，これらの他機例の値として，次式のアスペクト比の値が表示される．

$$A \leq 19.05 - 0.01175(W/S)_{TO} = 19.05 - 0.01175 \times 685 = 11.0 \tag{4.3-5}$$

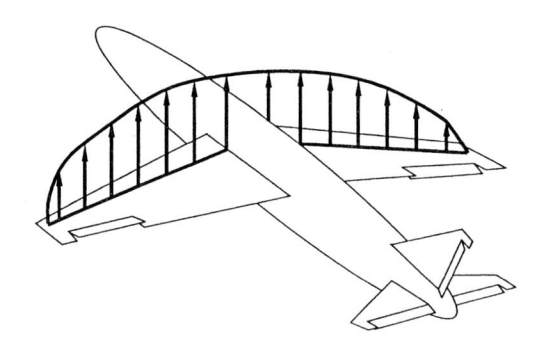

図4.3-1　アスペクト比と荷重との関係

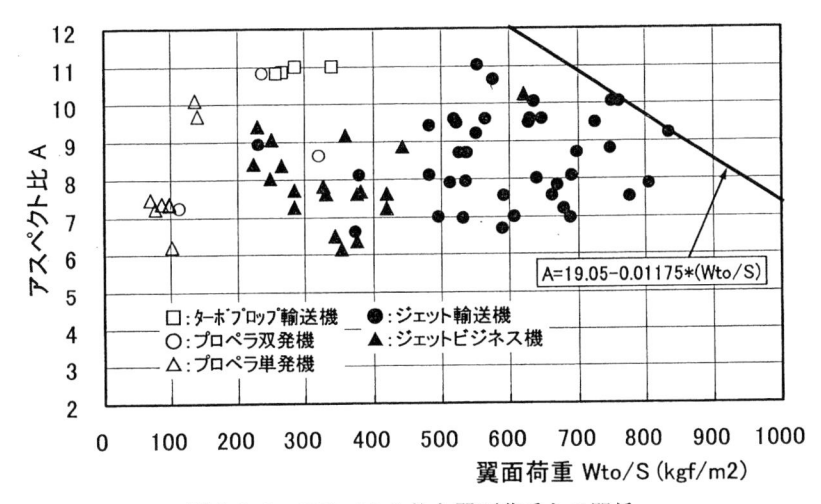

図4.3-2　アスペクト比と翼面荷重との関係

本例題の場合，翼面荷重が685(kgf/m^2)に対して，現在のアスペクト比は$A=6.96(-)$であるから，アスペクト比は荷重的には問題ないと考えられる．

(2)　スパン　$b=\sqrt{S \cdot A}$は大き過ぎないように注意が必要である．スパンが大きい機体を運用するのは大変である．本例題のスパンは　$b=59.6(\mathrm{m})$である．もし運用上，スパンが大き過ぎる場合には小さくすることを考慮する．

（3）後退角 Λ は，主翼による縦安定性上，アスペクト比 A が大きい程 Λ を小さくする必要がある．6.1節に示すデータを参考に，アスペクト比 A に対して，主翼 c/4 線の後退角 $\Lambda_{C/4}$ を図4.3-3に示す値以下とする．本例題の場合，図4.3-3から

$$\Lambda c/4 \leqq 40.1° \quad \text{（前縁の後退角は}\Lambda LE \leqq 42.5°\text{）} \quad (4.3\text{-}6)$$

であるが，これに対して，現在 $\Lambda c/4 = 39.6°$（$\Lambda LE = 42.0°$）であるので問題はない．この後退角の上限値については，4.9節のKMAP設計プログラム内の自動探索の中でチェックされ，上限値以下に自動修正される．

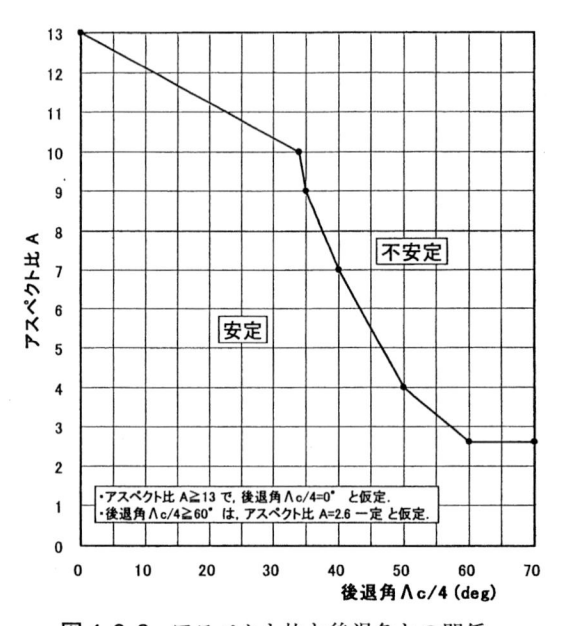

図4.3-3　アスペクト比と後退角との関係

（4）乗客の横1列の人数は概ね次のように考えて，必要な胴体長さの値を参考として表示する．
　① 400名以上：　（3+4+3）　→　1列10名
　② 300名以上：　（2+5+2）　→　1列9名
　③ 200名以上：　（2+3+2）　→　1列7名
　④ 100名以上：　（3+3）　　→　1列6名

第 4 章　飛行機設計演習　　　　　　　　　　　　　　　　　　77

⑤　30名以上：　(2+2)　　→　1列4名
⑥　30名未満：　(1+1)　　→　1列2名

いま，乗客1列の前後距離は0.9m(35in)，胴体長の3/4が乗客と仮定すると，乗客数から，胴体長さは54.0(m)以上必要になる．これに対して，現在の胴体長さは$LB=68.6$(m)であるから，胴体長さは乗客数上としては問題ない．

上記注意事項を含めて，機体形状を修正する場合は，下記の番号を指定してオンラインで（計算実行中に）修正することが可能である．

```
 1 = 主翼の面積，スパン，先細比，前縁後退角，上反角，主翼上下位置
 2 = 主翼の断面形状
 3 = フラップ形状
 4 = エルロン形状
 5 = 水平尾翼の面積，スパン，先細比，前縁後退角，上反角，水尾上下位置
 6 = 胴体中心の主翼後縁から水尾前縁までの距離
 7 = 水平尾翼の断面形状
 8 = エレベータ形状
 9 = 垂直尾翼の面積，スパン，先細比，前縁後退角
10 = 胴体中心の主翼後縁から垂尾前縁までの距離
11 = 垂直尾翼の断面形状
12 = ラダー形状
13 = 胴体長さ，機首部長さ，機首を除く前胴部長さ
14 = 胴体直径
●何を修正しますか？（番号キーイン），　修正なし（完了）=0
```

4.4　推力重量比，翼面荷重の策定

① 巡航飛行条件と空力係数 C_{D_0}, k

まず，巡航飛行について検討する．巡航飛行条件は4.1節の性能要求値表の中の4項および5項に設定されている値を用いる．本例題の場合は，高度 $H_p=36000$(ft)，マッハ数 $M=0.85$ である．一方，後述する機体形状データから，空力係数 C_{D_0}, k を推定する．空力係数推算については4.8節を参照のこと．

② 航続距離を満足する重量比

いよいよ巡航飛行を開始して，目的地まで長時間効率よく飛行できる飛行機諸元を検討する．インプットデータで指定した離陸重量 W_{TO} の初期を用いて，その0.6倍〜1.5倍の範囲で離陸重量を変化させて，最適な離陸重量を探索する．このとき，アスペクト比 A は一定とする．アスペクト比一定で探索する

理由は，性能要求値を満足する機体諸元を求める際にアスペクト比が大きく変化してしまうと，空力的な効率が変化して探索が難しくなること，またアスペクト比が変化してしまうと当初考えていた主翼形状が大きく変化して機体イメージが違ったものとなることを避けるためである．

巡航飛行の諸条件は，既に4.1節にて設定している．巡航速度は，高度H_p＝36000(ft)，マッハ数M＝0.85であるので

$$V = 251 \quad (\text{m/s}) \tag{4.4-1}$$

となる．探索後の最適離陸重量の案としてW_{TO}＝380(tf)と表示されるので，それでよければW_{TO}＝380(tf)とキーインする．主翼面積は当初のS＝511(m²)から変化して477(m²)となり，離陸時の翼面荷重W_{TO}/Sが次のようになる．

$$\frac{W_{TO}}{S} = \frac{380000}{477} = 797 \quad (\text{kgf/m}^2) \tag{4.4-2}$$

これから，巡航開始時の翼面荷重W_3/Sは次のようになる．

$$\frac{W_3}{S} = \frac{W_2}{W_{TO}} \cdot \frac{W_3}{W_2} \cdot \frac{W_{TO}}{S} = 0.975 \times 0.975 \times 797 = 757 \quad (\text{kgf/m}^2) \tag{4.4-3}$$

従って，巡航開始時の揚力係数は次のようになる．

$$C_L = \frac{2}{\rho V^2} \cdot \frac{W_3}{S} = 0.646 \tag{4.4-4}$$

一方，機体形状データを用いると，巡航時の空力係数が次のように得られる．（空力係数推算については後述する）

$$\begin{cases} \text{有害抗力係数} & C_{D_0} = 0.0201 \\ \text{誘導抗力の係数} & k = 0.0512 \\ \text{抗力係数} & C_D = 0.0415 \\ \text{揚抗比} & C_L/C_D = 15.6 \end{cases} \tag{4.4-5}$$

これらのデータを用いると，3.2節から最適巡航時の揚力として，次式が得られる．

$$C_{L3} = \sqrt{\frac{C_{D_0}}{2k}} = 0.443 \quad (C_L/C_D^{3/2}\text{が最大}) \tag{4.4-6}$$

これに対応する速度は

$$V_{opt} = \sqrt{\frac{2}{\rho C_{L3}} \cdot \frac{W_3}{S}} = 303 \quad (\text{m/s}) \tag{4.4-7}$$

となる．この最適巡航速度は，(4.4-1) 式で求めた巡航速度 $V = 251\,(\mathrm{m/s})$ よりも大きい値である．(4.4-1) 式の速度は，インプットデータの巡航マッハ数 0.85 に対応する速度であるが，(4.4-7) 式の最適巡航速度 $V_{opt} = 303\,(\mathrm{m/s})$ にすると，マッハ数が 0.85 を超えてしまい抗力が急増する．従って，最適巡航速度よりもやや遅い速度の (4.4-1) 式の速度に抑えて巡航する．

航続距離は 3.2 節から次式で与えられる．

$$\boxed{R_3 = 3.6\,\frac{V}{b_J}\cdot\frac{C_L}{C_D}\ln\frac{W_3}{W_4}} \tag{4.4-8}$$

ここで，R_3 は航続距離 Range(km)，V は機体速度(m/s)，b_J は巡航時推力 1kgf あたりの燃料消費率(kgf/hr)，C_L/C_D は巡航時の揚抗比，W_3 は巡航開始時の重量，W_4 は巡航終了時の重量である．

(4.4-8)式から，航続距離 R_3 を満足する重量比 W_4/W_3 が次のように得られる．

$$\boxed{W_4/W_3 = e^{-\frac{R_3\cdot b_J}{3.6V\cdot(C_L/C_D)}}} = e^{-\frac{12000\times 0.6}{3.6\times 251\times 15.6}} = 0.599 \tag{4.4-9}$$

この式から，巡航終了時の重量比 W_4/W_{TO} が次式で与えられる．

$$W_4/W_{TO} = a_{fuel} = \frac{W_2}{W_{TO}}\cdot\frac{W_3}{W_2}\cdot\frac{W_4}{W_3} = 0.975\times 0.975\times 0.599 = 0.570 \tag{4.4-10}$$

なお，巡航終了後の降下および着陸については，長時間の巡航飛行に比較して燃料消費は少ないとして，着陸重量は巡航終了時の重量 W_4 と同じと仮定する．

③ 巡航飛行から決まる推力重量比 $(T/W)_{TO}$

巡航飛行から決まる離陸時に換算した推力重量比 $(T/W)_{TO}$ は，3.2 節から $C_L/C_D^{3/2}$ 最大の条件より次式で与えられる．

$$\boxed{\left(\frac{T}{W}\right)_{TO} \geq \frac{3}{\sqrt{2}}\sqrt{kC_{D_0}}\cdot\frac{(W_2/W_{TO})\cdot(W_3/W_2)}{E_{TO}}}$$

$$= 2.12\sqrt{0.0512\times 0.0201}\times\frac{0.975\times 0.975}{0.25} = 0.259 \tag{4.4-11}$$

ここで，右辺の係数 $(3/\sqrt{2})$ は 2.12 である．W_3/W_{TO} は巡航開始時の重量比，

また，E_{TO} は離陸時推力に対する巡航時推力の倍率を表す．(4.4-11) 式の条件は，横軸を翼面荷重 $W/S (\text{kgf/m}^2)$，縦軸を推力重量比 T/W（単位は無次元）のグラフにおいて，横軸に平行な直線で表される（図4.4-1）．

④「(A.1) 離着陸検討用データ」による最大揚力係数

この後，離着陸性能を検討するが，飛行条件と最大揚力係数は次のように仮定する．

飛行条件は，インプットデータの「(A.1) 離着陸検討用データ」に示す着陸開始の高度，マッハ数および速度の値を用いる．本例題では次の値である．

$$\begin{cases} 高度 & h_p = 1500 \quad (\text{ft}) \\ マッハ数 & M = 0.256 \\ 速度 & V_{KEAS} = 165 \quad (\text{kt}) \end{cases} \quad (4.4\text{-}12)$$

最大揚力係数は次のように考える．まず，失速角を次のように仮定する．

$$失速迎角 \quad \alpha_s = 14 \quad (\text{deg}) \quad (4.4\text{-}13)$$

次に，フラップ型式をインプットデータの「(A.1) 離着陸検討用データ」において，次の4つから指定する．

$$\begin{cases} \text{NFTYPE} = 0 \text{--> なし} \\ \text{NFTYPE} = 1 \text{--> best 2-slot} \\ \text{NFTYPE} = 2 \text{--> 1-slot} \\ \text{NFTYPE} = 3 \text{--> plane} \end{cases} \quad (4.4\text{-}14)$$

このフラップ型式と機体形状データから，次の揚力傾斜およびフラップの効きを求める．

$$C_{L_\alpha} = 0.0949 \quad (1/\text{deg}), \quad C_{L_{\delta f}} = 0.0205 \quad (1/\text{deg}) \quad (4.4\text{-}15)$$

フラップ角については，インプットデータで指定しているので，上記データから次のような最大揚力係数が得られる．

$$\begin{cases} C_{L_{\max TO}} = C_{L_\alpha} \times 14 + C_{L_{\delta f}} \delta f_{\max TO} = 0.0949 \times 14 + 0.0205 \times 20 = 1.74 \\ C_{L_{\max LD}} = C_{L_\alpha} \times 14 + C_{L_{\delta f}} \delta f_{\max LD} = 0.0949 \times 14 + 0.0205 \times 40 = 2.15 \end{cases}$$
$$(4.4\text{-}16)$$

⑤ 着陸滑走路長（ただし $V_{TD} = 1.15 V_s$）を満足する $(W/S)_{TO}$

着陸滑走距離 L_0 の 1.5 倍を着陸距離 L_1，その (1/0.6) 倍を着陸滑走路長

第4章 飛行機設計演習

L_d と仮定しているから，空港の必要滑走路長さである着陸滑走路長 L_d の要求に対して，着陸滑走距離 L_0 が次式で得られる．

$$L_0 = \frac{0.6 L_d}{1.5} = \frac{0.6 \times 2000}{1.5} = 800 \quad (\text{m}) \tag{4.4-17}$$

着陸滑走距離 L_0 は 3.4 節から次式で表される．

$$\boxed{L_0 = \frac{0.817 \times (1.15)^2}{\mu C_{L_{\max LD}}} \cdot \left(\frac{W}{S}\right)_{TO} \cdot (W_4/W_{TO})} \quad (\mu = 0.3) \tag{4.4-18}$$

この式から，着陸滑走路長を満足する $(W/S)_{TO}$ が次式で与えられる．

$$\boxed{\left(\frac{W}{S}\right)_{TO} \leq \cdot \frac{\mu C_{L_{\max LD}}}{0.817 \times (1.15)^2} L_0 \cdot \frac{1}{W_4/W_{TO}}}$$

$$= \frac{0.3 \times 2.15}{0.817 \times (1.15)^2} \times 800 \times \frac{1}{0.570} = 837 \quad (\text{kgf/m}^2) \tag{4.4-19}$$

ただし，W_4/W_{TO} は着陸時の重量比で (4.4-10) 式である．(4.4-19) 式の条件は，横軸を翼面荷重 $W/S (\text{kgf/m}^2)$，縦軸を推力重量比 T/W (単位は無次元) のグラフにおいて，縦軸に平行な直線で表される (図 4.4-1)．

⑥ 接地速度 (ただし $V_{TD} = 1.15 V_s$) を満足する $(W/S)_{TO}$

接地速度 V_{TD} は，揚力から決まる着陸最小速度であり，失速速度 V_s の 1.15 倍とすると，3.5 節から次式で表される．

$$\boxed{V_{TD} = \frac{1.15}{0.5144} \sqrt{\frac{2W}{\rho_0 S C_{L_{\max LD}}}}} \quad (\text{kt}) \tag{4.4-20}$$

ここで，ρ_0 は海面上の空気密度，$C_{L_{\max LD}}$ は着陸形態の最大揚力係数である．接地速度 $V_{TD}(\text{kt})$ が与えられた場合，釣合い飛行を維持するための翼面荷重の条件式が，離陸時の値に換算して次式で与えられる．

$$\boxed{\left(\frac{W}{S}\right)_{TO} \leq 0.0625 \frac{C_{L_{\max LD}}}{(1.15)^2} (0.5144 V_{TD})^2 \cdot \frac{1}{W_4/W_{TO}}}$$

$$= 0.0625 \frac{2.15}{(1.15)^2} \times (0.5144 \times 130)^2 \times \frac{1}{0.570} = 797 \quad (\text{kgf/m}^2) \tag{4.4-21}$$

ただし，V_{TD} の単位は (kt) である．この条件式は，横軸を翼面荷重 W/S (kgf/m^2)，縦軸を推力重量比 T/W (単位は無次元) のグラフにおいて，縦軸に平行な直線で表される (図 4.4-1)．

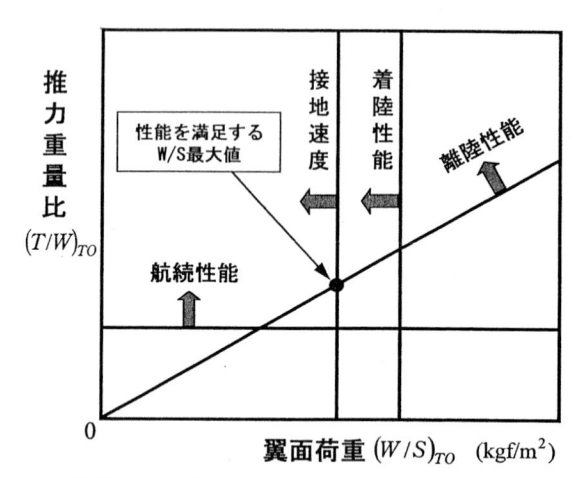

図4.4-1 性能要求を満足する$(T/W)_{TO} \sim (W/S)_{TO}$の例(旅客機)

次に,先に⑤の着陸性能で求めた$(W/S)_{TO} \leq 837$と,⑥の接地速度から求めた$(W/S)_{TO} \leq 797$について,両方の性能を満足するための$(W/S)_{TO}$の値が次のように求まる.

$\Rightarrow$ ⑤と⑥から,翼面荷重$(W/S)_{TO}$(修正) = 797 (kgf/m^2)　　(4.4-22)

⑦ 離陸滑走路長(ただし $V_{LO}=1.1V_s$)を満足する$(T/W)_{TO} \sim (W/S)_{TO}$

離陸滑走距離s_0の1.5倍を離陸距離s_1,その1.15倍を離陸滑走路長s_{TO}と仮定しているから,空港の必要滑走路長さである離陸滑走路長s_{TO}の要求に対して,離陸滑走距離s_0が次式で得られる.

$$s_0 = \frac{S_{TO}}{1.5 \times 1.15} = \frac{3000}{1.5 \times 1.15} = 1739 \quad (\text{m}) \quad (4.4\text{-}23)$$

離陸滑走距離s_0は3.3節から次式で表される.

$$\boxed{s_0 = 0.817 \frac{(1.1)^2}{C_{L\max TO}} \cdot \frac{(W/S)_{TO}}{(T/W)_{TO}}} \quad (4.4\text{-}24)$$

この式から,離陸滑走路長を満足する$(T/W)_{TO}$と$(W/S)_{TO}$との関係が次式で与えられる.

$$\boxed{\left(\frac{T}{W}\right)_{TO} \geq \frac{0.817}{s_0} \cdot \frac{(1.1)^2}{C_{L\max TO}} \cdot \left(\frac{W}{S}\right)_{TO}}$$

$$= \frac{0.817}{1739} \times \frac{(1.1)^2}{1.74} \times 797 = 0.261 \quad (-) \tag{4.4-25}$$

ただし，右辺の$(W/S)_{TO}$は，(4.4-22) 式で求まった翼面荷重の値を用いる．(4.4-25) 式の条件は，横軸を翼面荷重 $W/S(\mathrm{kgf/m^2})$，縦軸を推力重量比 T/W（単位は無次元）のグラフにおいて，右上がりの直線で表される（図4.4-1）．

次に，先に③の巡航性能で求めた$(T/W)_{TO} \geqq 0.259$ と，⑦の離陸性能から求めた$(T/W)_{TO} \geqq 0.261$ については，両方の性能を満足するための$(T/W)_{TO}$の値が次のように求まる．

$\Rightarrow$ ③と⑦から，推力重量比$(T/W)_{TO}$（修正）$= 0.261$ $(-)$ (4.4-26)

上記の結果をまとめると図4.4-1のようになる．

このように求まった翼面荷重$(W/S)_{TO}$は，できるだけ大きな値が望ましい．それは同じ離陸重量 W_{TO} に対して，翼面積 S を小さくでき，その結果機体規模が小さくなるからである．

4.5 離陸重量の推算

離陸重量 W_{TO} および［乗員・乗客＋ペイロード］W_{fixed} は
$$W_{TO} = 380 \,(\mathrm{tf}), \qquad W_{fixed} = 45 \,(\mathrm{tf}) \tag{4.5-1}$$
である．従って，W_{fixed}/W_{TO} は次のようになる．
$$W_{fixed}/W_{TO} = 45/380 = 0.1184 \tag{4.5-2}$$

燃料重量比 W_{fuel}/W_{TO} は，(4.4-10) 式の着陸重量比 a_{fuel} を用い，6%余裕を考慮して次のように得られる．
$$\begin{aligned} W_{fuel}/W_{TO} &= 1.06(W_{TO} - W_4)/W_{TO} = 1.06(1 - a_{fuel}) \\ &= 1.06 \times (1 - 0.570) = 0.456 \end{aligned} \tag{4.5-3}$$

自重比 W_{emp}/W_{TO} は (4.5-2) 式および (4.5-3) 式を用いて次のように得られる．
$$\begin{aligned} W_{emp}/W_{TO} &= \frac{W_{TO} - W_{fixed} - W_{fuel}}{W_{TO}} = 1 - \frac{W_{fixed}}{W_{TO}} - \frac{W_{fuel}}{W_{TO}} \\ &= 1 - 0.1184 - 0.456 = 0.425 \end{aligned} \tag{4.5-4}$$

なお，燃料重量 W_{fuel} および自重 W_{emp} は次のようである．
$$W_{fuel} = 0.456 \times 380 = 173 \,(\mathrm{tf}), \qquad W_{emp} = 0.425 \times 380 = 162 \,(\mathrm{tf}) \tag{4.5-5}$$

このとき，当初の性能要求値を満足しているかを再確認すると，次のようになる．

$$\begin{vmatrix} 航続距離 & R3=12000\,(km) & 要求値 & R3=12000 \\ 離陸滑走路長 & sTO=3000\,(m) & 要求値 & sTO=3000 \\ 着陸滑走路長 & Ld=1903\,(m) & 要求値 & Ld=2000 \\ 接地速度 & VTD=130\,(kt) & 要求値 & VTD=130 \end{vmatrix} \quad (4.5\text{-}6)$$

この結果をみると，着陸滑走路長が要求値以下となっている．これは接地速度の方が評定となっているためである．

次に，こうして得られた機体が製造可能であるかを検証する．今回設計した機体の自重比 $W_{emp}/W_{TO}=0.425$ が，現在運用されている飛行機の統計値に比較して同等以上であれば，製造においてリスクが少ないと考えられる．図4.5-1 に自重比 W_{emp}/W_{TO} の統計値の例を示す．一般的に離陸重量 W_{TO} が大きいほど自重比 W_{emp}/W_{TO} は小さくなる傾向があるため，KMAP 設計プログラムでは，離陸重量を変化させて自重比が統計値以上になる最小値を最適値の案として表示するようになっている．本ケースでは，$W_{TO}=380\,(tf)$ と表示されたので，この値をキーインして設計を進めた結果である．

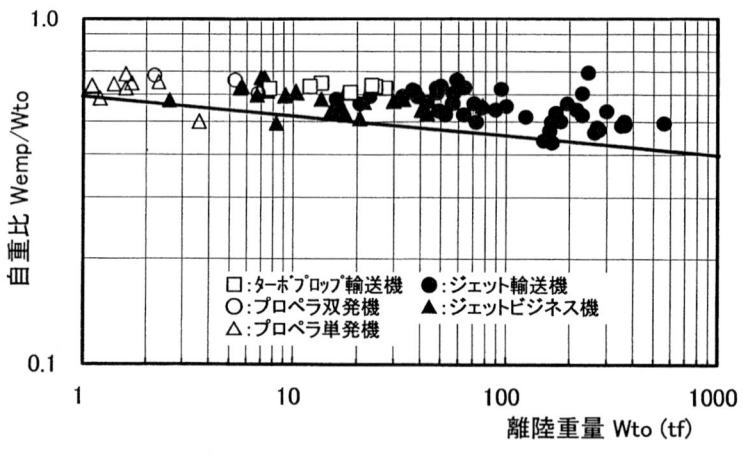

図 4.5-1　離陸重量と自重との関係

以上のように，実現可能な離陸重量 W_{TO} が決定されると，翼面荷重 $(W/S)_{TO}$ および推力重量比 $(T/W)_{TO}$ を用いて主翼面積 S およびエンジン推力 T を決

めることができる．主翼の面積が決まると機体の大きさも決まる．また主翼のアスペクト比 A および後退角 Λ は既に設定しているので，主翼の形状も決定される．機体の主要諸元が，初期推定値として決定されると，次にこの機体諸元および機体形状を基にさらに推算精度を上げていき，最終的にバランスのとれた機体諸元を決定していく．

ここで，**増大係数**(growth factor) k について説明しておく．

$$W_{TO} = W_{empty} + W_{fixed} + W_{fuel} \tag{4.5-7}$$

と表すと，両辺を W_{TO} で割って

$$1 = \frac{W_{empty}}{W_{TO}} + \frac{W_{fixed}}{W_{TO}} + \frac{W_{fuel}}{W_{TO}} \tag{4.5-8}$$

となる．これから次式を定義する．

$$k = \frac{W_{TO}}{W_{fixed}} = \frac{1}{1-E-F}, \qquad E = \frac{W_{empty}}{W_{TO}}, \qquad F = \frac{W_{fuel}}{W_{TO}} \tag{4.5-9}$$

この中で，W_{fixed} は乗員とペイロードの重量であるから，この値が計画要求時に与えられるものである．

例えば，初期計画で

$$(E+F) = 0.9 \tag{4.5-10}$$

とすると，

$$k_1 = 1/(1-0.9) = 10 \tag{4.5-11}$$

である．そして，設計が進展して $(E+F)$ が3%だけ増加したとすると，

$$k_2 = 1/(1-0.93) = 14.3 \tag{4.5-12}$$

となる．増大係数 k に計画要求値の W_{fixed} を掛けると離陸重量であるから，初期計画から離陸重量が43%も増えてしまうことがわかる．いずれにしても初期計画から自重と燃料重量が増加すると，離陸重量が大きく増加することに注意する必要がある．

4.6 新設計における機体形状変更

最初のインプットデータで与えた機体形状は，性能要求値を満足するように主翼面積 S が変更される．もしスパン b を一定のまま主翼面積 S を大きくす

ると，アスペクト比 A が小さくなり空力的効率が落ちて性能に大きな影響を与える．そこで主翼面積を変化させる場合は，アスペクト比を変えないようにスパンを変化させる．その結果，主翼の大きさは変化しても形状は当初考えた機体イメージを保ったまま性能要求を満たすものとなる．また，尾翼および胴体形状についても，当初の機体全体のイメージを保つためには，主翼面積増大に応じて変化させる必要がある．このような考え方で機体形状は次のように自動修正される．

```
(機体諸元は，ユーザインプットしたもの以外に以下が変更される．)
    → 着陸重量                          WLD= 0.21600E+03 (tf)
       主翼面積                         S=   0.47700E+03 (m2)
       スパン（主翼）                    b=   0.57600E+02 (m)
       前縁後退角（主翼）                ΛLE= 0.42000E+02 (m)
       平均空力翼弦                      CBAR= 0.90100E+01 (m)
(S の拡大率で次の値を修正)
    → 水平尾翼面積                      S"=  0.12600E+03 (m2)
       垂直尾翼面積（胴体中心線まで）    Sv=  0.14200E+03 (m2)
(b の拡大率で次の値を修正)
    → 胴体中心～expo主翼根距離（翼が下が正）ZW= 0.19300E+01 (m)
       スパン（水平尾翼）                b"=  0.21200E+02 (m)
       胴体中心～水尾CBAR/4距離（翼が下が正）ZH=-0.19300E+01 (m)
       スパン（垂直尾翼）                bv=  0.13000E+02 (m)
       胴体直径（主翼部）                d=   0.62800E+01 (m)
       胴体直径（水平尾翼部）            d"=  0.26100E+01 (m)
       胴体最大上下幅（機首から1/4と仮定） h=   0.79200E+01 (m)
       胴体後部base面の直径              dbfus= 0.24100E+01 (m)
(CBAR の拡大率で次の値を修正)
    → 胴体中心の主翼後縁～水尾前縁距離  Lwh= 0.26100E+02 (m)
       胴体中心の主翼後縁～垂尾前縁距離  Lwv= 0.18400E+02 (m)
       胴体長さ                          LB=  0.66300E+02 (m)
       機首部（前胴と同じ太さまで）の長さ Ln= 0.10600E+02 (m)
       機首を除く前胴部（expo主翼根先端）長さ Lf= 0.82100E+01 (m)
```

以上，4.1節～4.6節の機体形状策定結果は，コマンドプロンプト画面に表示されるが，同じ結果が TES10.DAT ファイルにも保存されるので，後で確認することができる．

4.7 機体3面図の表示

上記で得られた機体形状を3面図として表示する方法を以下に示す．

① KMAPフォルダーに準備したExcelファイル"**KMAP（機体図）**.xls**"をダブルクリックして起動すると，下記の3面図が現れる．ただし，**最初に出**

第 4 章　飛行機設計演習　　　　　　　　　　　　　　　　　　　87

てくるグラフは前回の計算結果が残っている状態であり，今回の結果ではないことに注意する．

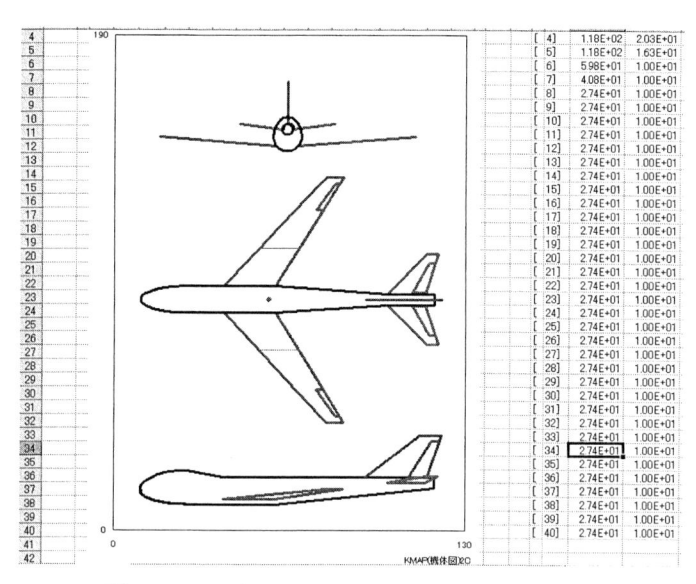

図 4.7-1　最初に出てくるグラフ（前回の結果）

② 次に，今回計算したデータを新しく読み込んでグラフを描く．それには，図 4.7-1 の画面の右のデータ部分のセルを右クリックし，図 4.7-2 に示すデータ更新メニューを出す．

③ 図 4.7-2 の画面で，「データの更新」をクリックすると，図 4.7-3 に示す「インポート」画面が現れる．ここで，「インポート」をクリックすると今回計算した新しいデータが読み込まれる．

④ 新しいデータが読み込まれると，図 4.7-4 の表示が出るので，"OK" をクリックする．これにより 3 面図が得られる．

⑤ 表示されたグラフを直接印刷しても良いが，ワード等のワープロファイルに貼り付けて利用することが可能である．その方法は，図 4.7-5 に示すよう

に Excel ファイルの左上 B.3 セルから左クリックしながら右下まで広げて範囲を設定（図 4.7-5 で太線で囲まれた部分）した後，画面上の編集タグからコピーを実行すると，クリップボードに 3 面図がコピーされる．

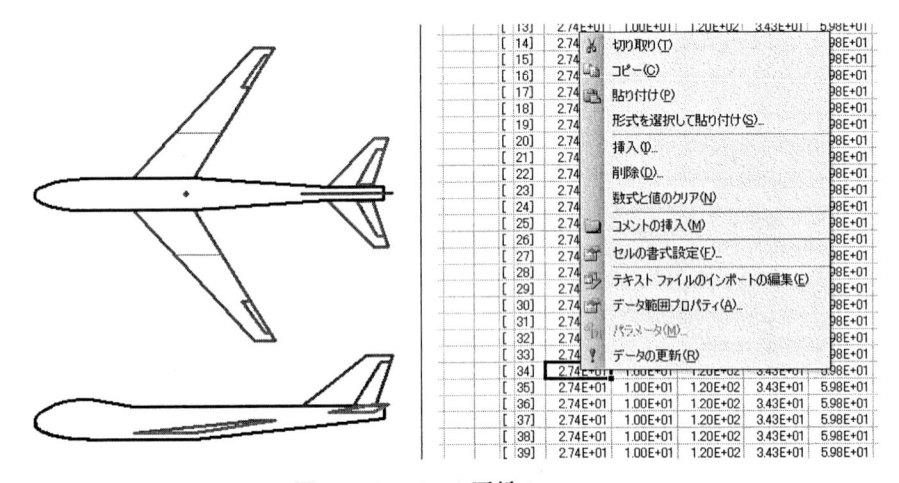

図 4.7-2 データ更新メニュー

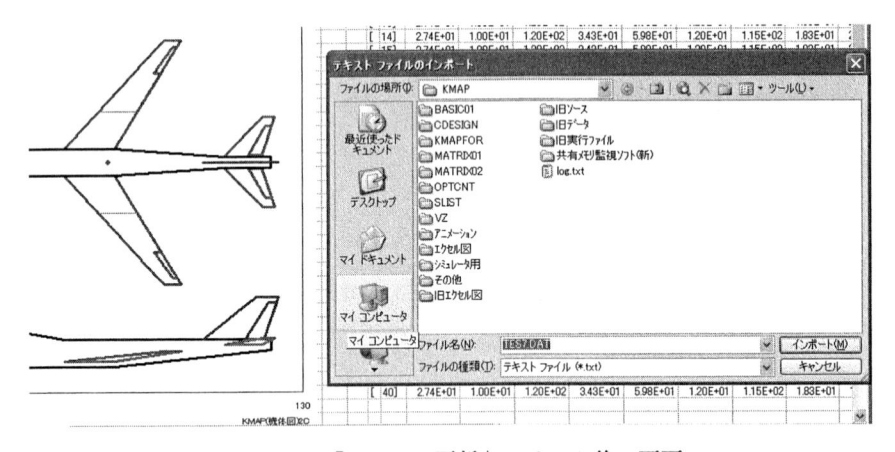

図 4.7-3 「データの更新」クリック後の画面

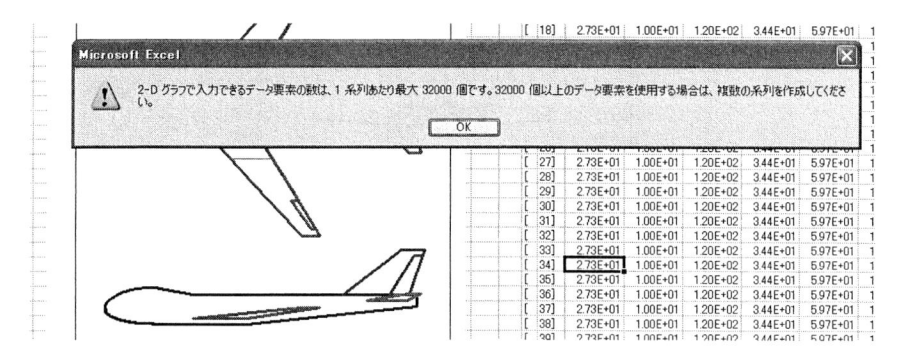

図 4.7-4　新しいデータ読み込み後の画面

図 4.7-5　3 面図をコピーする範囲を設定

⑥　自分で準備した Word 等のワープロファイルに移り，編集タグの"形式を選択して貼り付け"，"図(拡張メタファイル)"をクリックすると，ワープロに精度の良い状態で貼り付けることができる．結果を図 4.7-6 に示す．

新規設計の前に，現在のインプットデータによる機体形状を確認する場合は，4.8 節と同様に IPRNT = 0 で計算を実行し，さらに 2 回 0 をキーインしてエンターすると計算が終了するので，エクセルファイルを開けば同じ 3 面図を得ることができる．

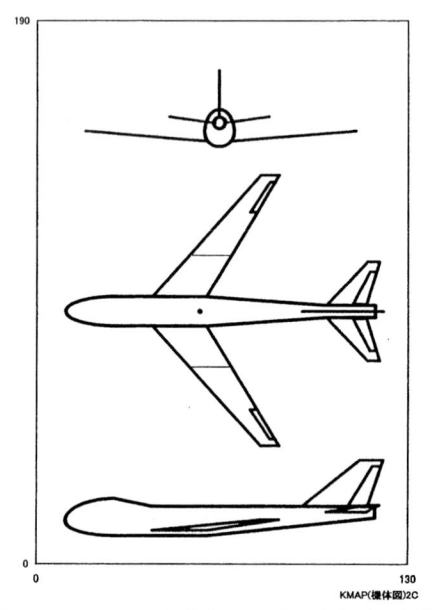

図 4.7-6　Word 文章中にコピーされた 3 面図

4.8　運動解析用空力係数の推算

次に，運動解析等を行うために，上記で得られた最終機体形状に対して，空力係数を推算する必要がある．この場合の飛行条件等のデータはインプットデータに次のように指定される．

```
...(以下，運動解析用データ)...
Ix(kgf·m·s2)   = 0.16921E+07
Iy(kgf·m·s2)   = 0.50441E+07
Iz(kgf·m·s2)   = 0.63993E+07
Ixz(kgf·m·s2)  = 0.16921E+06
..............................
Weight(kgf)    = 0.25500E+06
S(m2)          = 0.47700E+03
b(m)           = 0.57600E+02
C.BAR(m)       = 0.90100E+01
CG(%)          = 0.25000E+02
        .
        .
***************(Pilot Input &
Start Hp(ft=   0.1500E+04
Start VkEAS=   0.1650E+03
```

第4章 飛行機設計演習

ここで，主翼面積 S，スパン b，平均空力翼弦 C.BAR の値は，4.1節〜4.6節で得られた機体形状策定結果によって，最初に与えたデータから自動修正される．機体重量 Weight は運動解析用の値であるので，最初に与えたものから変更されない．また，慣性モーメント Ix, Iy, Iz および慣性乗積 Ixz は，機体重量 Weight に対して再計算されたものが設定される．

なお，解析を開始する前にパソコン画面に表示されたインプットデータファイルの内容は，計算過程でデータが修正されるが，既に画面に表示されている内容には反映されないので注意が必要である．解析終了後，一端そのデータファイルを閉じた後，再びファイルを開くと変化したデータが反映されていることが確認できる．

ここでは，KMAPの空力推算ルーチンの精度の検証を行う目的で，大型旅客機の形状データ[2]を用いて空力係数を推算し，同文献の空力係数と比較する．なお，このときのKMAP計算で新規設計を実施すると上記のように機体形状が変更されてしまうので，ここでは新規設計しないで単に空力推算のみを行う．

インプットデータで設定した機体形状に対して，単に空力推算を行う場合は，次のように IPRNT＝0 で計算を実行する．

```
C:¥KMAP>KMAP33
File name missing or blank - please enter file name
UNIT 8? CDES.B747CRevB1.DAT
         CDES.B747CRevB1.DAT...(空力推算チェック用)

     ...IPRNT=0 : Simulation...
           =2 : Stability Analysis...
           =3 : Simulation データ加工(TMAX>40秒)
----(INPUT)---- IPRNT=0
```

次に，キーインを2回求められるが，いずれも0をキーインしてエンターすると計算が終了し，次に示す空力推算結果が表示される．推算結果の右欄には，参考のため，文献2）に示されている大型旅客機の空力係数を比較のために表示してある．この右欄の参考空力係数表示は，他の一般の機体形状における推算に対しても，常に参考のため表示される．無次元空力係数は，通常の飛行機タイプであれば，一般的には大型旅客機のデータと大幅には違わない結果となるためである．逆に，推算した結果が大幅に違った場合は注意が必要である．

なお，この空力推算の詳細は，TES5.DAT ファイルに保存されるので，後で推算の過程を確認することができる．付録 B に TES5.DAT ファイルの例を示す．

```
------------------------------------------------------------
                    ＜空力係数推算結果＞
------------------------------------------------------------
  高度 Hp= 0.15000E+01 (×1000ft)     マッハ数 M= 0.25631E+00
  等価対気速度 VKEAS= 0.16500E+03     機体重量 Weight= 0.25500E+03 (tf)
  揚力係数 CL= 0.11090E+01           抗力係数 CD= 0.87551E-01
  揚抗比 CL/CD= 0.12667E+02          迎角 α= 0.65700E+01 (deg)
  脚(GEAR)-DN                        フラップ δf= 0.20000E+02 (deg)
  Ix =2.0*b**2 *Weight/1000.0= 0.18140E+07 (kgf・m・s2)
  Iy =4.5*LB**2*Weight/1000.0= 0.54001E+07 (kgf・m・s2)
  Iz =0.95*(Ix+Iy)          = 0.68534E+07 (kgf・m・s2)
  Ixz=0.1*Ix                = 0.18140E+06 (kgf・m・s2)
------------------------------------------------------------
         ＜推算結果＞              ＜参考(大型旅客機,パワーアプローチ)＞
   CLα    = 0.98584E-01 (1/deg)   = 0.99800E-01 (1/deg)
   CLδe   = 0.53772E-02 (1/deg)   = 0.59000E-02 (1/deg)
   CLδf   = 0.23067E-01 (1/deg)   = 0.27200E-01 (1/deg)
   Cmα    =-0.26625E-01 (1/deg)   =-0.22000E-01 (1/deg)
   Cmδe   =-0.20233E-01 (1/deg)   =-0.23400E-01 (1/deg)
   Cmδf   =-0.72650E-02 (1/deg)   = 0.00000E+00 (1/deg)
   Cmq    =-0.26859E+02 (1/rad)   =-0.20800E+02 (1/rad)
 ◇ Cmαdot=-0.89207E+01 (1/rad)   =-0.32000E+01 (1/rad)
   k      = 0.56128E-01 (－)       = 0.52200E-01 (－)
   CD0(F/UP,G/UP) = 0.18516E-01
   ΔCD(FLAP)     = 0.24038E-01
   ΔCD(GEAR)     = 0.10000E-01
   (CD0all=CD0+ΔCD(FLAP)+ΔCD(GEAR))
   CD0all = 0.52554E-01 (－)       = 0.37700E-01 (－)
   CD|δf|= 0.12019E-02 (1/deg)
------------------------------------------------------------
   Cyβ    =-0.16909E-01 (1/deg)   =-0.16800E-01 (1/deg)
   Cyδr   = 0.30616E-02 (1/deg)   = 0.30500E-02 (1/deg)
 ◇ Clβ    =-0.53432E-02 (1/deg)   =-0.38600E-02 (1/deg)
   Clδa   =-0.10860E-02 (1/deg)   =-0.80000E-03 (1/deg)
   Clδr   = 0.14216E-03 (1/deg)   = 0.12000E-03 (1/deg)
   Clp    =-0.41558E+00 (1/rad)   =-0.45000E+00 (1/rad)
 ◇ Clr    = 0.41714E+00 (1/rad)   = 0.10100E+00 (1/rad)
   Cnβ    = 0.26256E-02 (1/deg)   = 0.26200E-02 (1/deg)
 □ Cnδa   =-0.24784E-04 (1/deg)   =-0.11000E-03 (1/deg)
   Cnδr   =-0.17460E-02 (1/deg)   =-0.19000E-02 (1/deg)
 □ Cnp    =-0.17084E-01 (1/rad)   =-0.12100E+00 (1/rad)
   Cnr    =-0.36224E+00 (1/rad)   =-0.30000E+00 (1/rad)
------------------------------------------------------------
  (◇：大型旅客機のケースで文献より絶対値が大きく出るので注意)
  (□：大型旅客機のケースで文献より絶対値が小さく出るので注意)
```

4.9 設計演習—模型飛行機から旅客機まで

上記説明した飛行機の概念設計の方法を用いて，実際に飛行機設計を行ってみよう．設計解析プログラム KMAP を用いると，4.1 節〜4.5 節の解析は自動的に実行される．具体的な手順を次の例題演習を用いて説明しよう．

＜ケース１＞ 450 人乗り大型旅客機（その1）
① インプットデータ

KMAP よる飛行機の概念設計を実施する場合は，下記に示す例題のインプットデータファイルを別名コピーして，それを修正する形で進めるのが良い．データファイルは XXX.DAT 形式のファイルであるが，ファイル名とデータの 1 行目は同じにしておくと便利である．それにより，データの 1 行目の XXX.DAT 部分をコピーしておくと，計算実行時にファイル名をキーインする代わりに，右クリックから貼り付けにより実行できる．下記の例のファイル名は CDES.P450A1.DAT であるが，データの 1 行目にも同じ文字が記述してある．なお，この 1 行目の最初の 4 文字は必ず"CDES"としておく．

性能要求値は次の値とする．

```
CDES.P450A1.DAT...( ケース１)
-------------------------------------------------------------
        << 4.1 性能要求値の設定(M≦0.85) >>
 1 乗員・乗客数                    Npassen = 0.45000E+03 (名)
 2 ペイロード(除く乗客)             Wpay    = 0.00000E+00 (tf)
 3 航続距離(巡航)                   R3      = 0.12000E+02 (1000km)
 4     巡航時の高度                Hp      = 0.36000E+02 (1000ft)
 5     巡航マッハ数                M       = 0.85000E+00 (−)
 6     巡航推力比                  ETO =Tcr/Tto = 0.25000E+00 (−)
 7     巡航時推力 1kgf あたりの燃料消費率 bJ = 0.60000E+00 (kgf/hr)
 8 離陸滑走路長                     sTO     = 0.30000E+04 (m)
 9 着陸滑走路長                     Ld      = 0.20000E+04 (m)
10 接地速度                         VTD     = 0.12000E+03 (kt)
11 CLmaxTO 計算用のフラップ角       δfmaxTO = 0.20000E+02 (deg)
12 CLmaxLD 計算用のフラップ角       δfmaxLD = 0.40000E+02 (deg)
```

次の (A.2)〜(A.5) の機体形状データの初期値は，自分で設定するのがよいが，ここでは簡単のため大型旅客機のデータ[2]を用いる．

```
----------------------------------------------------------------
          << 4.2 空力推算用機体諸元データの設定 >>
(A) 入力データ
(A.1) 離着陸検討用データ
 1 着陸開始高度                           Hp = 0.15000E+01  (1000ft)
 2 着陸開始マッハ数(0 の時 VKEAS から計算)    M = 0.00000E+00  (－)
 3 着陸開始速度    (等価対気速度)        VKEAS = 0.16500E+03  (kt)
 4 離陸重量       (新設計開始時)          WTO = 0.35000E+03  (tf)
 5 着陸重量       (設計で自動修正)        WLD = 0.25500E+03  (tf)
 6 脚(UP=0,  DN=1)                      NGEAR = 1  (－)
 7 フラップ型式                          NFTYPE = 1  (－)
   ( NFTYPE=0--> なし,    NFTYPE=1--> best 2-slot )
   ( NFTYPE=2--> 1-slot,  NFTYPE=3--> plane       )
..................
(A.2) 主翼, フラップおよびエルロン関係
   主翼面積                               S = 0.51100E+03  (m2)
   スパン(主翼)                           b = 0.59640E+02  (m)
   先細比(主翼)                           $\lambda$ = 0.32000E+00  (－)
   前縁後退角(主翼)                      $\Lambda$LE = 0.42000E+02  (deg)
   主翼上反角                             $\Gamma$ = 0.45000E+01  (deg)
   胴体中心～expo 主翼根距離(翼が下が正)  ZW = 0.20000E+01  (m)
   主翼断面後縁角                       $\phi$TE = 0.18000E+02  (deg)
   主翼の前縁半径比                     r0/C = 0.20000E-01  (－)
   翼厚比(主翼)                          t/c = 0.11000E+00  (－)
   翼厚比(主翼)(t/c)の max 位置           xt = 0.30000E+02  (%MAC)
   フラップの chord extention 比         c1/c = 0.13000E+01  (－)
   フラップ弦長比(せり出し後)            cf/c = 0.30000E+00  (－)
   フラップのスパン方向開始位置         $\eta$i = 0.10000E+00  (－)
   フラップのスパン方向終了位置         $\eta$o = 0.70000E+00  (－)
   フラップ舵角(空力推算時参考舵角)     $\delta$f = 0.20000E+02  (deg)
   エルロン弦長比                        ca/c = 0.25000E+00  (－)
   エルロンのスパン方向開始位置         $\eta$iA = 0.73000E+00  (－)
   エルロンのスパン方向終了位置         $\eta$oA = 0.95000E+00  (－)
   エルロン舵角(空力推算時参考舵角)     $\delta$a = 0.20000E+02  (deg)
..................
(A.3) 水平尾翼およびエレベータ関係
   水平尾翼面積                          S″ = 0.13500E+03  (m2)
   スパン(水平尾翼)                      b″ = 0.22000E+02  (m)
   先細比(水平尾翼)                      $\lambda$″ = 0.28000E+00  (－)
   前縁後退角(水平尾翼)                 $\Lambda$LE″ = 0.43000E+02  (deg)
   水平尾翼上反角                        $\Gamma$″ = 0.80000E+01  (deg)
   胴体中心～水尾 CBAR/4 距離(翼が下が正) ZH =-0.20000E+01  (m)
   胴体中心の主翼後縁～水尾前縁距離     Lwh = 0.27000E+02  (m)
   後縁角(deg)(水平尾翼)                $\phi$TE″ = 0.15000E+02  (deg)
   翼厚比(水平尾翼)                      t/c = 0.90000E-01  (－)
   エレベータ弦長比(全動は ce/c″=1.0)  ce/c″ = 0.35000E+00  (－)
   エレベータスパン方向開始位置         $\eta$i″ = 0.15000E+00  (－)
   エレベータスパン方向終了位置         $\eta$o″ = 0.80000E+00  (－)
   エレベータ舵角(空力推算時参考舵角)   $\delta$e = 0.20000E+02  (deg)
```

第4章　飛行機設計演習　　　　　　　　　　　　　　　　　　　　　95

```
........................................................
  (A.4) 垂直尾翼およびラダー関係
    垂直尾翼面積(胴体中心線まで)        Sv   = 0.15200E+03  (m2)
    スパン(垂直尾翼)                    bv   = 0.13500E+02  (m)
    先細比(垂直尾翼)                    λv   = 0.30000E+00  (－)
    前縁後退角(垂直尾翼)               ΛLEv  = 0.51000E+02  (deg)
    胴体中心の主翼後縁～垂尾前縁距離    Lwv  = 0.19000E+02  (m)
    後縁角(deg)(垂直尾翼)              φTEv  = 0.15000E+02  (deg)
    翼厚比(垂直尾翼)                   (t/c)v = 0.90000E-01  (－)
    ラダー弦長比                        cdr/c = 0.30000E+00  (－)
    ラダーのスパン方向開始位置          ηiV  = 0.25000E+00  (－)
    ラダーのスパン方向終了位置          ηoV  = 0.90000E+00  (－)
    ラダー舵角(空力推算時参考舵角)       δr   = 0.30000E+02  (deg)
........................................................
  (A.5) 胴体関係
    胴体長さ                            LB    = 0.68600E+02  (m)
    機首部(前胴と同じ太さまで)の長さ    Ln    = 0.11000E+02  (m)
    機首を除く前胴部(expo主翼根先端)長さ Lf   = 0.85000E+01  (m)
    胴体直径(主翼部)                    d     = 0.65000E+01  (m)
    胴体直径(水平尾翼部)                d"    = 0.27000E+01  (m)
    胴体最大上下幅(機首から 1/4 と仮定)  h     = 0.65000E+01  (m)
    胴体後部 base 面の直径              dbfus = 0.25000E+01  (m)
--------------------------------------------------------
```

(これ以降のインプットデータは運動解析用)(後述)

② 設計計算の実行

　計算の実行は，コマンドプロンプト画面で KMAP プログラム名をキーインする．ここでは KMAP33 の場合である．

```
C:¥KMAP>KMAP33                                        (←KMAP プログラム呼び出し)
File name missing or blank - please enter file name
UNIT 8? CDES.P450A1.DAT        (←インプットデータファイル名入力)(マウス右クリックで貼り付可能)
        CDES.P450A1.DAT...(ケース 1)
    ...IPRNT=0 : Simulation...
          =2 : Stability Analysis...
          =3 : Simulation データ加工(TMAX＞40 秒)
----(INPUT)---- IPRNT=2                                    (←2 を入力)
●機体形状を新しく設計しますか？　Yes=1,　No=0
                                                           (←1 を入力)
1
●アスペクト比(縦横比 A=b**2/S)を入力しますか？
 (アスペクト比 A=一定として設計が実施されます)
  現在のアスペクト比 A= 0.69607E+01
    --> INPUT (99 入力で元データのまま)=7                  (←アスペクト比入力)
  7.00000
      旧スパン b= 0.59640E+02 ⇒ 新スパン b=√(A・S) = 0.59808E+02 (m)
--------------------------------------------------------
```

```
             << 4.1 性能要求値の設定(M≦0.85) >>
●何を修正しますか？(番号キーイン)，修正なし(完了)=0
0                                                    (←変更なしで0を入力)
----------------------------------------------------------------
             << 4.2 空力推算用機体諸元データの設定 >>
(A.1) 離着陸検討用データ
●何を修正しますか？(番号キーイン)，修正なし(完了)=0
0                                                    (←変更なしで0を入力)
----------------------------------------------------------------
             << 4.3 新規設計における機体諸元変更 >>
(後退角∧～アスペクト比 A)
   c/4 後退角   ∧c/4≦ 0.40000E+02    前縁後退角 ∧LE≦ 0.42400E+02
   現在の c/4 後退角 ∧c/4= 0.39584E+02，前縁後退角 ∧LE= 0.42000E+02 (deg)
----------------------------------------------------------------
             << 4.4 推力重量比(T/W)to，翼面荷重(W/S)to の策定 >>
----------------------------------------------------------------
             << 4.5 離陸重量の推算 >>
                          (↓入力WTOの0.6～1.5倍で自動変更計算)
         離陸重量WTO   Wemp/WTO(解析)   (統計値)    翼面荷重WTO/S
[  1]   0.52500E+03   0.50878E+00    0.41542E+00   0.61413E+03
[  2]   0.51900E+03   0.50710E+00    0.41571E+00   0.61481E+03
[  3]   0.51200E+03   0.50517E+00    0.41601E+00   0.61591E+03
    ·          ·            ·             ·            ·
    ·          ·            ·             ·            ·       (←途中計算省略)
[ 50]   0.21600E+03   0.30624E+00    0.43761E+00   0.74021E+03
   W(emp OK)= 0.33600E+03  W(A OK)= 0.21600E+03 → WTO= 0.33600E+03 (tf)
   Wempty/WTO(解析値)= 0.42970E+00  Wempty/WTO(統計値下限)= 0.42644E+00
 ●最終状態の離陸重量(tf)...INPUT=336 (←製造可能な最適値重量 336tf で最終確認)
----------------------------------------------------------------
             << 4.3 新規設計における機体諸元変更 >>
   離陸重量 WTO= 0.33600E+03 (tf)         着陸重量 WLD= 0.25500E+03
   重量(離陸後) W2/WTO= 0.97500E+00      重量(上昇・加速後) W3/W2= 0.97500E+00
   Wfixed = 0.45000E+02 (tf)             主翼面積 S= 0.51300E+03 (m2))
   翼面荷重 W/S= 0.65497E+03 ((kgf/m2)   スパン b= 0.59900E+02 (m)

 (アスペクト比 A(=b**2/S)は大き過ぎると荷重的に辛くなる)
   アスペクト比 A≦19.05-0.01175*(WTO/S) = 0.11354E+02 (-)
   現在のアスペクト比 A= 0.69942E+01 (-)

 (後退角∧～アスペクト比 A)
   c/4 後退角   ∧c/4≦ 0.40019E+02    前縁後退角 ∧LE≦ 0.42400E+02
   現在の c/4 後退角 ∧c/4= 0.39582E+02，前縁後退角 ∧LE= 0.42000E+02 (deg)

 (乗客の横1列の人数を次のように考えて胴体長さを検討)
   400名以上は1列10名，300名以上は1列9名，200名以上は1列7名，
   100名以上は1列6名， 30名以上は1列4名， 30名未満は1列2名
    →乗客1列の前後距離は0.9m(35in)，胴体長の3/4が乗客と仮定すると，
      乗客数から，胴体長さは 0.54000E+02 (m) 以上必要になります
   現在の胴体長さ LB = 0.68600E+02 (m)
    →胴体長さ LB は乗客数上 OK です．○○○
```

```
------------------------------------------------------------
      << 4.4 推力重量比(T/W)to, 翼面荷重(W/S)to の策定 >>
①巡航飛行条件と空力係数 CD0,k
   巡航速度 Vcr= 0.25091E+03 (m/s)      マッハ数 M= 0.85000E+00
   空気密度 ρ= 0.37238E-01 (kgf・s2・m4)  動圧 qBAR = 0.11722E+04 (kgf/m2)
   有害抗力係数 CD0= 0.17634E-01        誘導抗力の係数 k= 0.50830E-01

②航続距離を満足する重量比
   翼面荷重 (W/S)to= 0.65497E+03        巡航開始時 W3/S= 0.62263E+03 (kgf/m2)
   揚力係数 CL=W3/qBAR/S= 0.53117E+00    最適巡航 CLcruise= 0.41642E+00 (参考)
   巡航速度 Vcr= 0.25091E+03 (m/s)      最適巡航速度 Vopt= 0.28338E+03 (参考)
   CLα = 0.13978E+00 (1/deg)           α (巡航開始時) = 0.38000E+01 (1/deg)
   抗力係数 CD= 0.31975E-01 (－)         揚抗比 CL/CD= 0.16612E+02
   航続距離 R3 を満足する重量比 W4/W3=EXP(-R3*bJ/(3.6*Vcr*CL/CD)) = 0.61889E+00
   着陸時の重量比 W4/Wto =afuel=(W2/WTO)*(W3/W2)*(W4/W3) = 0.58833E+00

③巡航飛行から決まる推力重量比(T/W)to
   (T/W)to≧2.12√(k*CD0)・(W2/Wto)(W3/W2)/ET0 = 0.24135E+00

④「(A.1)離着陸検討用ﾃﾞｰﾀ」による最大揚力係数
   高度 hp= 0.15000E+04 (ft)            マッハ数 M= 0.25631E+00
   VKEAS= 0.16500E+03 (kt)              失速迎角 =14 (deg)
   フラップ型式 NFTYPE = 1
    ( NFTYPE=0--> なし,   NFTYPE=1--> best 2-slot )
    ( NFTYPE=2--> 1-slot, NFTYPE=3--> plane )
   CLα = 0.94151E-01 (1/deg)           CLδf = 0.20568E-01 (1/deg)
   δfmaxTO = 0.20000E+02 (deg)         δfmaxLD = 0.40000E+02 (deg)
   最大揚力係数 CLmaxTO= 0.17295E+01     最大揚力係数 CLmaxLD= 0.21408E+01

⑤着陸滑走路長(ただし VTD=1.15Vs)を満足する(W/S)to
   (滑走距離 L0 の 1.5 倍を着陸距離 L1, その 1/0.6 倍を着陸滑走路長 Ld と仮定)
   着陸滑走路長 Ld= 0.20000E+04 (m)      着陸滑走距離 L0= 0.80000E+03 (m)
   (W/S)to≦0.3*CLmaxLD /0.817/(1.15)**2 *滑走距離 L0 /(W4/Wto)= 0.80826E+03

⑥接地速度(ただし VTD=1.15Vs)を満足する(W/S)to
   (W/S)to≦0.0625*CLMAXLD /(1.15)**2 *VTD**2 /(W4/Wto)= 0.65525E+03
   ⇒
   ⑤と⑥から, 翼面荷重 (W/S)to(修正)= 0.65525E+03

⑦離陸滑走路長(ただし VL0=1.1Vs)を満足する(T/W)to～(W/S)to
   (滑走距離 s0 の 1.5 倍を離陸距離 s1, その 1.15 倍を離陸滑走路長 sTO と仮定)
   離陸滑走路長 sTO= 0.30000E+04 (m)     離陸滑走距離 s0= 0.17391E+04 (m)
   (T/W)to≧0.817/滑走距離 s0 *(1.1)**2 /CLmaxTO *(W/S)to = 0.21536E+00
   ⇒
   ③と⑦から, 推力重量比 (T/W)to(修正)= 0.24135E+00

(結局, 飛行性能を満たす T/W, W/S は次のようになる)
   推力重量比 (T/W)to= 0.24135E+00     翼面荷重 (W/S)to= 0.65525E+03
------------------------------------------------------------
```

```
                  << 4.5 離陸重量の推算 >>
     離陸重量 WTO= 0.33600E+03 (tf)      乗員乗客+ﾍﾟｲﾛｰﾄﾞ Wfixed= 0.45000E+02
     乗員乗客+ﾍﾟｲﾛｰﾄﾞ比 Wfixed/WTO= 0.13393E+00 (－)
     燃料重量比 Wfuel/WTO =1.06*(1.0-afuel) = 0.43637E+00 (－)
  ⇒
     自重比 Wempty/WTO=1 -Wfixed/WTO -Wfuel/WTO = 0.42970E+00 (－)
     航続距離 R3= 0.12000E+05 (km)       要求値 R3= 0.12000E+05
     離陸滑走路長 sTO= 0.26770E+04 (m)    要求値 sTO= 0.30000E+04
     着陸滑走路長 Ld= 0.16214E+04 (m)     要求値 Ld= 0.20000E+04
     接地速度 VTD= 0.12000E+03 (kt)      要求値 VTD= 0.12000E+03
  ⇒
     Wempty/WTO(解析値)= 0.42970E+00    Wempty/WTO(統計値下限)= 0.42644E+00
  --(自重比は統計値(製造能力)より重くないと製造リスクがあります)--
        →自重が統計値以上なので OK です．○○○

 --((T/W)to, WTO/S, WTO → 離陸推力(T)to, 翼面積 S の算出)--
     推力重量比 (T/W)to= 0.24135E+00    翼面荷重 WTO/S= 0.65525E+03
     自重 Wempty= 0.14438E+03 (tf)
     燃料重量 Wfuel= 0.14662E+03 (tf)    乗員乗客+ﾍﾟｲﾛｰﾄﾞ Wfixed= 0.45000E+02
  ⇒
     離陸重量 WTO= 0.33600E+03 (tf)      新着陸重量 WLD= 0.19800E+03 (tf)
     離陸推力 (T)to= 0.81100E+02 (tf)
     旧主翼面積 S= 0.51100E+03 ⇒ 新主翼面積 S= 0.51300E+03 (m2)
  ⇒
     アスペクト比 A= 0.70000E+01 を変えないようにスパン b を修正する．
     旧スパン b= 0.59808E+02 ⇒ 新スパン b=√(A･S) = 0.59900E+02 (m)
     旧 CBAR = 0.93260E+01 ⇒ 新平均空力翼弦 CBAR= 0.93200E+01 (m)

         離陸重量 WTO   Wemp/WTO(解析)  (統計値)     翼面荷重 WTO/S
    [ 51]  0.33600E+03   0.42970E+00   0.42644E+00   0.65525E+03
-----------------------------------------------------------------
              << 4.6 新形状での尾翼，胴体形状調整 >>(↓下記はｲﾝﾌﾟｯﾄﾃﾞｰﾀに反映)
      (機体諸元は，ユーザインプットしたもの以外に以下が変更される．)
          → 着陸重量                   WLD= 0.19800E+03 (tf)
             主翼面積                    S= 0.51300E+03 (m2)
             スパン(主翼)                b= 0.59900E+02 (m)
             前縁後退角(主翼)          ΛLE= 0.42000E+02 (m)
             平均空力翼弦             CBAR= 0.93200E+01 (m)
      (S の拡大率で次の値を修正)
          → 水平尾翼面積                S"= 0.13600E+03 (m2)
             垂直尾翼面積(胴体中心線まで) Sv= 0.15300E+03 (m2)
      (b の拡大率で次の値を修正)
          → 胴体中心～expo 主翼根距離(翼が下が正) ZW= 0.20000E+01 (m)
             スパン(水平尾翼)            b"= 0.22000E+02 (m)
             胴体中心～水尾 CBAR/4 距離(翼が下が正) ZH=-0.20000E+01 (m)
             スパン(垂直尾翼)           bv= 0.13500E+02 (m)
             胴体直径(主翼部)            d= 0.65100E+01 (m)
             胴体直径(水平尾翼部)       d"= 0.27000E+01 (m)
             胴体最大上下幅(機首から 1/4 と仮定) h= 0.65100E+01 (m)
             胴体後部 base 面の直径   dbfus= 0.25000E+01 (m)
```

第 4 章 飛行機設計演習

```
(CBAR の拡大率で次の値を修正)
 → 胴体中心の主翼後縁～水尾前縁距離    Lwh= 0.27000E+02 (m)
   胴体中心の主翼後縁～垂尾前縁距離    Lwv= 0.19000E+02 (m)
   胴体長さ                          LB = 0.68600E+02 (m)
   機首部(前胴と同じ太さまで)の長さ   Ln = 0.11000E+02 (m)
   機首を除く前胴部(expo主翼根先端)長さ Lf = 0.84900E+01 (m)
```

この後は,縦系の飛行解析の場合は,0,0,110,1,6 とキーイン,横・方向系飛行解析の場合は,0,0,210,1,4 とキーインすると計算が終了する.

③ 離陸重量自動変更による結果の図表示

上記の解析方法により要求性能を満足する機体を,インプットデータで指定した離陸重量に対してその 0.6 倍～ 1.5 倍の範囲で離陸重量を変更して自動計算が実施される.計算終了後,エクセルファイル **KMAP(設計過程)*.xls** を開き,データ更新すると図 4.9-1 が得られる.自重比 W_{emp}/W_{TO} の解析値は,$W_{TO}=336$(tf)のときに統計値よりも大きくなり製造上のリスクがなくなる.翼面荷重 W/S によるアスペクト比 A の制限値は探索した最も小さな重量 216 (kgf/m^2) 以上でリスクはない結果となる.結局,離陸重量の最小値として $W_{TO}=336$(tf)が得られる.

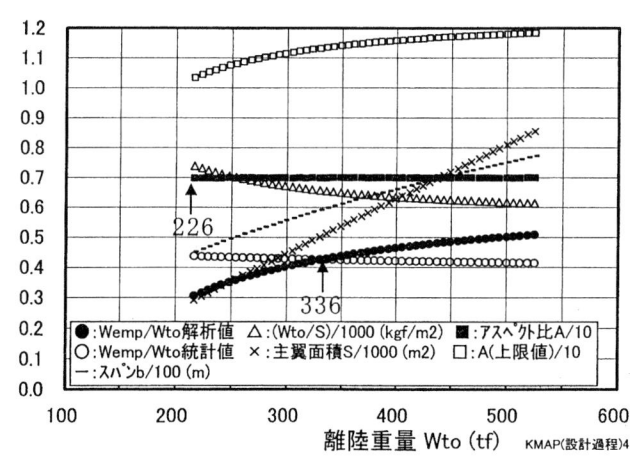

図 4.9-1 離陸重量変化による計算結果(ケース 1)

図 4.9-1 は,アスペクト比 $A=7$ 一定としたときに,離陸重 W_{TO} を変化さ

せて性能要求を満足する機体諸元を図示したものである．上述したように，性能要求値からは翼面荷重 W_{TO}/S の値は求まるが，離陸重量 W_{TO} の値は直接的には関係しない．しかし，図 4.9-1 に示すように，離陸重量 W_{TO} を小さくしていくと翼面荷重 W_{TO}/S（図中の△）が大きくなり，自重比 W_{emp}/W_{TO}（図中の●）が小さくなる．その理由を図 4.9-2 に模式的に示す．

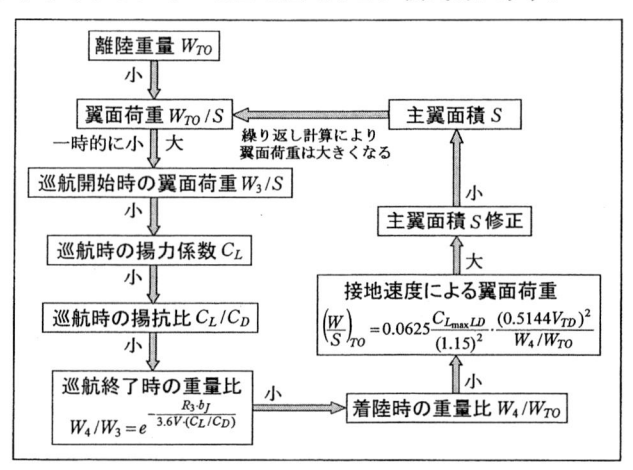

図 4.9-2　W_{TO} 小で W_{TO}/S 大，S 小となる理由

④ 得られた機体の３面図表示

上記の計算終了後，エクセルファイル **KMAP（機体図）**.xls** を開き，データ更新すると図 4.9-3 の３面図が得られる．

また，機体諸元を下記に示す．

```
                    (ケース1)
アスペクト比         A=7.0       (－)
離陸重量           WTO=336      (tf)
主翼面積           S=513        (m2)
スパン             b=59.9       (m)
前縁後退角         ΛLE =42.0    (deg)
平均空力翼弦       CBAR=9.32    (m)
胴体長さ           LB=68.6      (m)
乗員・乗客数       Npassen=450  (名)
航続距離           R3=12000     (km)
離陸滑走路長       sTO=2680     (m)
着陸滑走路長       Ld=1620      (m)
接地速度           VTD=120      (kt)
```

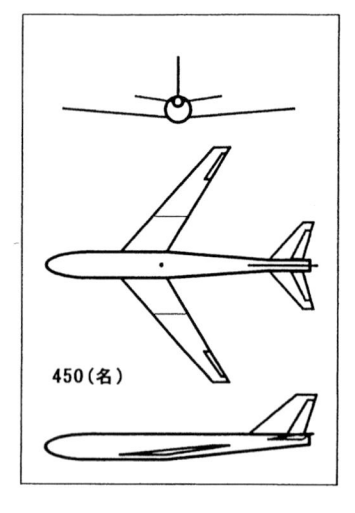

図 4.9-3　３面図（ケース 1）

＜ケース2＞ 450人乗り大型旅客機（その2）；接地速度大

① インプットデータの変更

ケース1に対して，性能要求値の中の接地速度を下記のように，$V_{TD}=120$ (kt)→130(kt)に変更した場合を検討する．

```
CDES.P450A2.DAT...( ケース2 )
-----------------------------------------------------------------
         << 4.1 性能要求値の設定(M≦0.85) >>
 1 乗員・乗客数                 Npassen = 0.45000E+03  (名)
 2 ペイロード(除く乗客)          Wpay    = 0.00000E+00  (tf)
 3 航続距離(巡航)                R3      = 0.12000E+02  (1000km)
 4     巡航時の高度              Hp      = 0.36000E+02  (1000ft)
 5     巡航マッハ数              M       = 0.85000E+00  (－)
 6     巡航推力比          ET0 =Tcr/Tto = 0.25000E+00  (－)
 7     巡航時推力1kgfあたりの燃料消費率 bJ = 0.60000E+00  (kgf/hr)
 8 離陸滑走路長                  sTO     = 0.30000E+04  (m)
 9 着陸滑走路長                  Ld      = 0.20000E+04  (m)
10 接地速度                      VTD     = 0.13000E+03  (kt)
11 CLmaxTO計算用のフラップ角     δfmaxTO = 0.20000E+02  (deg)
12 CLmaxLD計算用のフラップ角     δfmaxLD = 0.40000E+02  (deg)
```

② 計算結果

アスペクト比 $A=7$ で設計計算を実行した結果を以下に示す．

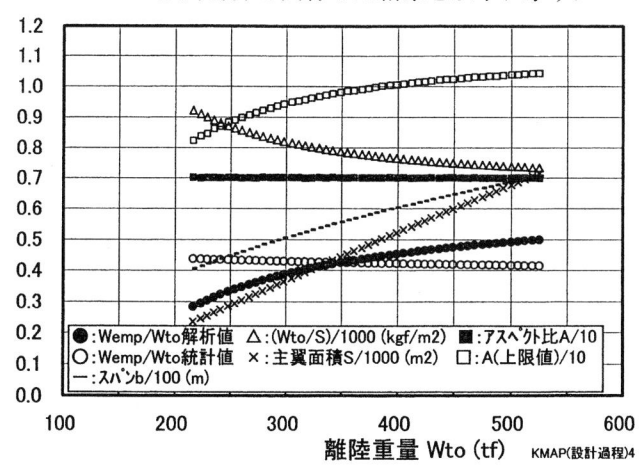

図4.9-4　離陸重量変化による計算結果（ケース2）

ケース1の $V_{TD}=120$ (kt)から130(kt)にした場合，次のように機体諸元が修正される．

```
              (ケース 1)        (ケース 2)
アスペクト比        A=7.0
離陸重量        WTO=336    →  350   (tf)
主翼面積        S=513      →  445   (m2)
スパン          b=59.9     →  55.8  (m)
前縁後退角      ΛLE =42.0  →  42.0  (deg)
平均空力翼弦    CBAR=9.32  →  8.68  (m)
胴体長さ        LB=68.6    →  63.8  (m)
乗員・乗客数 Npassen=450  (名)
航続距離        R3=12000   →12000  (km)
離陸滑走路長    sTO=2680   →  3000  (m)
着陸滑走路長    Ld=1620    →  1900  (m)
接地速度        VTD=120    →  130   (kt)
```

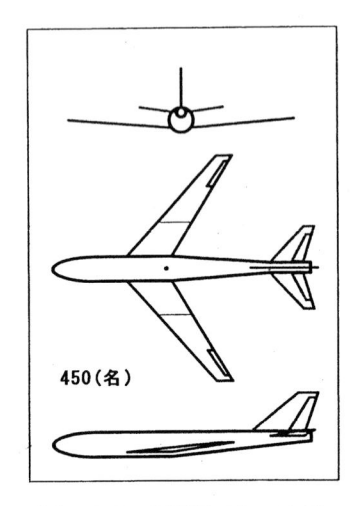

図 4.9-5　3 面図（ケース 2）

＜ケース 3＞ 450 人乗り大型旅客機（その 3）；低燃費

① インプットデータの変更

ケース 1 に対して，性能要求値の中の燃料消費率を下記のように，$b_J=0.6$ (kgf/hr)→0.55(kgf/hr)に変更した場合を検討する．

```
CDES.P450A3.DAT...(ケース 3)
-----------------------------------------------------------------
              << 4.1 性能要求値の設定 (M≦0.85) >>
 1 乗員・乗客数                      Npassen = 0.45000E+03 (名)
 2 ペイロード(除く乗客)                Wpay    = 0.00000E+00 (tf)
 3 航続距離(巡航)                     R3      = 0.12000E+02 (1000km)
 4    巡航時の高度                   Hp      = 0.36000E+02 (1000ft)
 5    巡航マッハ数                   M       = 0.85000E+00 (-)
 6    巡航推力比           ETO =Tcr/Tto     = 0.25000E+00 (-)
 7    巡航時推力 1kgf あたりの燃料消費率 bJ  = 0.5500E+00 (kgf/hr)
 8 離陸滑走路長                      sTO     = 0.30000E+04 (m)
 9 着陸滑走路長                      Ld      = 0.20000E+04 (m)
10 接地速度                          VTD     = 0.12000E+03 (kt)
11 CLmaxTO 計算用のフラップ角        δfmaxTO = 0.20000E+02 (deg)
12 CLmaxLD 計算用のフラップ角        δfmaxLD = 0.40000E+02 (deg)
```

② 計 算 結 果

アスペクト比 $A=7$ で設計計算を実行した結果を以下に示す．

第4章 飛行機設計演習

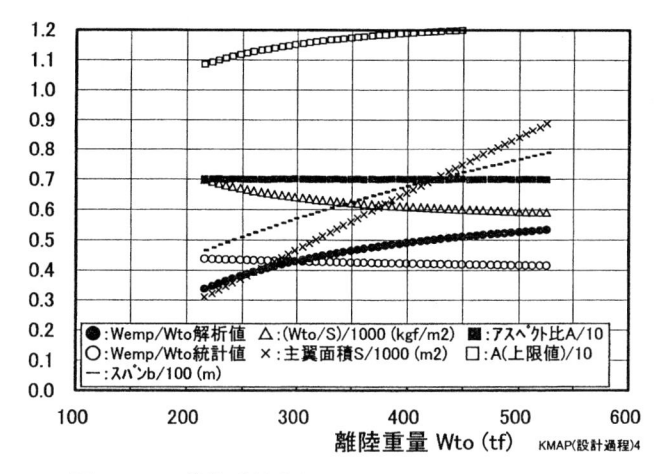

図4.9-6 離陸重量変化による計算結果（ケース3）

ケース1の b_J=0.6(kgf/hr)から 0.55(kgf/hr)にした場合，次のように機体諸元が修正される．

```
                    (ケース1)      (ケース3)
アスペクト比         A=7.0
離陸重量            WTO=336    →  298    (tf)
主翼面積            S=513      →  465    (m2)
スパン              b=59.9     →  57.1   (m)
前縁後退角          ΛLE =42.0  →  42.0   (deg)
平均空力翼弦        CBAR=9.32  →  8.88   (m)
胴体長さ            LB=68.6    →  65.2   (m)
乗員・乗客数 Npassen=450      (名)
航続距離            R3=12000   → 12000   (km)
燃料消費率          bJ=0.60    →  0.55   (kgf/hr)
離陸滑走路長        sTO=2680   →  2540   (m)
着陸滑走路長        Ld=1620    →  1620   (m)
接地速度            VTD=120    →  120    (kt)
```

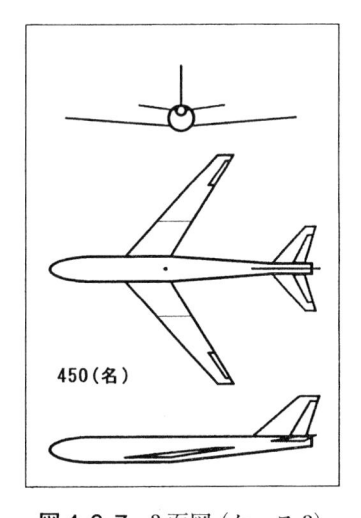

450(名)

図4.9-7 3面図（ケース3）

＜ケース4＞800人乗り大型旅客機

① インプットデータ

性能要求値は次の値とする．機体形状データの初期値は大型旅客機のデータ[2)]をそのまま用いる．

```
CDES.P800A.DAT...(B747→800名,15000km,bJ=0.55,VTD=120kt,500tf)
------------------------------------------------------------
          <<  4.1 性能要求値の設定(M≦0.85) >>
   1 乗員・乗客数                    Npassen = 0.80000E+03 (名)
   2 ペイロード(除く乗客)             Wpay    = 0.00000E+00 (tf)
   3 航続距離(巡航)                   R3      = 0.15000E+02 (1000km)
   4    巡航時の高度                  Hp      = 0.36000E+02 (1000ft)
   5    巡航マッハ数                  M       = 0.85000E+00 (－)
   6    巡航推力比             ETO =Tcr/Tto   = 0.25000E+00 (－)
   7    巡航時推力1kgfあたりの燃料消費率 bJ    = 0.55000E+00 (kgf/hr)
   8 離陸滑走路長                     sTO     = 0.30000E+04 (m)
   9 着陸滑走路長                     Ld      = 0.20000E+04 (m)
  10 接地速度                         VTD     = 0.12000E+03 (kt)
  11 CLmaxTO計算用のフラップ角        δfmaxTO = 0.20000E+02 (deg)
  12 CLmaxLD計算用のフラップ角        δfmaxLD = 0.40000E+02 (deg)
```

② 計 算 結 果

アスペクト比 $A=7.5$ で設計計算を実行した結果を以下に示す.

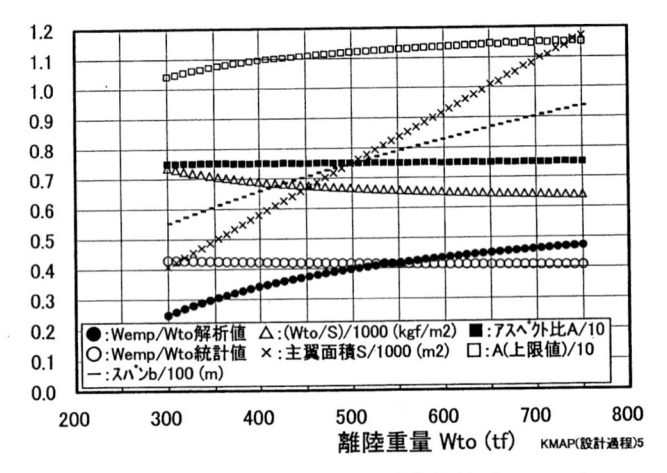

図4.9-8 離陸重量変化による計算結果（ケース4）

第4章　飛行機設計演習　　　　　　　　　　　　　　　　105

機体諸元および3面図を次に示す．

```
                 (ケース4)
アスペクト比      A=7.5      (－)
離陸重量         WTO=543    (tf)
主翼面積         S=824      (m2)
スパン           b=78.6     (m)
前縁後退角       ΛLE=41.0   (deg)
平均空力翼弦     CBAR=11.4  (m)
胴体長さ         LB=83.9    (m)
乗員・乗客数     Npassen=800 (名)
航続距離         R3=15000   (km)
離陸滑走路長     sTO=3000   (m)
着陸滑走路長     Ld=1620    (m)
接地速度         VTD=120    (kt)
```

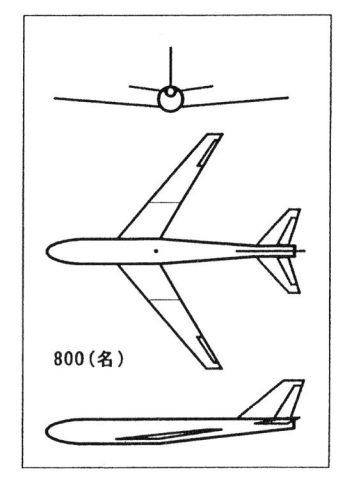

図4.9-9　3面図（ケース4）

＜ケース5＞300人乗り旅客機（その1）；アスペクト比6

① インプットデータ

性能要求値は次の値とする．機体形状データの初期値は大型旅客機のデータ[2]をそのまま用いる．

```
CDES.P300A.DAT...(B747→300名,10000km,VTD=120kt,250tf)
-----------------------------------------------------------------
         《 4.1 性能要求値の設定(M≦0.85) 》
   1 乗員・乗客数                    Npassen = 0.30000E+03  (名)
   2 ペイロード(除く乗客)             Wpay    = 0.00000E+00  (tf)
   3 航続距離(巡航)                   R3      = 0.10000E+02  (1000km)
   4 巡航時の高度                     Hp      = 0.36000E+02  (1000ft)
   5 巡航マッハ数                     M       = 0.85000E+00  (－)
   6 巡航推力比                       ETO =Tcr/Tto = 0.25000E+00  (－)
   7 巡航時推力1kgfあたりの燃料消費率 bJ      = 0.60000E+00  (kgf/hr)
   8 離陸滑走路長                     sTO     = 0.30000E+04  (m)
   9 着陸滑走路長                     Ld      = 0.20000E+04  (m)
  10 接地速度                         VTD     = 0.12000E+03  (kt)
  11 CLmaxTO計算用のフラップ角        δfmaxTO = 0.20000E+02  (deg)
  12 CLmaxLD計算用のフラップ角        δfmaxLD = 0.40000E+02  (deg)
```

② 計算結果

アスペクト比 $A=6.0$ で設計計算を実行した結果を以下に示す．

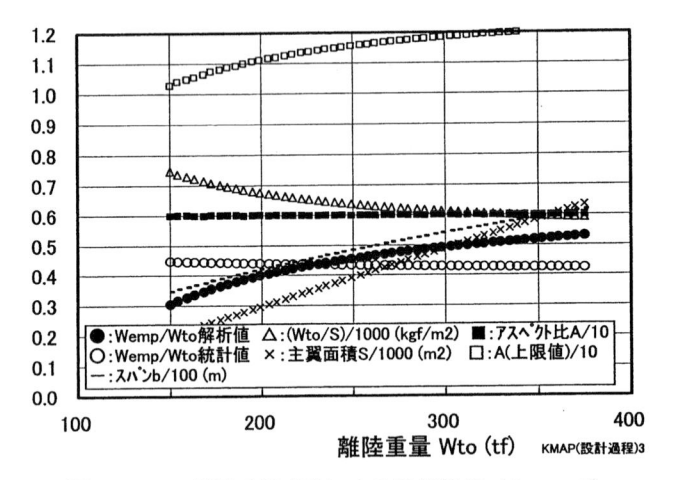

図 4.9-10 離陸重量変化による計算結果（ケース5）

機体諸元および3面図を次に示す．

```
                  (ｹｰｽ 5)
ｱｽﾍﾟｸﾄ比         A=6.0      (－)
離陸重量         WTO=231    (tf)
主翼面積         S=356      (m2)
ｽﾊﾟﾝ            b=46.2     (m)
前縁後退角       ΛLE =42.0  (deg)
平均空力翼弦     CBAR=8.39  (m)
胴体長さ         LB=61.7    (m)
乗員・乗客数 Npassen=300    (名)
航続距離         R3=10000   (km)
離陸滑走路長     sTO=2230   (m)
着陸滑走路長     Ld=1620    (m)
接地速度         VTD=120    (kt)
```

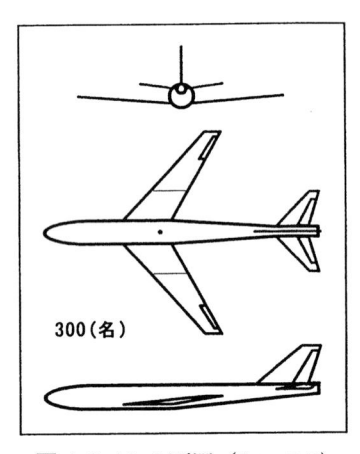

300（名）

図 4.9-11 3面図（ケース5）

<ケース6> 300人乗り旅客機（その2）；アスペクト比8

性能要求値はケース5と同じで，アスペクト比$A=8.0$の結果を示す．

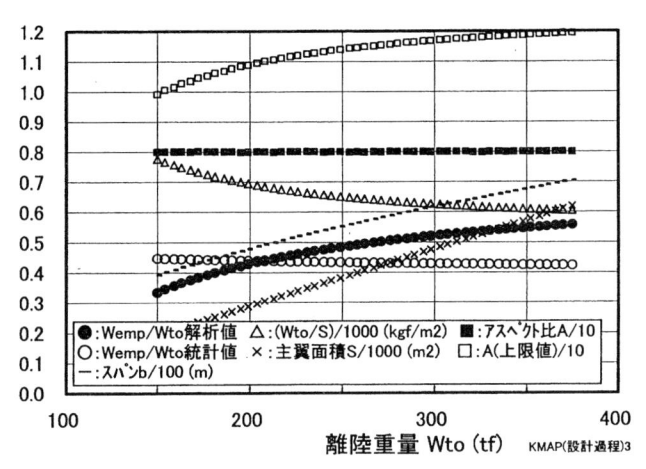

図4.9-12 離陸重量変化による計算結果（ケース6）

機体諸元について，ケース5からの変化および3面図を次に示す．

```
                  (ケース5)       (ケース6)
アスペクト比        A=6.0     →   8.0    (-)
離陸重量          WTO=231   →   208    (tf)
主翼面積           S=356    →   303    (m2)
スパン            b=46.2    →   49.2   (m)
前縁後退角       ΛLE=42.0   →   39.7   (deg)
平均空力翼弦    CBAR=8.39   →   6.70   (m)
胴体長さ          LB=61.7   →   49.3   (m)
乗員・乗客数  Npassen=300       (名)
航続距離         R3=10000  →   10000  (km)
離陸滑走路長    sTO=2230   →   2350   (m)
着陸滑走路長     Ld=1620   →   1620   (m)
接地速度         VTD=120   →   120    (kt)
```

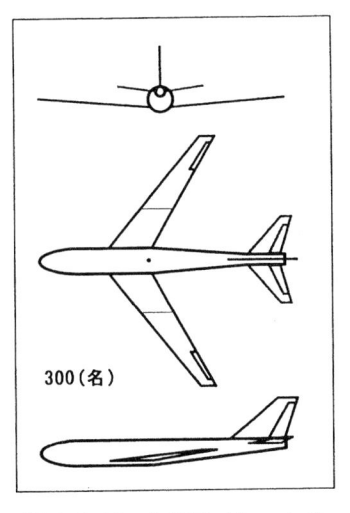

図4.9-13 3面図（ケース6）

＜ケース7＞300人乗り旅客機（その3）；アスペクト比10

性能要求値はケース5と同じで，アスペクト比 $A=10.0$ の結果を示す．

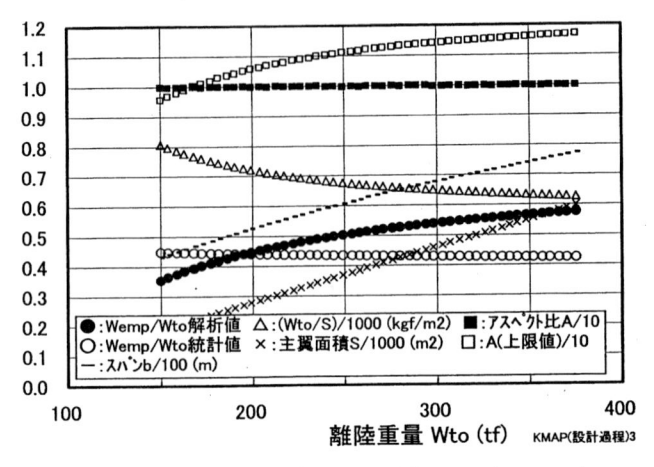

図4.9-14　離陸重量変化による計算結果（ケース7）

機体諸元について，ケース6からの変化および3面図を次に示す．

```
                    (ケース6)         (ケース7)
アスペクト比         A=8.0      →  10.0   (－)
離陸重量            WTO=208     →  199    (tf)
主翼面積            S=303       →  276    (m2)
スパン              b=49.2      →  52.5   (m)
前縁後退角          ΛLE=39.7    →  35.8   (deg)
平均空力翼弦        CBAR=6.70   →  5.72   (m)
胴体長さ            LB=49.3     →  42.1   (m)
乗員・乗客数        Npassen=300 (名)
航続距離            R3=10000    →  10000  (km)
離陸滑走路長        sTO=2350    →  2470   (m)
着陸滑走路長        Ld=1620     →  1620   (m)
接地速度            VTD=120     →  120    (kt)
```

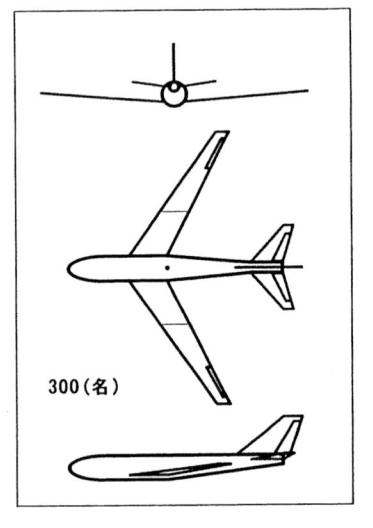

図4.9-15　3面図（ケース7）

第4章 飛行機設計演習

＜ケース8＞130人乗り旅客機

① インプットデータ

性能要求値は次の値とする．機体形状データの初期値は大型旅客機のデータ[2]をそのまま用いる．

```
CDES.P130B.DAT...( 130名,A=8,Wto=80tf で B747 から 1 回探索後のﾌｧｲﾙ)
-------------------------------------------------------------
        << 4.1 性能要求値の設定(M≦0.85) >>
   1 乗員・乗客数              Npassen = 0.13000E+03  (名)
   2 ペイロード(除く乗客)        Wpay    = 0.00000E+00  (tf)
   3 航続距離(巡航)             R3      = 0.40000E+01  (1000km)
   4 巡航時の高度              Hp      = 0.36000E+02  (1000ft)
   5 巡航マッハ数              M       = 0.75000E+00  (－)
   6 巡航推力比                ETO =Tcr/Tto = 0.25000E+00  (－)
   7 巡航時推力 1kgf あたりの燃料消費率 bJ = 0.70000E+00  (kgf/hr)
   8 離陸滑走路長              sTO     = 0.15000E+04  (m)
   9 着陸滑走路長              Ld      = 0.15000E+04  (m)
  10 接地速度                 VTD     = 0.12000E+03  (kt)
  11 CLmaxTO 計算用のフラップ角  δfmaxTO = 0.20000E+02  (deg)
  12 CLmaxLD 計算用のフラップ角  δfmaxLD = 0.40000E+02  (deg)
```

② 計算結果

アスペクト比 $A=8.0$，初期離陸重量 $W_{TO}=60$(tf)で設計計算を実行した結果を以下に示す．

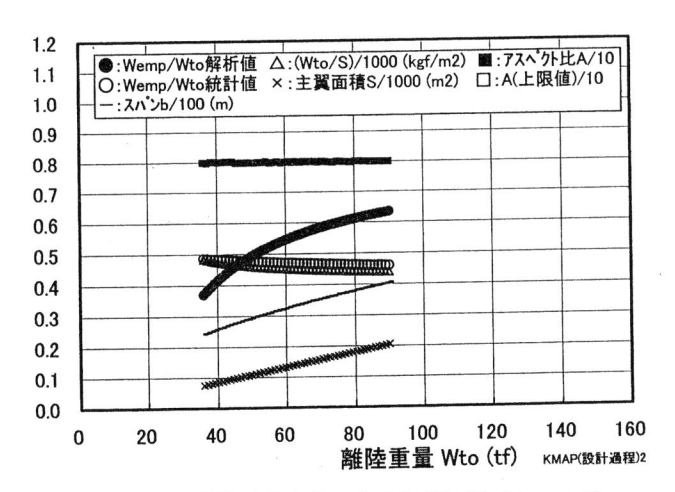

図 4.9-16　離陸重量変化による計算結果（ケース8）

機体諸元および3面図を次に示す.

```
                (ケース8)
アスペクト比        A=8.0       (-)
離陸重量      WTO=47.9      (tf)
主翼面積        S=104       (m2)
スパン         b=28.8      (m)
前縁後退角    ΛLE =39.6    (deg)
平均空力翼弦  CBAR=3.93     (m)
胴体長さ       LB=28.9     (m)
乗員・乗客数 Npassen=130   (名)
航続距離        R3=4000    (km)
離陸滑走路長   sTO=1500     (m)
着陸滑走路長    Ld=1500     (m)
接地速度       VTD=115     (kt)
```

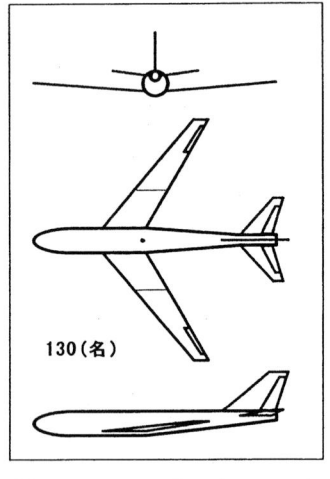

130(名)

図 4.9-17　3面図（ケース8）

＜ケース9＞50人乗り旅客機

① インプットデータ

性能要求値は次の値とする.

```
CDES.P50B.DAT...(A=8,Wto=20tf,Λ=25° で P130B から1回探索後ﾌｧｲﾙ)
-----------------------------------------------------------------
          《 4.1 性能要求値の設定(M≦0.85) 》
  1 乗員・乗客数                   Npassen = 0.50000E+02  (名)
  2 ペイロード(除く乗客)            Wpay    = 0.00000E+00  (tf)
  3 航続距離(巡航)                  R3      = 0.30000E+01  (1000km)
  4    巡航時の高度                 Hp      = 0.36000E+02  (1000ft)
  5    巡航マッハ数                 M       = 0.80000E+00  (-)
  6    巡航推力比             ETO =Tcr/Tto  = 0.25000E+00  (-)
  7    巡航時推力 1kgf あたりの燃料消費率 bJ = 0.80000E+00  (kgf/hr)
  8 離陸滑走路長                    sTO     = 0.15000E+04  (m)
  9 着陸滑走路長                    Ld      = 0.14000E+04  (m)
 10 接地速度                        VTD     = 0.12000E+03  (kt)
 11 CLmaxTO 計算用のフラップ角      δfmaxTO = 0.20000E+02  (deg)
 12 CLmaxLD 計算用のフラップ角      δfmaxLD = 0.40000E+02  (deg)
```

② 計 算 結 果

アスペクト比 $A=8.0$ で設計計算を実行した結果を以下に示す.

第4章　飛行機設計演習　　　　　　　　　　　　　　　　　　111

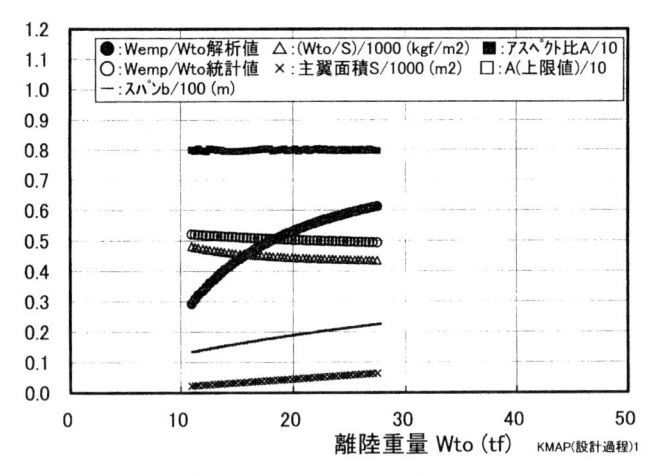

凡例:
● :Wemp/Wto解析値　△:(Wto/S)/1000 (kgf/m2)　■:ｱｽﾍﾟｸﾄ比A/10
○ :Wemp/Wto統計値　×:主翼面積S/1000 (m2)　□:A(上限値)/10
― :ｽﾊﾟﾝb/100 (m)

図4.9-18　離陸重量変化による計算結果（ケース9）

機体諸元および3面図を次に示す．

```
                  (ケース9)
ｱｽﾍﾟｸﾄ比         A=8.0      (－)
離陸重量         WTO=18.6   (tf)
主翼面積         S=41.6     (m2)
スパン           b=18.2     (m)
前縁後退角       ΛLE=25.0   (deg)
平均空力翼弦     CBAR=2.45  (m)
胴体長さ         LB=18.3    (m)
乗員・乗客数 Npassen= 50    (名)
航続距離         R3=3000    (km)
離陸滑走路長     sTO=1500   (m)
着陸滑走路長     Ld=1400    (m)
接地速度         VTD=112    (kt)
```

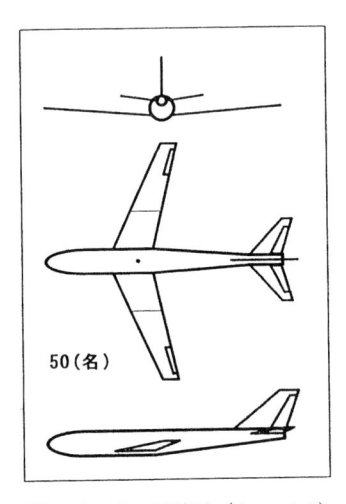

図4.9-19　3面図（ケース9）

＜ケース10＞ 10人乗り旅客機

① インプットデータ

性能要求値は次の値とする．

```
CDES.P10A.DAT... (A=7.5,Wto=20tf, Λ=25° で P50B から 1 回探索後ﾌｧｲﾙ)
------------------------------------------------------------------
           << 4.1 性能要求値の設定 (M≦0.85) >>
 1 乗員・乗客数                    Npassen = 0.10000E+02  (名)
 2 ペイロード(除く乗客)             Wpay    = 0.00000E+00  (tf)
 3 航続距離(巡航)                   R3      = 0.65000E+01  (1000km)
 4    巡航時の高度                  Hp      = 0.36000E+02  (1000ft)
 5    巡航マッハ数                  M       = 0.75000E+00  (ー)
 6    巡航推力比                    ET0 =Tcr/Tto = 0.25000E+00 (ー)
 7    巡航時推力1kgfあたりの燃料消費率 bJ    = 0.80000E+00  (kgf/hr)
 8 離陸滑走路長                     sT0     = 0.14000E+04  (m)
 9 着陸滑走路長                     Ld      = 0.14000E+04  (m)
10 接地速度                         VTD     = 0.12000E+03  (kt)
11 CLmaxT0 計算用のフラップ角       δfmaxT0 = 0.20000E+02  (deg)
12 CLmaxLD 計算用のフラップ角       δfmaxLD = 0.40000E+02  (deg)
```

② 計 算 結 果

アスペクト比 $A=7.5$ で設計計算を実行した結果を以下に示す．

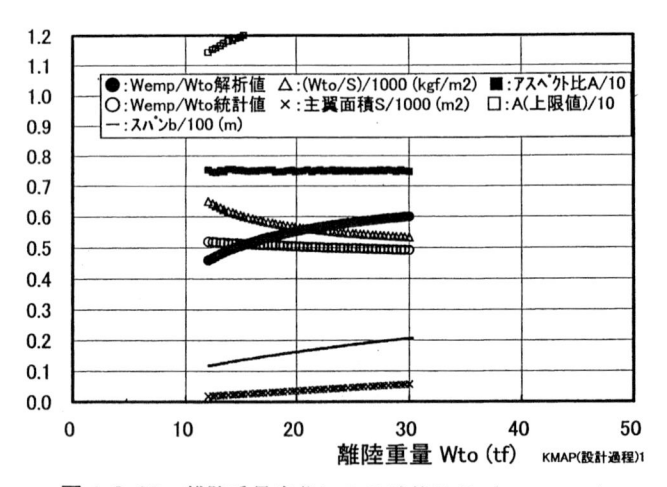

図 4.9-20　離陸重量変化による計算結果（ケース10）

第4章 飛行機設計演習　　　　　　　　　　　　　　　113

機体諸元および3面図を次に示す．

```
                (ケース 10)
アスペクト比        A=7.5      (－)
離陸重量          WTO=15.6   (tf)
主翼面積          S=26.1     (m2)
スパン            b=14.0     (m)
前縁後退角        ΛLE =25.0   (deg)
平均空力翼弦      CBAR=2.00  (m)
胴体長さ          LB=14.9    (m)
乗員・乗客数  Npassen= 10     (名)
航続距離          R3=6500    (km)
離陸滑走路長      sTO=1400   (m)
着陸滑走路長      Ld=1400    (m)
接地速度          VTD=112    (kt)
```

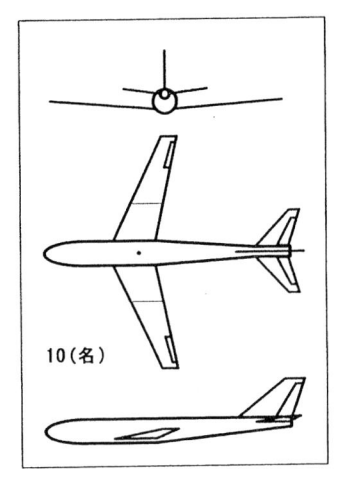

図 4.9-21　3面図（ケース 10）

＜ケース 11＞ 4人乗り軽飛行機

① インプットデータ

性能要求値は次の値とする．

```
CDES.P4A.DAT...(4席機)
-----------------------------------------------------------------
              << 4.1 性能要求値の設定(M≦0.85) >>
  1  乗員と乗客数                     Npassen = 0.40000E+01 (名)
  2  ペイロード                        Wpay = 0.00000E+00 (tf)
  3  航続距離 (巡航)                   Range = 0.10000E+01 (1000km)
  4     巡航時の高度                   Hp = 0.10000E+02 (1000ft)
  5     巡航マッハ数                   M = 0.20000E+00 (－)
  6     巡航推力比              ETO =Tcr/Tto = 0.50000E+00 (－)
  7     巡航時推力 1kgf あたりの燃料消費率 bJ = 0.30000E+00 (kgf/hr)
  8  離陸滑走路長                     sTO = 0.50000E+03 (m)
  9  着陸滑走路長                     Ld = 0.34000E+03 (m)
 10  接地速度                         VTD = 0.55000E+02 (kt)
 11  CLmaxTO 計算用のフラップ角       δfmaxTO = 0.20000E+02 (deg)
 12  CLmaxLD 計算用のフラップ角       δfmaxLD = 0.40000E+02 (deg)
```

② 計　算　結　果

アスペクト比 $A=7.5$ で設計計算を実行した結果を以下に示す．

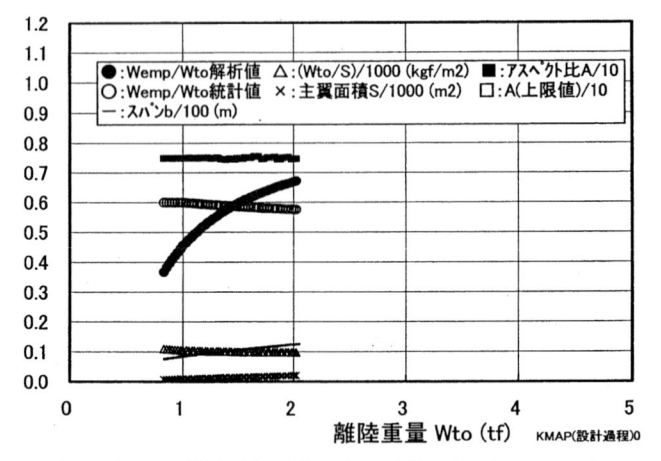

図 4.9-22　離陸重量変化による計算結果（ケース 11）

機体諸元および 3 面図を次に示す．

```
                    (ケース 11)
アスペクト比        A=7.5      (－)
離陸重量           WTO=1.47   (tf)
主翼面積           S=14.8     (m2)
スパン             b=10.5     (m)
前縁後退角         ΛLE =0.0   (deg)
平均空力翼弦       CBAR=1.41  (m)
胴体長さ           LB=8.65    (m)
乗員・乗客数       Npassen= 4 (名)
航続距離           R3=1000    (km)
離陸滑走路長       sTO=500    (m)
着陸滑走路長       Ld=340     (m)
接地速度           VTD=55.0   (kt)
```

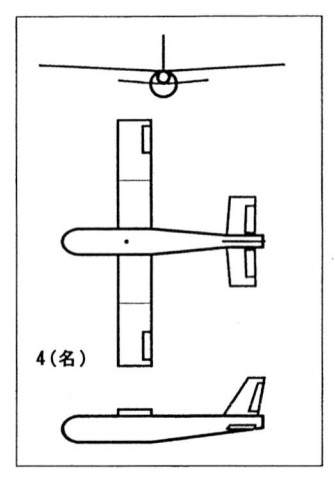

図 4.9-23　3 面図（ケース 11）

＜ケース12＞模型飛行機（その1）

① インプットデータ

性能要求値は次の値とする．

```
CDES.MOKEI1KGA.DAT...（模型飛行機 W=1kgf）
-----------------------------------------------------------------
           << 4.1 性能要求値の設定(M≦0.85) >>
 1 乗員と乗客数                  Npassen = 0.00000E+00 (名)
 2 ペイロード                       Wpay = 0.00000E+00 (tf)
 3 航続距離（巡航）                Range = 0.10000E-03 (1000km)
 4     巡航時の高度                  Hp = 0.10000E-01 (1000ft)
 5     巡航マッハ数                   M = 0.15000E-01 (－)
 6     巡航推力比            ETO =Tcr/Tto = 0.10000E+01 (－)
 7     巡航時推力1kgfあたりの燃料消費率 bJ = 0.10000E-03 (kgf/hr)
 8 離陸滑走路長                Rtakeoff = 0.10000E+02 (m)
 9 着陸滑走路長                 Rlanding = 0.10000E+02 (m)
10 接地速度                         VTD = 0.10000E+02 (kt)
11 CLmaxTO計算用の参考フラップ角 δfmaxTO = 0.00000E+00 (deg)
12 CLmaxLD計算用の参考フラップ角 δfmaxLD = 0.00000E+00 (deg)
```

② 計 算 結 果

アスペクト比 $A=5.0$ で設計計算を実行した結果を以下に示す．

```
                    （ケース12）
ｱｽﾍﾟｸﾄ比         A=5.0      (－)
離陸重量         WTO=1.00    (kgf)
主翼面積         S=0.838    (m2)
スパン           b=2.05     (m)
前縁後退角       ΛLE=0.0    (deg)
平均空力翼弦     CBAR=0.409 (m)
胴体長さ         LB=2.36    (m)
乗員・乗客数 Npassen= 0      (名)
航続距離         R3=0.115   (km)
離陸滑走路長     sTO=10.0   (m)
着陸滑走路長     Ld=10.0    (m)
接地速度         VTD=9.42   (kt)
```

模型飛行機の場合は，インプットデータの1行目の最初は"CDES.MOKEI"とする．これにより重量探索は実行せずに直接離陸重量1(kgf)を入力する．

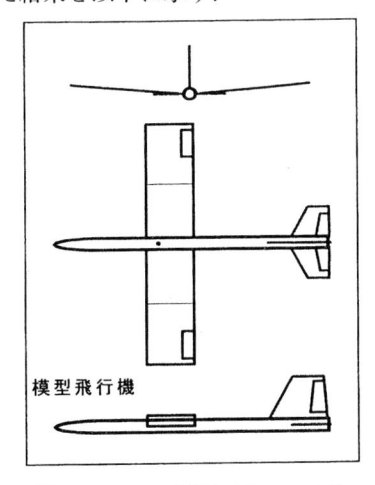

図4.9-24 3面図（ケース12）

＜ケース13＞模型飛行機（その2）

① インプットデータ

性能要求値は次の値とする．

```
CDES.MOKEIO.15KGC.DAT...(模型飛行機 W=0.15kgf)(Γ=999.0)
------------------------------------------------------------
         << 4.1 性能要求値の設定(M≦0.85) >>
 1 乗員と乗客数                Npassen  = 0.00000E+00 (名)
 2 ペイロード                  Wpay     = 0.00000E+00 (tf)
 3 航続距離(巡航)              Range    = 0.10000E-03 (1000km)
 4     巡航時の高度            Hp       = 0.10000E-01 (1000ft)
 5     巡航マッハ数            M        = 0.15000E-01 (－)
 6     巡航推力比              ETO =Tcr/Tto = 0.10000E+01 (－)
 7     巡航時推力1kgfあたりの燃料消費率 bJ = 0.10000E-03 (kgf/hr)
 8 離陸滑走路長                Rtakeoff = 0.10000E+02 (m)
 9 着陸滑走路長                Rlanding = 0.10000E+02 (m)
10 接地速度                    VTD      = 0.10000E+02 (kt)
11 CLmaxTO計算用の参考フラップ角 δfmaxTO = 0.00000E+00 (deg)
12 CLmaxLD計算用の参考フラップ角 δfmaxLD = 0.00000E+00 (deg)
```

② 計算結果

アスペクト比 $A=5.0$，離陸重量 0.15 (kgf) で設計計算を実行した結果を以下に示す．

```
              (ケース13)
アスペクト比       A=5.0    (－)
離陸重量         WTO=0.15  (kgf)
主翼面積         S=0.126   (m2)
スパン           b=0.794   (m)
前縁後退角       ΛLE=0.0   (deg)
平均空力翼弦     CBAR=0.159 (m)
胴体長さ         LB=0.921  (m)
乗員・乗客数     Npassen= 0 (名)
航続距離         R3=0.110  (km)
離陸滑走路長     sTO=10.0  (m)
着陸滑走路長     Ld=10.0   (m)
接地速度         VTD=9.42  (kt)
```

途中から上反角がある場合は，インプットデータの主翼部の上反角の項を以下のようにデータを追記する．

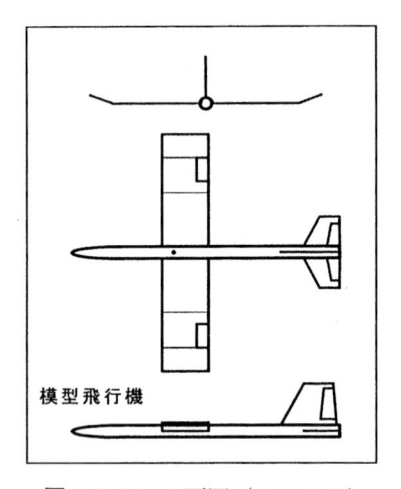

図 4.9-25 　3面図（ケース13）

```
主翼上反角                  Γ  = 0.99900E+03 (deg)
  途中上反角                Γ9 = 0.20000E+02 (deg)
  途中上反角開始のスパン位置 η9 = 0.80000E+00 (－)
```

第5章　飛行特性解析

　前章では，設計解析プログラム KMAP を用いて，与えられた性能要求値を満足する機体諸元を求めた．この設計解析においては，何らかの機体の初期形状データが必要であった．その初期形状に対して，与えられた性能要求を満足するように離陸重量，着陸重量，主翼面積，スパン，後退角等の機体諸元が決められていった．そして，尾翼，胴体等のデータは，求めた機体諸元と初期形状との比率で形状変更された．その結果，初期に与えた主翼と尾翼および胴体との比率がほぼ保たれるため，当初考えた機体イメージは大きく異なることなく，性能要求値を満足する新しい機体が設計されたわけである．

　次に行うべきことは，前章で得られた機体が飛行特性上の各種設計基準を満足しているかどうかをチェックすることである．飛行するために必要な安定性を有しているかどうか，離陸引き起こしが可能かどうか，重心の許容範囲が存在するか等，現状の尾翼や胴体の形状で問題ないことをチェックする必要がある．本章では，これらの各種飛行特性解析の方法について述べる．この飛行特性の解析についても KMAP を用いて自動的に実施される．その結果，飛行特性上問題であれば，尾翼および胴体の形状データを修正して，再び第4章の設計解析を繰り返す必要がある．

5.1　縦系の飛行特性解析

　飛行機の運動が安定であるかどうかを見極める場合は，大きな運動をさせる必要はなく，微小な運動変化を考えてその変化した運動状態が元の安定状態に戻るのか，あるいは大きくなるのかを検討すれば良い．微小な運動変化の場合には，縦系の運動と横・方向系の運動は分離して考えればよく，また微小運動

であることから運動方程式の中の状態変数のかけ算で表される非線形項は省略でき取り扱いが簡単となる．このように，特に設計フェーズで用いる運動方程式は，以下に示す縦系の線形運動方程式，あるいは横・方向系の線形運動方程式を独立に検討すればよい．ここでは，まず縦系の運動方程式について述べる．

図5.1-1は，縦系の運動を検討する際に用いる座標軸と変数を示している．機首前方をx軸，それに直角下向きをz軸，右翼方向をy軸とする．これらは機体に固定された軸で，重心の回転とともに回転しながら並進運動により空間上を移動していく．Lは揚力，Dは抗力，Wは機体重量，Tはエンジン推力，θはピッチ角，αは迎角，$\gamma (=\theta-\alpha)$は飛行経路角である．

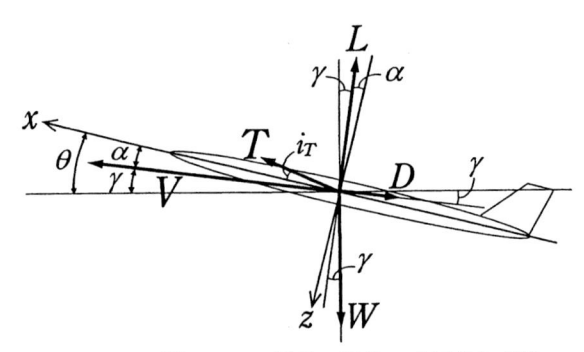

図 5.1-1 縦系の運動の座標軸と変数

縦系の運動方程式は，ラプラス変換した形で次式で表される[22), 23)]．

$$\begin{bmatrix} s-X_u & -X_\alpha & 0 & \dfrac{g}{57.3} \\ -\bar{Z}_u & s-\bar{Z}_\alpha & -1 & 0 \\ -M'_u & -M'_\alpha & s-M'_q & 0 \\ 0 & 0 & -1 & s \end{bmatrix} \begin{bmatrix} u \\ \alpha \\ q \\ \theta \end{bmatrix} = \begin{bmatrix} 0 \\ \bar{Z}_{\delta e} \\ M'_{\delta e} \\ 0 \end{bmatrix} \delta e \qquad (5.1\text{-}1)$$

ここで，uはx軸方向の速度，qは重心まわりの角速度（機首上げ正），δeはエレベータ舵角，gは重力の加速度である．(5.1-1)式は線形の連立方程式であるから，δeに対するu, α, q, θの応答式が伝達関数（sの関数）として得られる．この伝達関数の分母はsの4次方程式であり，この解（特性根）は2つの振動モードとして現れ，1つは長周期モード，もう1つは短周期モードと

第5章 飛行特性解析

いわれる運動である．(5.1-1)式の中の空力係数は有次元の空力安定微係数であるが，機体形状をもとに推定された無次元の空力安定微係数から，KMAPにより自動的に計算される．

　飛行特性解析は，第4章のKMAPによる新規設計時に同時に実施されるが，ここでは，新規設計ではなく，インプットデータの形状の機体に対して直接飛行特性解析を行ってみよう．

　第4章と同様にプログラムを起動し，インプットデータのファイル名を指定し，IPRNT=2 と入力する．この後，新規設計するかどうかを聞いてくるが，ここでは新規設計しないので0をキーインする．

```
C:\KMAP>KMAP33
File name missing or blank - please enter file name
UNIT 8? CDES.EXAMPLE.DAT
            CDES.EXAMPLE.DAT...（大型旅客機の例題）

      ...IPRNT=0 : Simulation...
            =2 : Stability Analysis...
            =3 : Simulation データ加工(TMAX＞40秒)
----(INPUT)---- IPRNT=2
   ●機体形状を新しく設計しますか？ Yes=1, No=0
0
```

ここで実施する飛行特性解析については，機体重量と飛行条件に注意する必要がある．ここでは新規設計は行わないので，インプットデータの機体形状をそのまま用いて，運動解析用の飛行条件で新たに空力係数が推算される．また，運動解析用のデータ内の機体重量とそれに対応した慣性モーメントが用いられる．従って，機体形状データの後にある運動解析用データ（下記）を適切に設

```
...（以下，運動解析用データ）...
Ix(kgf·m·s2)   = 0.18980E+07
Iy(kgf·m·s2)   = 0.42143E+07
Iz(kgf·m·s2)   = 0.59592E+07
Ixz(kgf·m·s2)  = 0.11410E+06
............................
Weight(kgf)    =   255000.000
S(m2)          =      511.000
b(m)           =       59.640
C.BAR(m)       =        8.320
CG(%)          =       25.000
               .
               .
***************(Pilot Input &
Start Hp(ft=  0.1500E+04
Start VkEAS=  0.1650E+03
```

定する必要がある．これらの機体重量 Weight, Start Hp（高度），Start VkEAS（速度）については，たとえ新規設計においても最初に与えたものから変更されない．新規設計で機体が小さくなったのに，飛行特性解析時の機体重量が大きいままで，トリム（釣合い）迎角がかなり大きい状態で解析している学生がときどき見受けられる．なお，上記の中で，主翼面積 S, スパン b, 平均空力翼弦 C.BAR は新規設計時の値に自動修正される．また，慣性モーメント Ix, Iy, Iz および慣性乗積 Ixz は，機体重量 Weight に対して再計算されたものが飛行特性解析時に使用される．

次に，計算実行中にキーインを2回求められるが，いずれも0をキーインしてエンターすると下記のように表示される．ここでは，縦系の解析を実施するので，NAERO=110 とキーインすると縦系の飛行特性解析が開始される．

```
...IPRNT=2 : Stability Analysis.......
NAERO=1   ; 縦(機体のみ),      NAERO=2   ; 横・方向(機体のみ)
NAERO=11  ; δe (F/B 有),       NAERO=21  ; δa (F/B 有)
NAERO=110 ; δe (閉ﾙｰﾌﾟ),       NAERO=210 ; δa (閉ﾙｰﾌﾟ)
NAERO=12  ; δf (F/B 有),       NAERO=22  ; δr (F/B 有)
NAERO=120 ; δf (閉ﾙｰﾌﾟ),       NAERO=220 ; δr (閉ﾙｰﾌﾟ)
NAERO=13  ; δT (F/B 有),       NAERO=230 ; vg  (閉ﾙｰﾌﾟ)
NAERO=130 ; δT (閉ﾙｰﾌﾟ),       NAERO=24  ; δa 零点軌跡 (δrｹﾞｲﾝ変化時)
NAERO=140 ; ug (閉ﾙｰﾌﾟ),       NAERO=25  ; δr 零点軌跡 (δaｹﾞｲﾝ変化時)
NAERO=150 ; wg (閉ﾙｰﾌﾟ),       NAERO=28  ; ﾃﾞｰﾀ変化(横方向)
NAERO=17  ; Longi.PolAsn,      NAERO=3   ; Lon-Lat-Yaw
NAERO=18  ; ﾃﾞｰﾀ変化(縦),       NAERO=4   ; δa/δr Both Gain Change.
                                NAERO=5   ; ZERO CAL.
----(INPUT)---- NAERO=110
```

さて，解析が開始されると，まず解析用の機体諸元および飛行条件等が表 5.1-1 のように出力される．

表 5.1-1 縦系解析用の機体諸元，飛行条件等

```
S = 0.51100E+03 (m2)    CBAR = 0.83200E+01 (m)      Hp  = 0.15000E+04 (ft)
W = 0.25500E+06 (kgf)   qbarS= 0.22996E+06 (kgf)    ROU = 0.11952E+00 (kgf･s2/m4)
V = 0.86778E+02 (m/s)   VKEAS= 0.16500E+03 (kt)     Iy  = 0.54001E+07 (kgf･m･s2)
TH= 0.65630E+01 (deg)   ALP  = 0.65630E+01 (deg)    XCG = 0.25000E+00 (-)
CL= 0.11089E+01 (-)     CD   = 0.12157E+00 (-)      CDα = 0.12271E-01 (1/deg)
```

次に，この条件における空力安定微係数が表 5.1-2 のように出力される．

第5章　飛行特性解析

表5.1-2　縦系の空力安定微係数

```
    (CG=25%)              (CG= 25.00%)           (PRIMED YUGIGEN)
Cxu  =-0.498263E+00   Cxu   =-0.498263E+00   Xu   =-0.247619E-01
Cxα  = 0.708062E-02   Cxα   = 0.708062E-02   Xα   = 0.671045E-01
Czu  = 0.000000E+00   Czu   = 0.000000E+00   Zu   =-0.149140E+00
CLα  = 0.985837E-01   CLα   = 0.985837E-01   Zα   =-0.601289E+00
CLδe = 0.537720E-02   CLδe  = 0.537720E-02   Zδe  =-0.313797E-01
CLδf = 0.230670E-01   CLδf  = 0.230670E-01   Zδf  =-0.134612E+00
Cmu  = 0.000000E+00   Cmu   = 0.000000E+00   Mu1  = 0.225975E-01
Cmα  =-0.266252E-01   Cmα1  =-0.266252E-01   Mα1  =-0.449438E+00
Cmδe =-0.202333E-01   Cmδe1 =-0.202333E-01   Mδe1 =-0.406022E+00
Cmδf =-0.726495E-02   Cmδf1 =-0.726495E-02   Mδf1 =-0.127097E+00
Cmq  =-0.268586E+02   Cmq   =-0.268586E+02   Mq1  =-0.607716E+00
CmαD =-0.892071E+01   CmαD  =-0.892071E+01   Mθ1  = 0.195561E-02
(Mu  = 0.000000E+00)  (Mα   =-0.540545E+00)  (Mδe =-0.410777E+00)
(Mδf =-0.147493E+00)  (Mq   =-0.456197E+00)  (MαD =-0.151519E+00)
```

この後, 次のように表示される.

表5.1-3　縦系の入出力指定

```
(NAERO=110) 縦δe 閉ループシステム解析
(入力) Uj, j=1:DePLT / (出力) Ri, i=4:u, 5:ALP, 6:q, 7:THE
----(INPUT)---- Uj, j=1
----(INPUT)---- Ri, i=6
```

ここで, エレベータ入力に対する状態変数出力の指定を行うことができるが, 通常は入力 Uj, j=1, 出力 Ri, i=6 としておけばよい. これにより, 縦系の飛行特性解析が実施され, 結果は TES8.DAT ファイルに書き込まれる. 本例題では次のような結果を得る.

(1) 長周期モードの減衰比と振動数

KMAPにより, 縦系の微小擾乱線形運動方程式を解いた短周期モードと長周期モードの特性根（極）が表5.1-4のように得られる.

長周期モードの根は表5.1-4のN=3, 4である. 長周期モードに関しては, 飛行性設計ハンドブック MIL-HDBK-1797[25]において減衰比が推奨されている. 一方, 長周期モードの解析には, 通常 (5.1-2)式の近似式が用いられ, 振動数は比較的良い近似が得られるが, 減衰比に関しては非安全側の値となる. 従って, 減衰比は表5.1-4の厳密解から直接求める方が良い.

表 5.1-4　縦系の特性根

```
***** POLES AND ZEROS(θ/δe) *****
POLES( 4)
 N      REAL            IMAG
 1   -0.61593297D+00   0.67447223D+00
 2   -0.61593297D+00  -0.67447223D+00   ζ = 0.6743E+00
 3   -0.95061812D-03  -0.12732425D+00   ζ = 0.7466E-02
 4   -0.95061812D-03   0.12732425D+00
ZEROS( 2), II/JJ= 4/ 1
 N      REAL            IMAG
 1   -0.54717230D+00   0.00000000D+00
 2   -0.44143524D-01   0.00000000D+00
```

$$\begin{cases} \omega_p^2 \fallingdotseq \dfrac{g}{57.3} \cdot \dfrac{M'_\alpha \bar{Z}_u - M'_u \bar{Z}_\alpha}{M'_q \bar{Z}_\alpha - M'_\alpha} \\ 2\zeta_p \omega_p \fallingdotseq -X_u - \dfrac{M'_u(X_\alpha - g/57.3)}{M'_q \bar{Z}_\alpha - M'_\alpha} \end{cases}$$　　［長周期モード近似式］　　(5.1-2)

KMAPを用いると，表 5.1-4 の厳密解および (5.1-2) 式の近似式を用いた場合の長周期モードの減衰比と振動数が表 5.1-5 のように得られる．設計ハンドブックで推奨されている減衰比の値（飛行性レベル 1）も表示されるようになっている．

表 5.1-5　長周期モードの減衰比と振動数

```
(1) 長周期(フゴイド)モードの減衰比と振動数　(厳密解)
    (減衰比；ζp＞0.04)

    ζp= 0.74659E-02　ωp= 0.12733E+00 (rad/s)　周期；P= 0.49323E+02 (s)

(1-1) 長周期(フゴイド)モードの減衰比と振動数　(近似解)
    ζp= 0.10626E+00　ωp= 0.13008E+00 (rad/s)　周期；P= 0.48553E+02 (s)
```

(2)　飛行経路安定

KMAPを用いると，(5.1-3) 式に示すバックサイドパラメータについて，設計ハンドブックの推奨値とともに表 5.1-6 のように得られる．

$$\dfrac{1}{T_h} = -X_u + \dfrac{X_\alpha - g/57.3}{\bar{Z}_\alpha} \bar{Z}_u \quad ［バックサイドパラメータ］ \quad (5.1\text{-}3)$$

表5.1-6　飛行経路安定

```
(2) 飛行経路安定
    （ バックサイドパラメータ；1/Th≧-0.02 ）
    1/Th=-0.10150E-02　(1/s)
```

(3) 速度安定

KMAPを用いると，(5.1-4)式に示す速度安定条件について，表5.1-7のように得られる．

$$\left(\frac{u}{\delta e}\right)_{s.s.} = -\frac{M'_{\dot{\alpha}}\bar{Z}_\alpha}{M'_\alpha} \cdot \frac{g}{57.3\omega_p^2} > 0 \quad [速度安定] \tag{5.1-4}$$

表5.1-7　速度安定

```
(3) 速度安定の条件
    （ [u/δe]s.s.＞0 ）
    [u/δe]s.s.= 0.57304E+01　(m/(s・deg))
```

(4) 短周期モードの減衰比と振動数

短周期モードの特性根は表5.1-4のN=1,2である．短周期モードの解析には，通常(5.1-5)式の近似式が用いられ，減衰比および振動数ともに良い近似が得られる．KMAPを用いると，表5.1-4の厳密解および(5.1-5)式の近似式を用いた場合の短周期モードの減衰比と振動数が表5.1-8のように得られる．設計ハンドブックで推奨されている値（飛行性レベル1）も表示される．

$$\begin{cases} \omega_{sp}^2 \fallingdotseq M'_q \bar{Z}_\alpha - M'_\alpha \\ 2\zeta_{sp}\omega_{sp} \fallingdotseq -M'_q - \bar{Z}_\alpha \end{cases} \quad [短周期モード近似式] \tag{5.1-5}$$

表 5.1-8　短周期モードの減衰比と振動数

```
(4) 短周期モードの減衰比と振動数 (厳密解)
          〈減衰比〉           〈固有角振動数(rad/s)〉
  (CAT A); ζsp=0.35～1.30,  ωsp≧1.0
  (CAT B); ζsp=0.30～2.0 ,    ―
  (CAT C); ζsp=0.35～1.30,  ωsp≧0.87 (Ⅰ, Ⅱ-C, Ⅳ)
  (  〃 );     〃        ,  ωsp≧0.70 (Ⅱ-L, Ⅲ)

  ζsp= 0.67434E+00   ωsp= 0.91339E+00 (rad/s)   周期;P= 0.93110E+01 (s)

(4-1) 短周期モードの減衰比と振動数 (近似解)
  ζsp= 0.66967E+00   ωsp= 0.90269E+00 (rad/s)   周期;P= 0.93676E+01 (s)
```

(5)　短周期モードの$\omega_{sp}T_{\theta_2}$

短周期の周波数ω_{sp}がピッチ角応答の分子の根$1/T_{\theta_2}$よりも小さい場合には，操舵入力に対してピッチ角と飛行経路角が遅れなしに応答することになる．その結果，パイロットは応答が急であると感じ，機体をトリムさせるときの負担が増すことになる．このような背景から$\omega_{sp}T_{\theta_2}$の値が設計ハンドブックで推奨されている．KMAPを用いると，$\omega_{sp}T_{\theta_2}$の値が推奨値とともに表5.1-9のように得られる．

表 5.1-9　周期モードの$\omega_{sp}T_{\theta_2}$

```
(5) 短周期モードの ωsp・Tθ2 (厳密解)

  (CAT A); ωsp・Tθ2≧1.6 (rad)
  (CAT B); ωsp・Tθ2≧1.0
  (CAT C); ωsp・Tθ2≧1.3

  1/Tθ2= 0.54717E+00 (1/s)    ωsp= 0.91339E+00 (rad/s)
  ωsp・Tθ2= 0.16693E+01 (rad)

(5-1) 短周期モードの ωsp・Tθ2 (近似解)
  1/Tθ2= 0.56655E+00 (1/s)    ωsp= 0.90269E+00 (rad/s)
  ωsp・Tθ2= 0.15933E+01 (rad)
```

(6)　短周期モードの加速感度

短周期モードの単位迎角αあたりの荷重倍数nの増加量の定常値を加速感度(n/α)と言い，(5.1-6)式で表される．KMAPを用いると，設計ハンドブックの推奨値とともに表5.1-10のように得られる．

第5章　飛行特性解析

$$n/\alpha \fallingdotseq \frac{V}{g} \cdot \frac{1}{T_{\theta_2}} \quad [\text{g/rad}] \tag{5.1-6}$$

表5.1-10　短周期モードの加速感度

```
(6) 短周期モードの加速感度 n/α （厳密解）

    (CAT A,B)；   ―
    (CAT C )； n/α≧2.7 (g/rad)(Ⅰ,Ⅱ-C,Ⅳ)
    (  〃   )； n/α≧2.0        (Ⅱ-L,Ⅲ)

    n/α=(V/g)・(1/Tθ2)= 0.48451E+01 (g/rad)

(6-1) 短周期モードの加速感度 n/α （近似解）
    n/α=(V/g)・(1/Tθ2)= 0.50168E+01 (g/rad)
```

(7)　短周期モードのCAP（Control Anticipation Parameter）

パイロットが経路角制御において垂直加速度を変化させる際に，初期のピッチ角加速度応答との関係が操縦性に影響することから，(5.1-7)式のCAPの値を適切にしておく必要がある．KMAPを用いると，CAPの値が設計ハンドブックの推奨値とともに表5.1-11のように得られる．

$$CAP \fallingdotseq \frac{\omega_{sp}^2}{n/\alpha} \quad [(\text{rad/s})^2/(\text{g/rad})] \tag{5.1-7}$$

表5.1-11　短周期モードのCAP

```
(7) 短周期モードのCAP (Control Anticipation Parameter) （厳密解）

    (CAT A)； CAP=0.28 ～3.6 (rad/s)2/(g/rad)
    (CAT B)； CAP=0.085～3.6
    (CAT C)； CAP=0.16 ～3.6

    CAP=ωsp2/(n/α)= 0.17219E+00 (rad/s)2/(g/rad)

(7-1) 短周期モードのCAP (Control Anticipation Parameter) （近似解）
    CAP=ωsp2/(n/α)= 0.16243E+00 (rad/s)2/(g/rad)
```

(8)　縦静安定と重心後方限界

重心位置 h（$h \times 100$ とすると％MAC）のときの揚力傾斜を C_{L_α}，モーメント傾斜を C_{m_α} とすると次のような関係で表される．

$$C_{m_\alpha} = -C_{L_\alpha}(h_n - h) \tag{5.1-8}$$

ここで，h_n は迎角変化によって生ずる揚力変化の作用点で**縦安定中正点**（neutral point）といわれる．このとき，

$$h_n = h + \frac{-C_{m_\alpha}}{C_{L_\alpha}} \tag{5.1-9}$$

のように表される．ここで，右辺の空力係数 C_{L_α}，C_{m_α} は機体形状から推算した空力係数を用いればよい．

重心位置 h に対して

$$(h_n - h) \times 100 \quad (\% \text{ MAC}) \tag{5.1-10}$$

の値を**静安定余裕**（static margin）という．燃料消費等により重心は移動するが，重心最後方においても少なくとも 5% MAC 程度の静安定余裕（重心が縦安定中性点よりも前）が必要である．

参考のため，h_n と水平尾翼との関係を述べておく．縦系の力の釣合いは図 5.1-2 のようである．

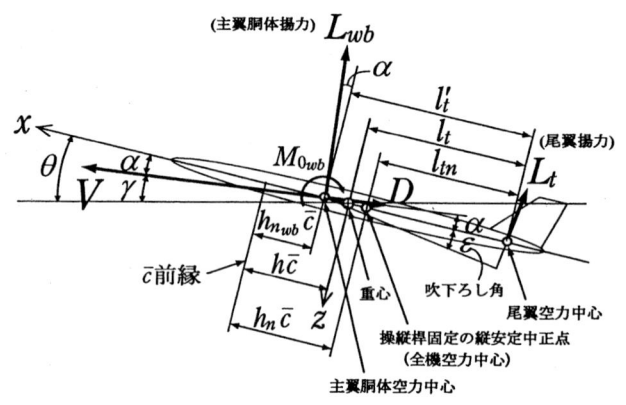

図 5.1-2　縦系の力の釣合い

図 5.1-2 から h_n は次のようにも表される．

$$h_n = h_{n_{wb}} + \frac{\eta_t V'_H a_t (1 - \partial \varepsilon / \partial \alpha)}{C_{L_\alpha}} \tag{5.1-11}$$

ここで，$h_{n_{wb}}$ は主翼・胴体の**空力中心**（ほぼ 25% MAC），η_t は水平尾翼効率（水平尾翼位置の動圧減少を表す），a_t は水平尾翼の揚力傾斜，$\partial \varepsilon / \partial \alpha$ は吹下ろし角の傾斜，V'_H は主翼・胴体と水平尾翼の空力中心間の距離 l'_t を用いた**水平尾**

第5章 飛行特性解析

翼容積比 (tail volume ratio) で次式である．

$$V'_H = \frac{S_t l'_t}{S\bar{c}} \quad [l'_t : 空力中心間距離] \tag{5.1-12}$$

また，C_{L_α} は全機の揚力傾斜で，次式で与えられる．

$$C_{L_\alpha} = a_{wb} + \eta_t \frac{S_t}{S} \cdot a_t \left(1 - \frac{\partial \varepsilon}{\partial \alpha}\right) \tag{5.1-13}$$

ここで，a_{wb} は主翼・胴体の揚力傾斜である．

いま，V'_H の縦静安定における物理的意味を考えるため，簡単のため，主翼胴体と尾翼の揚力傾斜が同じ $(a_{wb}=a_t=a)$，水平尾翼効率 η_t が1と仮定して，水平尾翼容積比 V'_H と縦安定中性点 h_n の関係式を求めてみると次のようになる．

$$C_{L_\alpha} = a \left\{ 1 + \frac{S_t}{S} \cdot \left(1 - \frac{\partial \varepsilon}{\partial \alpha}\right) \right\} \tag{5.1-14}$$

$$\therefore h_n = h_{n_{wb}} + G \cdot V'_H, \quad \text{ただし, } G = \frac{1 - \partial \varepsilon / \partial \alpha}{1 + (S_t/S) \cdot (1 - \partial \varepsilon / \partial \alpha)} \tag{5.1-15}$$

このとき，V'_H は縦安定中性点 h_n の $h_{n_{wb}}$ からの後退量の $1/G$ の値を表していることがわかる．なお，G の値は次のような値である．

$$\begin{aligned} G &= \frac{0.5}{1+0.25\times 0.5} = \frac{0.5}{1.125} = 0.44 \\ &\left(\frac{S_t}{S}=0.25, \ 1-\frac{\partial \varepsilon}{\partial \alpha}=0.5 \text{ の場合}\right) \end{aligned} \tag{5.1-5.1}$$

このように，V'_H は縦安定中性点 h_n の後退量に関係し，V'_H が0の場合には $h_n = h_{n_{wb}}$ となる．V'_H が0でも飛行は可能である．この場合は重心を h_n の前方にすれば縦静安定は保たれる．無尾翼機はこのように飛行しているわけである．KMAPによる計算例を表5.1-12に示す．

表5.1-12 縦静安定と重心後方限界

```
(8) 縦静安定と重心後方限界

   CLα= 0.98584E-01 (1/deg)   Cmα=-0.26625E-01 (1/deg)
        〈縦安定中正点 (stick-fixed neutral point)〉
   hn=(0.25-Cmα/CLα)*100= 0.52008E+02 (%MAC)
   ////////////////////////
   ①縦静安定余裕が5%となる重心後方限界
   h(AftLimit)×100= 0.47008E+02 (%MAC)
```

(9) CAPによる重心後方限界

操縦桿を引き，引き起こし運動（マニューバ運動）をした場合について考える．1G増加するのに必要なエレベータ舵角が零 $(\delta e/\Delta n_z = 0)$ となる重心位置 h_m を昇降舵固定の**操縦中正点**（stick-fixed maneuver piont），$(h_m - h)$ をマニューバマージンといい，次の関係式で表される．

$$h_m = h_n - \frac{\rho S \bar{c}}{4m} C_{m_q} \quad [操縦中正点] \tag{5.1-17}$$

このとき，CAPの式が次のように与えられる[23]．

$$CAP = \frac{\omega_{sp}^2}{n/\alpha} \doteqdot \frac{W\bar{c}}{I_y}(h_m - h) \quad [CAP \sim 操縦中正点] \tag{5.1-18}$$

(5.1-18)式に対して，CAPに関する設計基準を適用すると次式を得る．

$$h_m - h = \left(h_n - \frac{\rho S \bar{c}}{4m} C_{m_q}\right) - h \geq CAP \cdot \frac{I_y}{W\bar{c}} \tag{5.1-19}$$

設計基準のCAT Aの場合 $(CAP \geq 0.28)$ を図示すると図5.1-3のようになる．

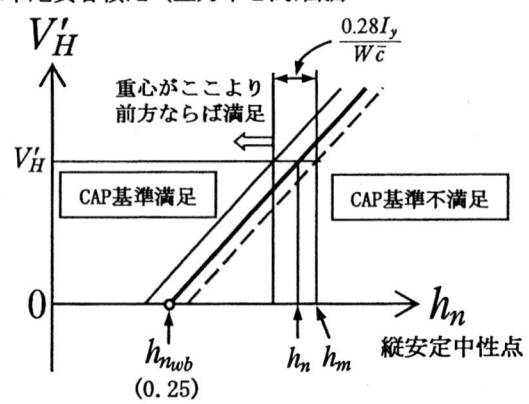

図5.1-3 CAPの重心最後方条件

このCAPの値は，MIL-HDBK-1797ではフライトカテゴリA, B, Cに対して，それぞれ0.28, 0.085, 0.16以上であることがレベル1としてリコメンドされている．ところが，(5.1-19)式のマニューバマージンの右辺の係数 $I_y/(W\bar{c})$ は，輸送機のような胴体の長い機体については I_y/W の値が大きくなる傾向にある

第5章　飛行特性解析

ため，CAPの要求を満足するには大きなマニューバマージンが必要になり，重心後方限界が前方に移動して重心許容範囲が大きく制限されるケースがあるので，特にカテゴリAについては注意が必要である．このような意味から，ここではCAPによる重心後方限界を計算する場合，カテゴリCの0.16の値を用いることとする．

KMAPによる計算例を表5.1-13に示す．

表5.1-13　CAPによる重心後方限界

```
(9) CAPによる重心後方限界

ρ= 0.11952E+00    S= 0.51100E+03    CBAR= 0.93300E+01
W= 0.25500E+06    ly= 0.54001E+07   Cmq =-0.26859E+02
〈操縦中正点〉
hm=(hn-Cmq・ρS・CBAR/(4m))×100= 0.66713E+02 (%MAC)
////////////////////////
②CAP(CAT C=0.16)による重心後方限界
h(AftLimit) =hm-0.16*ly/W/CBAR ×100= 0.30397E+02 (%MAC)
```

＜参考＞　主翼の形状の違いによる吹き下ろし角変化

通常の旅客機と戦闘機の主翼からの吹き下ろし角εを比較すると図5.1-4の

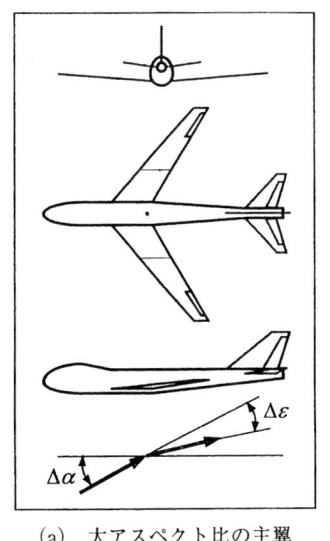

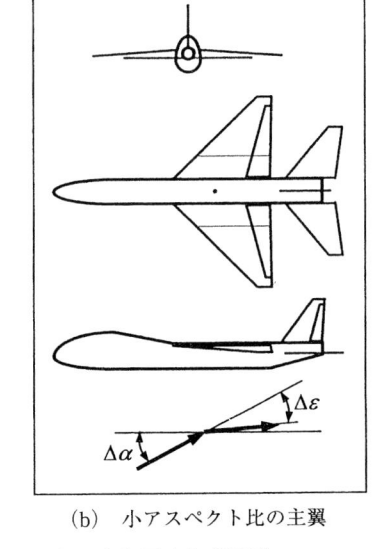

(a)　大アスペクト比の主翼　　(b)　小アスペクト比の主翼

図5.1-4　主翼形状の違いによる吹き下ろし角変化

ようである．旅客機のような大アスペクト比の主翼は，迎角変化$\Delta\alpha$が生じた場合，水平尾翼部における吹下ろし角$\Delta\varepsilon$が半分程度であるため，水平尾翼にも迎角変化を生じて機体を安定化する．これに対して，戦闘機のような小アスペクト比の主翼は，迎角変化に近い吹下ろし角を生じるため，水平尾翼に生じる迎角変化は小さく，水平尾翼による機体安定化は弱くなる．

＜参考＞　形状の違いによる主翼・胴体の空力中心位置

　低速域においては主翼の空力中心は通常25％MAC付近にあるが，後退角や先細比によって大きく影響を受ける．また胴体に発生する空気力（特に前胴部分）も影響を与える．図5.1-5は，主翼と胴体による空力中心位置を示したもので，主翼と胴体形状により空力中心は大きく変化することがわかる．（図中の①と②は胴体の直径のみが異なる機体である）

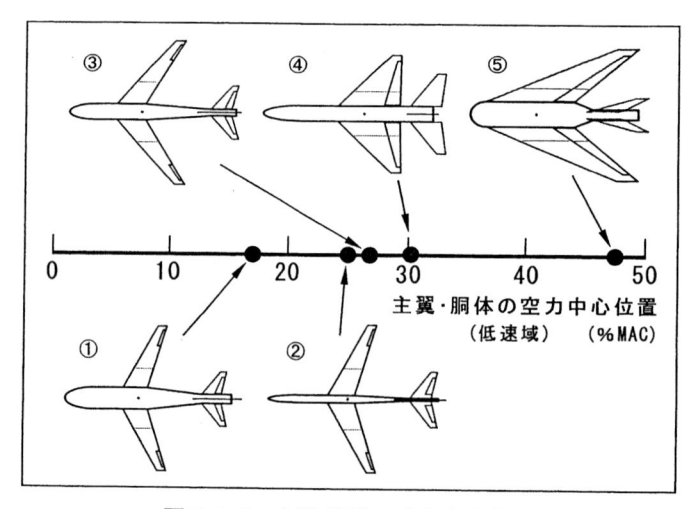

図5.1-5　主翼・胴体の空力中心位置

(10)　離陸引き起こしと重心前方限界

　重心前方限界は離陸引き起こし能力で決まる．いま図5.1-6の離陸引き起こし時の釣合いについて考える．

第5章 飛行特性解析

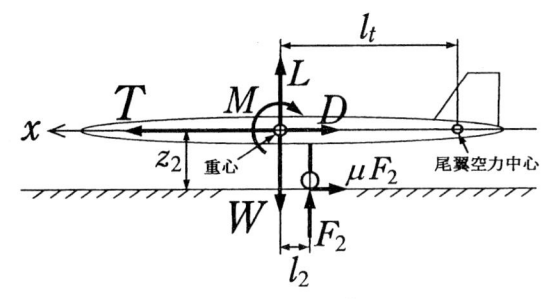

図 5.1-6 離陸引き起こし

重心に働く揚力 L およびモーメント M の空気力は次式で表される.

$$\begin{cases} L = \dfrac{1}{2}\rho V^2 S C_L \\ M = \dfrac{1}{2}\rho V^2 S \bar{c} C_m \end{cases}, \quad \begin{cases} C_L = C_{L_0} + C_{L_\alpha}\alpha + C_{L_{\delta e}}\delta e \\ C_m = C_{m_0} + C_{m_\alpha}\alpha + C_{m_{\delta e}}\delta e \end{cases} \quad (5.1\text{-}20)$$

前脚が滑走路を離れる際の,機体重心まわりの釣合いは次のように表される.

$$I_y \ddot{\theta} = M - F_2 l_2 - \mu F_2 z_2 = M - (W-L) \cdot (l_2 + \mu z_2) \quad (5.1\text{-}21)$$

前脚が滑走路を離れる際の速度を V_{NWL} とすると,迎角 $\alpha = 0$ とおいて,(5.1-21)式で $\ddot{\theta} = 0$ より

$$\dfrac{1}{2}\rho V_{NWL}^2 S \bar{c} \left\{ (C_{m_0} + C_{m_{\delta e}}\delta e) + (C_{L_0} + C_{L_{\delta e}}\delta e) \cdot \dfrac{l_2 + \mu z_2}{\bar{c}} \right\} = W(l_2 + \mu z_2) \quad (5.1\text{-}22)$$

を得る.ここで,迎角は 0 であるので揚力は小さく,またエレベータ操舵による揚力分も大きくないとして揚力の影響は無視し,摩擦力も $\mu = 0.025$ 程度であることから省略し,さらに C_{m_0} も初期状態でトリムされているとして省略すると,(5.1-22)式は次のように近似できる.

$$\dfrac{1}{2}\rho V_{NWL}^2 S \bar{c} C_{m_{\delta e}} \delta e = W_{TO} \cdot l_2 \quad (5.1\text{-}23)$$

V_{NWL} は離陸速度 $V_{LO}(=1.1 V_s)$ の 95% の速度で,エレベータ角度 $\delta e = -20°$ 程度で (5.1-23)式を満足できるコントロールパワーが必要であると考えると,主脚位置から重心前方限界までの距離 l_2 が次のように得られる.

$$\dfrac{l_2}{\bar{c}} = \dfrac{\rho V_{NWL}^2 S C_{m_{\delta e}} \times (-20°)}{2 W_{TO}} \times 100 \quad (\%\text{MAC}) \quad (5.1\text{-}24)$$

ここで，V_{NWL} は次式で求められる．

$$V_{LO} = 1.1 V_s = 1.1 \times \sqrt{\frac{2W_{TO}}{\rho_0 S C_{L_{\max TO}}}} \tag{5.1-25}$$

$$\therefore V_{NWL} = V_{LO} \times 0.95 \tag{5.1-26}$$

参考のため，(5.1-23)式のエレベータの舵効き $C_{m_{\delta e}}$ について考えると次式で与えられる．

$$C_{m_{\delta e}} = -\eta_t V_H a_e \tag{5.1-27}$$

ここで，a_e はエレベータ舵角による揚力傾斜，V_H は重心から水平尾翼空力中心までの距離 l_t を用いた水平尾翼容積比で次式である．

$$V_H = \frac{S_t l_t}{S \bar{c}} \quad [l_t：重心からの距離] \tag{5.1-28}$$

前項の縦静安定性は縦安定中正点の前方に重心をおけば満足でき，水平尾翼容積比は0でも飛行できるが，離陸引き起こしの場合には水平尾翼容積比 V_H が重要な役割を果たすことがわかる．

KMAPによる計算例を表5.1-14に示す．

表5.1-14 離陸引き起こしと重心前方限界

```
(10) 離陸引き起こしと重心前方限界
    CLα = 0.98584E-01 (1/deg)      CLδf = 0.23067E-01 (1/deg)
    失速迎角 =12 (deg)              δfmaxTO = 0.20000E+02 (deg)
    Cmδe=-0.20233E-01 (1/deg)      CLmaxTO = 0.16443E+01 (-)
    離陸重量 WTO= 0.35000E+03 (tf)  翼面積 S = 0.51100E+03 (m2)
    失速速度 VsTO= 0.15858E+03 (kt) 離陸速度 VLTOFF= 0.17444E+03 (kt)
    前脚上げ VNWL= 0.16572E+03 (kt) = 0.85244E+02 (m/s)
    〈水平尾翼容積比〉
    水平尾翼面積              S″ = 0.13500E+03 (m2)
    平均空力翼弦 (MAC)   CBAR = 0.93300E+01 (m)
    主翼と水平尾翼の CBAR/4 間距離  L″ = 0.32394E+02 (m)
    重心と水平尾翼 CBAR/4 との距離  Lt = 0.32394E+02 (m)
    水平尾翼容積比 (CBAR/4 間距離) VH1 = 0.91725E+00 (-)
    水平尾翼容積比 (重心距離)       VH = 0.91725E+00 (-)
    ///////////////////////
    ③離陸引き起こしによる重心前方限界 (主脚前方距離%MAC)
    L2/CBAR =0.5*ρ VNWL**2・S・Cmδe*(-20)/WTO *100= 0.26820E+02 (%MAC)
```

(11) 転覆角と重心後方限界

地上で転覆しないための条件を考える．図5.1-7は，尻すり角を13°と考えた場合の地上接地状態である．

第5章 飛行特性解析

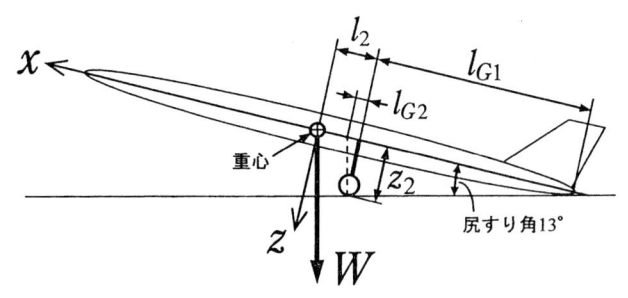

図 5.1-7　尻すり角接地状態

図 5.1-7 から

$$z_2 = l_{G1}\tan 13° = 0.23 l_{G1}, \qquad l_{G2} = z_2 \tan 13° = 0.23 z_2 \qquad (5.1\text{-}29)$$

$$\therefore l_{G2} = l_{G1}(\tan 13°)^2 = 0.053 l_{G1} \qquad (5.1\text{-}30)$$

であるから，転覆しないためには，主脚の前方 l_{G2} が重心後方限界となる．なお，胴体後部から主脚位置までの距離 l_{G1} は，主脚位置を縦安定中正点と近似する．

KMAP による計算例を表 5.1-15 に示す．

表 5.1-15　転覆角と重心後方限界

```
(11) 転覆角と重心後方限界

 胴体後端～縦安定中正点距離 LG1= 0.36055E+02 (m)
 胴体中心からの主脚の高さ Z2=0.23*LG1 = 0.82927E+01 (m)
 ////////////////////
 ④転覆角による重心後方限界 (主脚前方距離%MAC)
 LG2=0.053*LG1/CBAR *100= 0.20481E+02 (%MAC)
```

(12) 重心許容範囲と主脚位置

上記 (8)～(11) の結果をまとめると次のようになる．

(A) 空力形状との関係
　①静安定余裕による後方限界
　②CAP による後方限界

(B) 主脚の位置との関係
　③離陸引き起こしによる前方限界
　④転覆角による後方限界

これらの結果を図示すると図5.1-8のようになる．

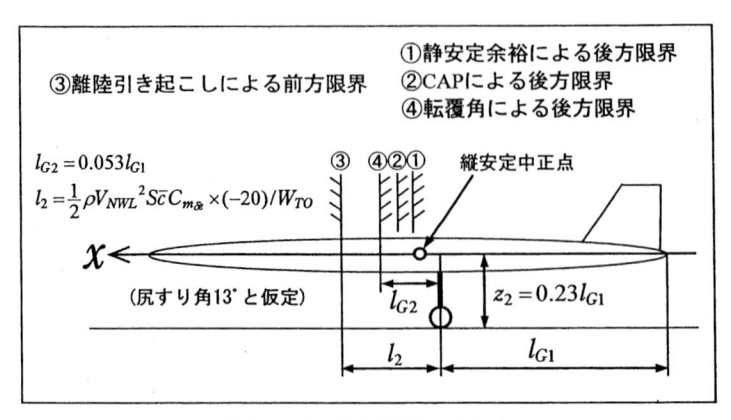

図5.1-8 重心限界のまとめ

図中の表記：
- ③離陸引き起こしによる前方限界
- ①静安定余裕による後方限界
- ②CAPによる後方限界
- ④転覆角による後方限界
- 縦安定中正点
- （尻すり角13°と仮定）

$l_{G2} = 0.053 l_{G1}$

$l_2 = \frac{1}{2} \rho V_{NWL}{}^2 S \bar{c} C_{m_{\delta e}} \times (-20)/W_{TO}$

$z_2 = 0.23 l_{G1}$

実際に重心許容範囲と主脚位置の決定は次のように行う．
- 重心後方限界は，①（縦静安定余裕が5%となる重心後方限界）と②（CAP（CAT C=0.16）による重心後方限界）の内で前方の重心．
- 転覆角後方限界を重心後方限界値と等しいとする．このとき，重心後方限界から④（転覆角後方限界値）だけ後ろが主脚位置となる．
- 重心前方限界は，主脚から③（離陸引き起こしによる重心前方限界）だけ前方の重心．

KMAPによる計算例を表5.1-16に示す．

表5.1-16 重心許容範囲と主脚位置

```
(12) 重心許容範囲，主脚位置
 ・重心後方限界は，①（縦静安定余裕が 5%となる重心後方限界）と
   ②(CAP(CAT C=0.16)による重心後方限界)の内で前方の重心．
 ・転覆角後方限界を重心後方限界値と等しいとする．
   このとき，重心後方限界から④(転覆角後方限界値)だけ後ろが主脚位置となる．
 ・重心前方限界は，主脚から③(離陸引き起こしによる重心前方限界)だけ
   前方の重心．
 %%%%%%%%%%%%%%%%%%%%
 CG= 0.24059E+02～ 0.30397E+02 (%MAC),   主脚位置= 0.50878E+02 (%MAC)
```

5.2 横・方向系の飛行特性解析

図5.2-1は，横・方向系の運動を検討する際に用いる座標軸と変数を示している．機首前方をx軸，それに直角下向きをz軸，右翼方向をy軸とする．これらは機体に固定された軸で，重心の回転とともに回転しながら並進運動により空間上を移動していく．uはx軸方向速度，vはy軸方向速度，wはz軸方向速度，pはロール角速度，rはヨー角速度，ϕはロール角，αは迎角，βは横滑り角である．

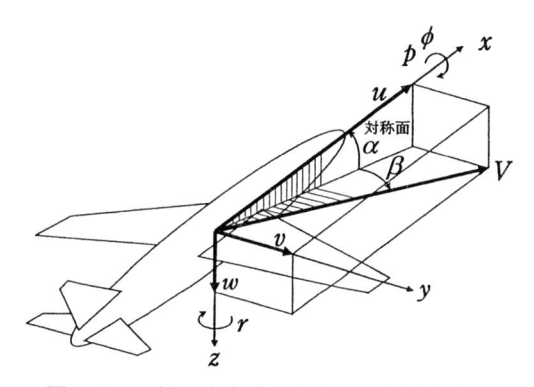

図 5.2-1 横・方向系の運動の座標軸と変数

横・方向系の運動方程式はラプラス変換した形で次式で表される[22), 23)]．

$$\begin{bmatrix} s-\bar{Y}_\beta & -\dfrac{\alpha_0}{57.3} & 1 & -\dfrac{g\cos\theta_0}{V} \\ -L'_\beta & s-L'_p & -L'_r & 0 \\ -N'_\beta & -N'_p & s-N'_r & 0 \\ 0 & -1 & -\tan\theta_0 & s \end{bmatrix} \begin{bmatrix} \beta \\ p \\ r \\ \phi \end{bmatrix} = \begin{bmatrix} 0 & \bar{Y}_{\delta r} \\ L'_{\delta a} & L'_{\delta r} \\ N'_{\delta a} & N'_{\delta r} \\ 0 & 0 \end{bmatrix} \begin{bmatrix} \delta a \\ \delta r \end{bmatrix} \quad (5.2\text{-}1)$$

ここで，δaはエルロン舵角，δrはラダー舵角で，またα_0およびθ_0は横・方向系の検討の際には縦系のピッチ角θおよび迎角αを一定値として扱うために添え字0を追加している．

(5.2-1)式は線形の連立方程式であるから，δaおよびδrに対するβ，p，r， φの応答式が伝達関数（sの関数）として得られる．この伝達関数の分母はsの4次方程式であり，この解（特性根）は3つの振動モードとして現れ，1つはダッチロールモード，1つはロールモード，もう1つはスパイラルモードといわれる運動である．(5.2-1)式の中の空力係数は有次元の空力安定微係数であるが，機体形状をもとに推定された無次元の空力安定微係数から，KMAPにより自動的に計算される．

縦系の場合と同様に計算を実行すると，次のように表示されるが，横・方向系の場合はNAERO=210とキーインする．

```
...IPRNT=2 : Stability Analysis.......
NAERO=1   ; 縦（機体のみ），    NAERO=2   ; 横・方向（機体のみ）
NAERO=11  ; δe (F/B有)，       NAERO=21  ; δa (F/B有)
NAERO=110 ; δe (閉ループ)，    NAERO=210 ; δa (閉ループ)
NAERO=12  ; δf (F/B有)，       NAERO=22  ; δr (F/B有)
NAERO=120 ; δf (閉ループ)，    NAERO=220 ; δr (閉ループ)
NAERO=13  ; δT (F/B有)，       NAERO=230 ; vg (閉ループ)
NAERO=130 ; δT (閉ループ)，    NAERO=24  ; δa 零点軌跡（δrゲイン変化時）
NAERO=140 ; ug (閉ループ)，    NAERO=25  ; δr 零点軌跡（δaゲイン変化時）
NAERO=150 ; wg (閉ループ)，    NAERO=28  ; データ変化（横方向）
NAERO=16  ; Longi.PolAsn,     NAERO=3   ; Lon-Lat-Yaw
NAERO=18  ; データ変化（縦），  NAERO=4   ; δa/δr Both Gain Change.
                              NAERO=5   ; ZERO CAL.
----(INPUT)---- NAERO=210
```

さて，解析が開始されると，まず解析用の機体諸元および飛行条件等が表5.2-1のように出力される．

表5.2-1　横・方向系解析用の機体諸元，飛行条件等

```
S = 0.51100E+03 (m2)    CBAR = 0.83200E+01 (m)      Hp = 0.15000E+04 (ft)
W = 0.25500E+06 (kgf)   qbarS= 0.22996E+06 (kgf)    ROU= 0.11952E+00 (kgf·s2/m4)
V = 0.86778E+02 (m/s)   VKEAS= 0.16500E+03 (kt)     b  = 0.59640E+02 (m)
Ix= 0.18140E+07 (⇒)     Iz   = 0.68534E+07 (⇒)      Ixz= 0.18140E+06 (kgf·m·s2)
CL= 0.11089E+01 (−)     ALP  = 0.65630E+01 (deg)    XCG= 0.25000E+00 (−)
```

次に，この条件における空力安定微係数が表5.2-2のように出力される．

第5章　飛行特性解析

表 5.2-2　横・方向系有次元空力安定微係数

```
       (CG=25%)              (CG= 25.00%)         (PRIMED YUGIGEN)
Cyβ   =-0.169088E-01    Cyβ   =-0.169088E-01    Yβ1  =-0.986749E-01
Cyδr = 0.306163E-02    Cyδr = 0.306163E-02    Yδr1= 0.178668E-01
Clβ   =-0.534320E-02    Clβ   =-0.534320E-02    Lβ1  =-0.229074E+01
Clδa=-0.108598E-02     Clδa =-0.108598E-02    Lδa1=-0.472003E+00
Clδr = 0.142159E-03    Clδr = 0.142159E-03    Lδr1= 0.416747E-01
Clp   =-0.415582E+00    Clp   =-0.415582E+00    Lp1  =-0.108376E+01
Clr   = 0.417136E+00    Clr   = 0.417136E+00    Lr1  = 0.106165E+01
Cnβ   = 0.262562E-02    Cnβ1  = 0.262562E-02    Nβ1  = 0.240445E+00
Cnδa=-0.247838E-04     Cnδa =-0.247838E-04    Nδa1=-0.153354E-01
Cnδr =-0.174605E-02    Cnδr1=-0.174605E-02    Nδr1=-0.199115E+00
Cnp   =-0.170843E-01    Cnp   =-0.170843E-01    Np1  =-0.404347E-01
Cnr   =-0.362243E+00    Cnr   =-0.362243E+00    Nr1  =-0.221009E+00
```

この後，次のように表示される．

表 5.2-3　横・方向系の入出力指定

```
(NAERO=210) 横δa 閉ループシステム解析
(入力) Uj, j=1:DaPLT / (出力) Ri, i=3:BETA, 4:p, 5:r, 6:PHI
----(INPUT)---- Uj, j=1
----(INPUT)---- Ri, i=4
```

ここで，エルロン入力に対する状態変数出力の指定を行うことができるが，通常は入力 Uj, j=1，出力 Ri, i=4 としておけばよい．

これらの設定を行うと，横・方向系の飛行特性解析が実施され，結果は TES8.DAT ファイルに書き込まれる．本例題では次のような結果を得る．

(1)　ダッチロールモードの減衰比と振動数

KMAPにより，横・方向系の微小擾乱線形運動方程式を解いた特性根（極）が表 5.2-4 のように得られる．

表5.2-4 横・方向系の特性根

```
***** POLES AND ZEROS(φ/δa) *****
POLES( 4)
 N      REAL             IMAG
 1   -0.11027890D+01    0.00000000D+00
 2   -0.13163946D+00   -0.74517603D+00     ζ= 0.1740E+00
 3   -0.13163946D+00    0.74517603D+00
 4   -0.37375918D-01    0.00000000D+00
ZEROS( 2), II/JJ= 4/ 1
 N      REAL             IMAG
 1   -0.17631347D+00   -0.55839409D+00
 2   -0.17631347D+00    0.55839409D+00
```

ダッチロールモードの根は表5.2-4のN=2,3である．ダッチロールモードに関しては，設計ハンドブックにおいて減衰比と振動数が推奨されている．ダッチロールモードの解析には，近似式(5.2-2)で比較的良い近似が得られる．KMAPを用いると，表5.2-4の厳密解および (5.2-2) 式の近似式を用いた場合のダッチロールモードの減衰比と振動数が表5.2-5のように設計ハンドブックの推奨値とともに得られる．

$$\begin{cases} \omega_{nd}^2 \fallingdotseq N_\beta' - \dfrac{L_\beta'}{L_p'}\left(N_p' - \dfrac{g}{V} + N_r'\dfrac{\alpha_0}{57.3}\right) \\ 2\zeta_d\omega_{nd} \fallingdotseq -\overline{Y}_\beta - N_r' \end{cases}$$ ［ダッチロールモード近似式］(5.2-2)

表5.2-5 ダッチロールモードの減衰比と振動数

```
(1) ダッチロールモードの減衰比と振動数 (厳密解)

              〈減衰比〉      〈固有角振動数(rad/s)〉
  (CAT CO);  ζd≧0.4 ,      ωnd≧1.0  (IV)
  (CAT A) ;  ζd≧0.19,        〃     (I,IV)
  ( 〃 ) ;    〃   ,        ωnd≧0.4 (II,III*1)
  (CAT B) ;  ζd≧0.08,        〃     (All*1)
  (CAT C) ;    〃   ,        ωnd≧1.0 (I,II-C,IV)
  ( 〃 ) ;    〃   ,        ωnd≧0.4 (II-L,III*1)
  注記*1;クラスIIIの機体ではωndの規定を除外してもよい.

  ζd= 0.17396E+00   ωnd= 0.75671E+00 (rad/s)   周期;P= 0.84275E+01 (s)

(1-1) ダッチロールモードの減衰比と振動数 (近似解)
  ζd= 0.20331E+00   ωnd= 0.78621E+00 (rad/s)   周期;P= 0.81581E+01 (s)
```

(2) ダッチロールの $|\phi/\beta|_d$ と $\zeta_d \cdot \omega_{nd}$

ダッチロールモードの振動は不快なものであり，なるべく速く減衰すること

が望まれる．そこで，設計ハンドブックにおいても，$\zeta_d \cdot \omega_{nd}$ の値を大きくするよう推奨している．また，ダッチロールモードにおけるバンク角 ϕ と横滑り角 β との振幅比 $|\phi/\beta|_d$（Rolling Parameter と言われる）が次式によって得られる．

$$\left|\frac{\phi}{\beta}\right|_d \fallingdotseq \frac{-L'_\beta}{N'_\beta} \cdot \frac{1}{\sqrt{1 + L'^2_p/N'_\beta}} \qquad (5.2\text{-}3)$$

実際には突風中にダッチロールモードによってロール角加速度（$\ddot{\phi}$ に対応）が生じることが操縦性に影響を与えることから，(5.2-3)式に ω_{nd}^2 をかけた量が大きい場合 $\zeta_d \cdot \omega_{nd}$ の値をさらに大きくするよう推奨している．KMAP を用いると，これらの関連の値が設計ハンドブックの推奨値とともに表 5.2-6 のように得られる．

表 5.2-6　ダッチロールの $|\phi/\beta|_d$ と $\zeta_d \cdot \omega_{nd}$

```
(2) ダッチロールの |φ/β| とζd・ωnd

   (CAT CO); ζd・ωnd≧0.4, (rad/s) (Ⅳ)
   (CAT A ); ζd・ωnd≧0.35,       (All)
   (CAT B ); ζd・ωnd≧0.15,       (All)
   (CAT C );      "      ,       (Ⅰ,Ⅱ-C,Ⅳ)
   (  "   );  ζd・ωnd≧0.10,      (Ⅱ-L,Ⅲ)
       ただし，ωnd2*|φ/β|>20[(rad/s)2]のときは，
       Δζd・ωnd=0.014*(ωnd2*|φ/β|-20) 最小値増加

   ζd・ωnd= 0.13164E+00 (rad/s)

   |φ/β|= 0.39273E+01 (-)          ωnd= 0.75671E+00 (rad/s)
   ωnd2*|φ/β|= 0.22488E+01         Δζd・ωnd= 0.00000E+00 (rad/s)
```

(3) ロールモードの時定数 T_R

ロールモードの時定数 T_R は，近似式 (5.2-4) で比較的良い近似が得られる．KMAP を用いると，表 5.2-4 の厳密解および (5.2-4) 式の近似式の場合のロールモードの時定数が表 5.2-7 のように設計ハンドブックの推奨値とともに得られる．

$$\frac{1}{T_R} \fallingdotseq -L'_p \quad [\text{ロールモード近似解}] \qquad (5.2\text{-}4)$$

表5.2-7 ロールモードの時定数 T_R

```
(3) ロールモードの時定数 TR (厳密解)

    (CAT A) ; TR≦1.0 (sec) (I, IV)
    (  〃  ) ; TR≦1.4      (II, III)
    (CAT B) ;    〃        (All)
    (CAT C) ; TR≦1.0      (I, II-C, IV)
    (  〃  ) ; TR≦1.4      (II-L, III)

    TR= 0.90679E+00 (sec)

(3-1) ロールモードの時定数 TR (近似解)
    TR= 0.92271E+00 (sec)
```

(4) スパイラルモードの振幅倍増時間 T_2

スパイラルモードは，バンク角が次第に深くなる（不安定）状態であっても振幅倍増時間 T_2 がある程度長ければ許容される．スパイラルモードの特性根は，近似式(5.2-5)で比較的良い近似が得られる．KMAPを用いると，表5.2-4の厳密解および(5.2-5)式を用いた場合のスパイラルモードの振幅倍増時間が表5.2-8のように設計ハンドブックの推奨値とともに得られる．

$$\frac{1}{T_s} \fallingdotseq \frac{\frac{g}{V}\left(\frac{L'_\beta}{N'_\beta}N'_r - L'_r + L'_\beta \frac{\theta_0}{57.3}\right)}{-L'_p + \frac{L'_\beta}{N'_\beta}\left(N'_p - \frac{g}{V} + N'_r \frac{\alpha_0}{57.3}\right)} \quad [\text{スパイラルモード近似式}] \quad (5.2\text{-}5)$$

表5.2-8 スパイラルモードの振幅倍増時間 T_2

```
(4) スパイラルモードの振幅倍増時間 T2 (厳密解)

    (CAT A,C) ; T2≧12 (sec) (T2<0 は安定)
    (CAT B  ) ; T2≧20

    S=-1/Ts=-0.37376E-01   T2=-0.18541E+02 (sec)

(4-1) スパイラルモードの振幅倍増時間 T2 (近似解)
    S=-1/Ts=-0.37283E-01   T2=-0.18587E+02 (sec)
```

(5) エルロン操舵時のロール角速度振動

エルロン操舵によるロール運動時に，ロール角速度が振動すると操縦性に影響を与える．

平均ロール角速度 p_{av} に対する振動量 p_{osc} の比は (5.2-6)式で与えられる．

第 5 章 飛行特性解析

$$\frac{p_{osc}}{p_{av}} \fallingdotseq \frac{K_d}{K_s} \fallingdotseq \frac{2}{T_R l_3} \cdot \frac{l_1}{\omega_{nd}} \qquad (5.2\text{-}6)$$

ここで，(5.2-6) 式の右辺の l_1 および l_3 は図 5.2-2 に示す距離である．

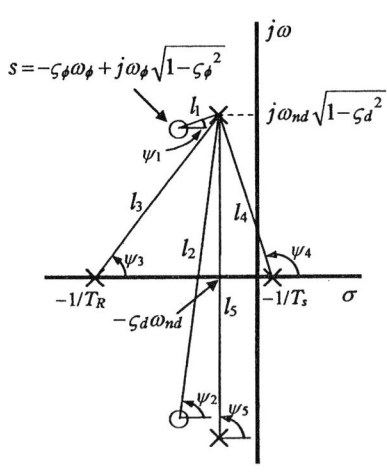

図 5.2-2 ロール角速度振動を求める図

p_{osc}/p_{av} に関しては，設計ハンドブックにおいて，横滑り角応答のダッチロール成分の位相 ψ_β により操縦性への影響が異なるとしている．ψ_β は次式の近似式で与えられる．

$$\psi_\beta \fallingdotseq \psi_1 - 270° - \sin^{-1}\zeta_d \quad (L'_\beta < 0) \qquad (5.2\text{-}7)$$

KMAP を用いると，エルロン操舵時のロール角速度振動が表 5.2-9 のように設計ハンドブックの推奨値とともに得られる．

表 5.2-9 エルロン操舵時のロール角速度振動

```
(5) エルロン操舵時のロール角速度振動 (極・零点デ゛ータ)

 (CAT A, C) ; Posc/Pav ≦ 0.05  (ψβ =-340～-130)
 (  〃   ) ; Posc/Pav ≦ 0.25  (ψβ =-200～-270)
 (CAT B  ) ; Posc/Pav ≦ 0.1   (ψβ =-350～-120)
 (  〃   ) ; Posc/Pav ≦ 0.6   (ψβ =-200～-270)

 Posc/Pav= 0.45729E+00
 L1= 0.19205E+00                    L3= 0.12241E+01
 ψ1= 0.76554E+02 (deg)              ψβ =-0.20346E+03 (deg)
```

(6) その他横・方向系の飛行特性

その他の横・方向系の飛行特性について確認しておく事項を以下に述べる.

①ロール性能

シミュレーションにより，規定のバンク角に達するまでの時間が設計基準以下であることを確認.

②ロール運動中の横滑り角

シミュレーションにより，規定のエルロン入力時の横滑り角発生量が設計基準以下であることを確認.

③操舵力

エルロンおよびラダー（ペダル）入力時の最大操舵力が設計基準以下であることを確認.

④定常横滑り特性

離着陸形態で約 $\beta = 10°$ の横滑りが可能なことを確認.

⑤エンジン片発停止時のラダー効き能力

$\beta = 0$（横滑りなし）で飛行を維持する場合，また $\phi = 0$（バンク角 0）で飛行を維持する場合のラダー効き能力を確認. このとき釣り合える最小の速度を最小操縦速度 V_{MC} という.

⑥高迎角特性

ヨーディパーチャ特性（$C_{n\beta}$ ダイナミクス），ロールリバーサル特性（LCDP 特性）の確認.

5.3 シミュレーション解析

5.1節の縦系の飛行特性解析および5.2節の横・方向系の飛行特性解析は，いずれも線形の微小擾乱運動方程式を基礎にした解析である. 運動が微小に変化した時に，その運動が安定であるかどうかを解析的に確認することができる. これに対して，6自由度非線形運動方程式を用いて，実際のパイロットの操縦特性をシミュレーションで確認することは重要である. 最大に操縦した場合にどのくらいロール運動能力があるのか，またその際の横滑り角の発生量はいくらか等を検討しておく必要がある. また，大きな運動では縦系と横・方向系の連成で飛行特性が悪化することも考えられる. 本節では，KMAPによる

第5章 飛行特性解析

6自由度非線形運動シミュレーションについて述べる．

KMAP を用いると，これまで述べた飛行機の新規設計，飛行特性解析の他に，本節のシミュレーションも含めて全て同じインプットデータで実行できる．シミュレーションを実施する場合は，インプットデータの中に，次の1～5に操舵を設定しておく．

```
****************(Pilot Input & Aircraft
             ・
             ・
 1.NDe------> 6
    T , De          0.00         0.00
                    2.00         0.00
                    2.10        -5.00
                    6.00        -5.00
                    6.10         0.00
                   60.00         0.00
 2.NDa------> 2
    T , Da          0.00         0.00
                   60.00         0.00
 3.NDf------> 2
    T , Df          0.00        20.00
                   60.00        20.00
 4.NDr------> 2
    T , Dr          0.00         0.00
                   60.00         0.00
 5.N(THRUS)-> 4
    T , D(THR)      0.00         0.00
                    2.00         0.00
                    4.00         0.00
                  200.00         0.00
```

このパイロット操舵は1：エレベータ，2：エルロン，3：フラップ，4：ラダー，5：エンジン推力，に時間の関数を与えてシミュレーションすることができる．各操舵とも1列目が時間で2列目が操舵量である．時間関数データは20個までの折れ点が入力できその間は直線で補間される．また，端の値以上の場合はその端の値が引き続き用いられる．なお，これらの操舵入力量は初期トリム飛行状態からの変化分である．従って，全て零とすると，エレベータ舵角は初期トリム舵角となる．

プログラムを起動し，インプットデータのファイル名を指定し，IPRNT=0と入力する．

```
C:\KMAP>KMAP33
File name missing or blank - please enter file name
UNIT 8? CDES.EXAMPLE.DAT
          CDES.EXAMPLE.DAT...(大型旅客機の例題)
     ...IPRNT=0 : Simulation...
            =2 : Stability Analysis...
            =3 : Simulation データ加工(TMAX＞40秒)
----(INPUT)---- IPRNT=0
```

次に，キーインを2回求められるが，いずれも0をキーインしてエンターすると計算が終了する．計算結果は TES1.DAT のファイルに書き込まれ，エクセルファイル"KMAP（時歴40）＊＊.xls"または"KMAP（時歴200）＊＊.xls"を起動すると，時歴のグラフが表示される．ここで，4.7節の3面図の表示方法と同様にデータ更新を行うと，いま計算したシミュレーション結果が表示される．なお，エクセルファイル名の＊＊は記号番号であり，スケールの異なるいくつかの図が利用できる．また，ファイル名の（ ）の中の数字の40および200は図の横軸の秒数を表す．図5.3-1に上記例題による縦操縦のシミュレーション，図5.3-2に横操縦のシミュレーション結果を示す．

なお，本シミュレーションは，IPRNT=2の場合には新規設計時または新規設計しないときも常に計算されるので，わざわざIPRNT=0で実行する必要はない．

第5章 飛行特性解析

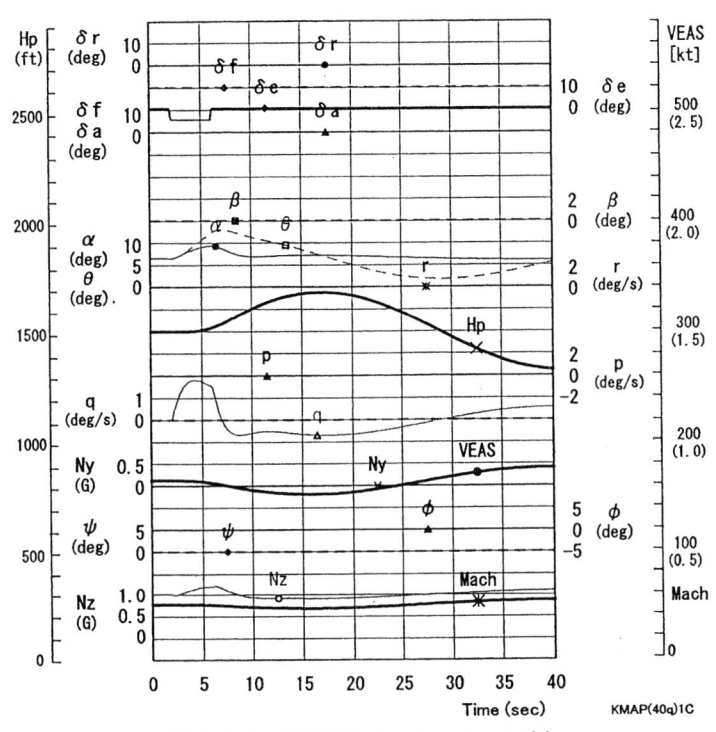

図 5.3-1 縦操縦シミュレーション例

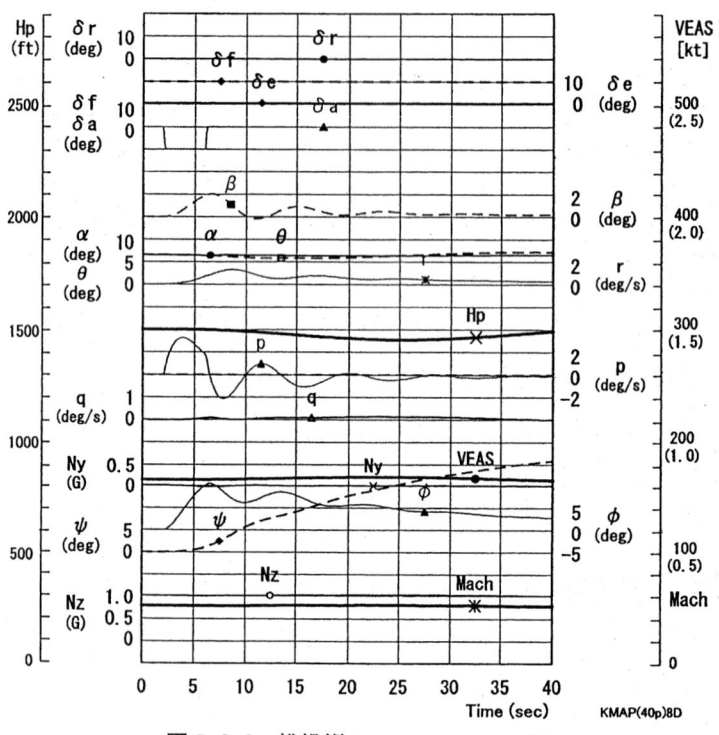

図 5.3-2 横操縦シミュレーション例

第6章　各種設計データ

6.1　主翼形状に関する各種パラメータ

　ここでは，各種飛行性能に最も影響を与える主翼形状についてまとめておく．まず，最も重要な要素は，その機体が亜音速機か超音速機かである．超音速機も低速飛行が必要であるから，広い速度範囲での要求を両立させる必要がある．しかし，一般的には超音速に対する考慮の方が支配的にならざるを得ない．

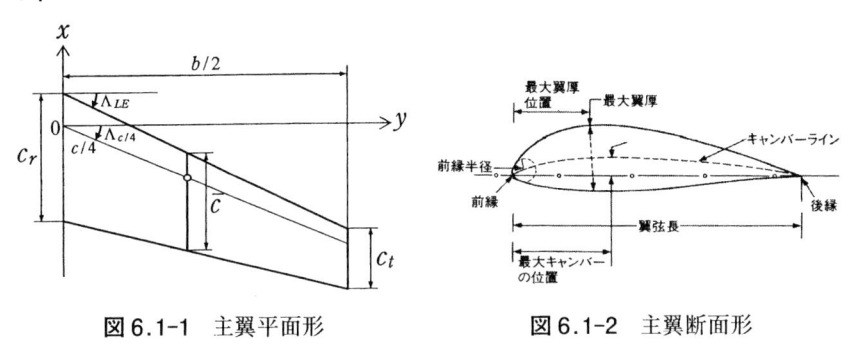

図 6.1-1　主翼平面形　　　　　図 6.1-2　主翼断面形

　主翼を決めるパラメータには，平面形（図 6.1-1）と断面形状（図 6.1-2）に関するものがある．具体的には下記が主要なパラメータである．

①翼面積 S
②翼幅（スパン）b　　　　$\Rightarrow$　アスペクト比　$A = \dfrac{b^2}{S}$
③先細比（テーパ比）λ

④後退角 Λ
⑤翼厚比 t/c (t は最大翼厚, c は翼弦長)
⑥前縁半径比 r_0/c (r_0 は前縁半径)
⑦キャンバー

これらのパラメータと各種性能要求との関係を以下に述べる.

表6.1-1 各種性能要求と主翼形状との関係[8]

項目	必要事項	翼面積	アスペクト比	後退角	翼厚比	キャンバー
巡航及びロイター	亜音速での C_{D_i} 小	○	○	×	○	○
最大定常旋回	高揚力での C_{D_i} 小	○	○	×	(○)	○
最大瞬間旋回	後退翼の $C_{L_{\max}}$ 大, W/S 小	○	×	○	×	
低空高速ダッシュ（亜音速）	亜音速での C_{D_0} 小	×		○	×	×
	ガスト応答小 (S 小, C_{L_α} 小)	×	×	○		
亜音速 P_s	D/W 小, M_{DD} 大	×		○	×	
超音速 P_s 及び最大速度	超音速での C_{D_0} 小	×	×	○	×	×
超音速マニューバ	揚力による造波抗力小	(○)	×	○	×	×
離着陸滑走距離	フラップ下げ $C_{L_{\max}}$ 大, W/S 小	○	○	×	○	○

(記号) ○ ：増大すると有効
　　　 (○)：増大するとある制限範囲内で有効
　　　 × ：減少すると有効

(1) 最大定常旋回と誘導抗力

最大定常旋回は，最大推力を用いて，高G状態での抗力に釣合いながら，定常旋回する機動（マニューバ）である．亜音速の場合，この抗力の主たる要素は，揚力に起因する誘導抗力である．この誘導抗力を小さくするには，主翼のアスペクト比 A を大きくする必要がある．ところが，薄い翼の場合は揚力がある程度以上になると，翼の前縁の流れが剥がれて，そこに発生していた**前縁推力**（leading edge suction）がなくなるため，揚力による抗力の増加率が大

きくなる．ここでは誘導抗力はもはやアスペクト比の逆数ではなく，揚力傾斜の逆数に比例する（図6.1-3）．

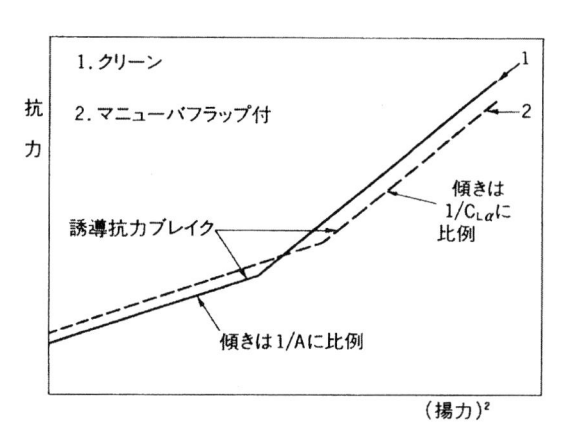

図 6.1-3 亜音速での誘導抗力 [8]

この誘導抗力がブレイクする揚力を大きくするには，主翼の前縁半径やドループ角を大きくすればよく，このためには翼を厚くし，またキャンバーをつける必要がある．しかし，このような要求は超音速機の主翼としては採用しがたいものである．このため，超音速機では，薄い翼に対して高G状態のときにマニューバフラップと呼ばれる前縁フラップを下げることにより，その効果を得ることが行われる．また，同時に内側の後縁フラップも下げることにより，スパン方向の荷重分布を平らにして，外側の翼での流れのブレイクを遅らせることも行われる．

超音速でマニューバする機体においては，亜音速の場合と異なり，揚力による造波抗力を最小にすることが重要である．このため，翼弦長を大きくする必要があり，アスペクト比の小さい後退角の大きな翼が選択される．

(2) 最大瞬間旋回と最大揚力

最大瞬間旋回は，揚力の最大値で決まる旋回性能であるから，主翼面積 S を大きくすること，翼厚比 t/c およびアスペクト比 A を大きくして最大揚力係数 $C_{L_{\max}}$ を大きくすることにより増大できる．最大揚力係数に及ぼす後退角

Λの影響は，アスペクト比の大きさによりその傾向が異なる．高アスペクト比の翼では，後退角が大きくなると最大揚力係数は小さくなり，低アスペクト比の翼では，後退角が大きくなると逆に最大揚力係数は大きくなる（図6.1-4）．いずれにしても，後退角を大きくすると，最大揚力係数に達する迎角は大きくなる．このため，後退角機の場合は，横・方向の特性が先に不安定となることから，その

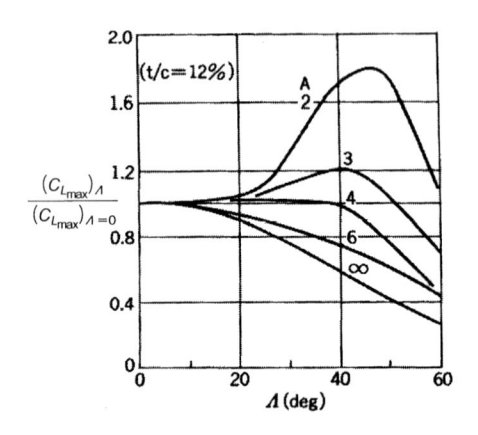

図6.1-4 $C_{L\max}$と後退角Λ [16)]

横・方向の特性が不安定となる迎角を失速迎角として最大揚力係数を定めている．

(3) 亜音速における低空高速ダッシュ性能

このミッションでは，有害抗力係数が全抗力の90%程度を占めるため，極力小さく，薄く，後退角を持つ主翼が望ましい．また，この低速高速飛行では，突風による応答が小さくなることが要求される．この応答量は翼面荷重に反比例し，また揚力傾斜$C_{L\alpha}$に比例する．従って，翼面荷重を大きくするために翼面積を小さくし，また揚力傾斜を小さくするためにアスペクト比の小さな後退角の大きい翼を選ぶ必要がある（図6.1-5）．

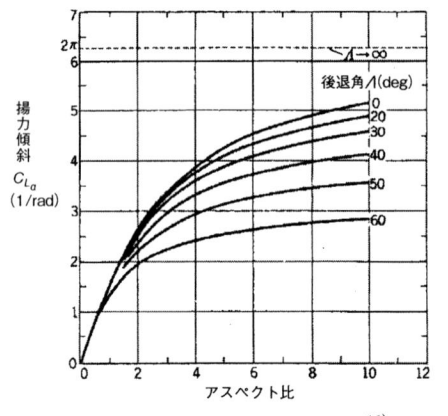

図6.1-5 A, Λ, $C_{L\alpha}$と剥離 [16)]

(4) 前縁半径の影響

大きい迎角における後退翼のまわりの流れは，前縁半径比 r_0/c と後退角 $\Lambda_{c/4}$ によって大きく変化する．前縁半径比が大きく後退角が小さいときは，翼端部の後縁から剥離が始まり，前縁半径比が小さく後退角が大きいときは，前縁に渦を伴う剥離が起こる（図 6.1-6）．

最大揚力係数 $C_{L_{\max}}$ に及ぼす剥離型の影響は，その後退角によって異なる．後縁剥離型の場合は，後退角の増大とともに $C_{L_{\max}}$ が低下するが，前縁剥離型の場合は，後退角が大きいと逆に増大する（図 6.1-4）．

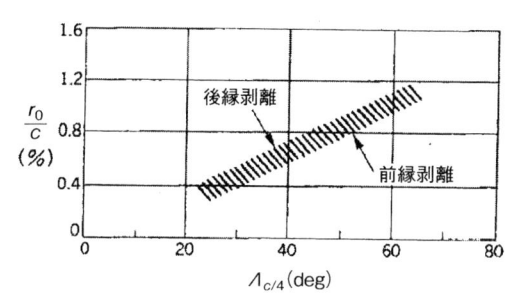

図 6.1-6　r_0/c，$\Lambda_{c/4}$ と剥離 [16]

(5) 翼厚比と後退角との関係

高速機では，遷音速における衝撃波失速を避けるため，図 6.1-7 に示すように後退角を大きくし，翼厚を薄くする必要がある．

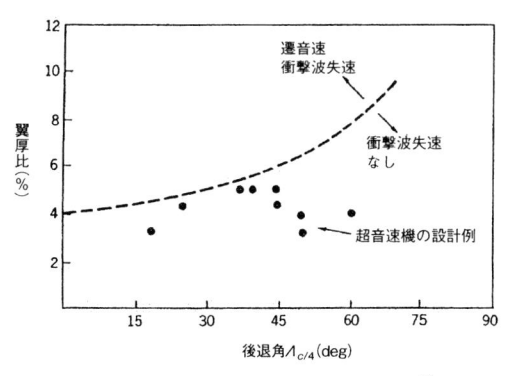

図 6.1-7　翼後比と後退角 [8]

(6) アスペクト比と後退角との関係

アスペクト比と後退角については，縦の静安定性に深く関係するので，その選択に当たっては慎重な検討が必要である．図6.1-8は，縦の静安定性による後退角の制限と他機例を示したものである．

(7) テーパ比の影響

後退翼の誘導抗力は，後退角によってスパン方向の揚力分布が変化することにより変化するが，テーパ比 $\lambda=0.25$ のときは，後退角によらず楕円分布の誘導抗力に近くなる．また，$\lambda>0.25$ では，後退角が増すと誘導抗力が増大し，$\lambda<0.25$ では減少する．

(8) 臨界マッハ数

臨界マッハ数 M_{CR}（翼面上の流れが超音速になるマッハ数）以上の速度になると，主翼の空力性能はしだいに衝撃波の影響を受けるようになる．従って，主翼形状の選定において，M_{CR} をどの程度にするのかについても注意する必要がある．図6.1-9に M_{CR} に及ぼす Λ，t/c および A の影響を示す．

6.2 その他の主翼形状パラメータ

表6.1-1の性能要求と主翼形状の関係をみると，巡航，ロイター，最大定常旋回および離着陸では，高アスペクト比，小後退角および厚翼が良く，一方，最大瞬間旋回，超音速 P_s，最大速度および超音速マニューバでは，低アスペクト比，大後退角および薄翼が良いという結果であり，互いに矛盾する形状となることがわかる．

これを解決する手段としては，1つは可変後退翼が考えられる．ただし，これにはその複雑さにより重量および費用が増すことを覚悟する必要がある．他にそれを解決する手段として次の2つの方法がある．その1つは，マニューバフラップと呼ばれるもので，迎角に応じて翼の前縁および後縁フラップを下げ，揚力を増し，誘導抗力を減少させる効果を持つものである（図6.2-1）．

もう1つは，ストレーキと呼ばれるもので，中程度のアスペクト比および後退角の翼に対して用いられ，高迎角にて揚力を増し，抗力を減少させる効果を

第6章 各種設計データ

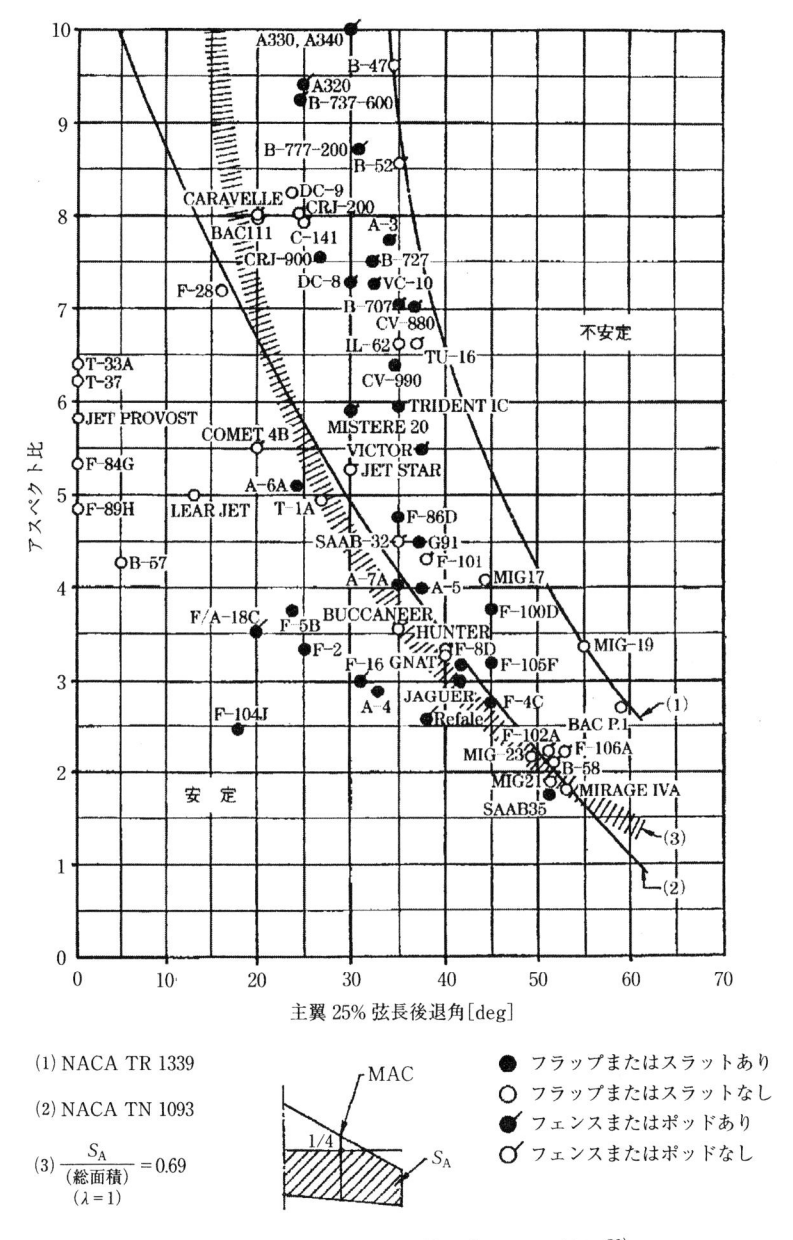

(1) NACA TR 1339

(2) NACA TN 1093

(3) $\dfrac{S_A}{(総面積)} = 0.69$ ($\lambda = 1$)

● フラップまたはスラットあり
○ フラップまたはスラットなし
◐ フェンスまたはポッドあり
○ フェンスまたはポッドなし

図 6.1-8　アスペクト比の後退角による制限[20]

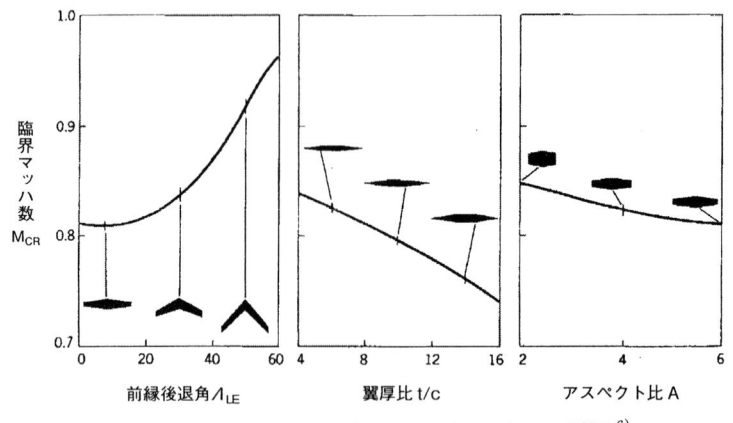

図6.1-9 M_{CR} に及ぼす Λ, t/c および A の影響 [6]

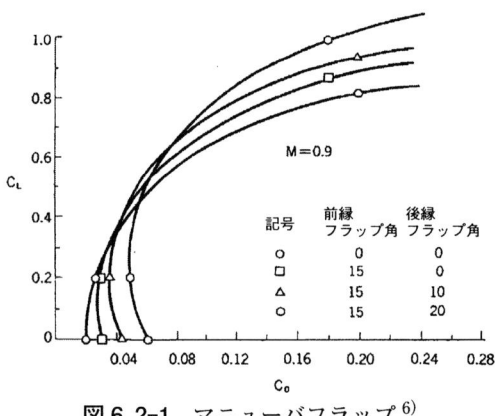

図6.2-1 マニューバフラップ [6]

持つ(図6.2-2). これは, 後退角の大きい低アスペクト比のストレーキ翼が持つ良好な高迎角特性および失速特性と, 中程度のアスペクト比および後退角の主翼が持つ良好な低迎角特性との両方の利点を利用するものである. 従って, 低迎角での抗力特性は若干悪化する.

このように, 各種の要求を全ての面で十分に満足させることは実際には難しく, 種々のケーススタディの結果から妥協点を見出す作業, いわゆるトレードオフを根気よく行う必要がある. 図6.2-3は, それぞれの飛行性能に適した

図 6.2-2　ストレーキの効果 [8]

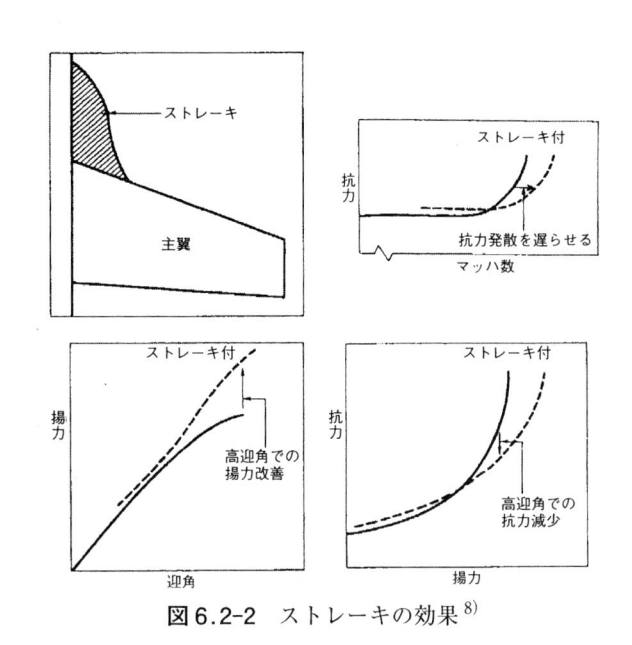

アスペクト比と後退角との組み合わせを示したものである.
　なお，図6.2-3の中の3機種の機体3面図は，KMAPにて描いたものである.

6.3　慣性モーメントデータ

　慣性モーメント I_x および I_y は，初期設計段階においては，それぞれ翼幅 b および胴体長 l_B に比例し，また I_z は I_x と I_y の和に比例すると近似してよい．すなわち，

$$I_x \doteqdot C_x b^2 W, \quad I_y \doteqdot C_y l_B^2 W, \quad I_z \doteqdot C_z(I_x + I_y) \tag{6.3-1}$$

と表せる．ただし，b および l_B は (m)，W は (tf) の単位である [16].
これらの比例係数とその他 I_{xz} についても，図6.3-1(a)〜(d) からほぼ次のようになる．

$$C_x = 2, \quad C_y = 4.5, \quad C_z = 0.95, \quad I_{xz} = 0.1 I_x \tag{6.3-2}$$

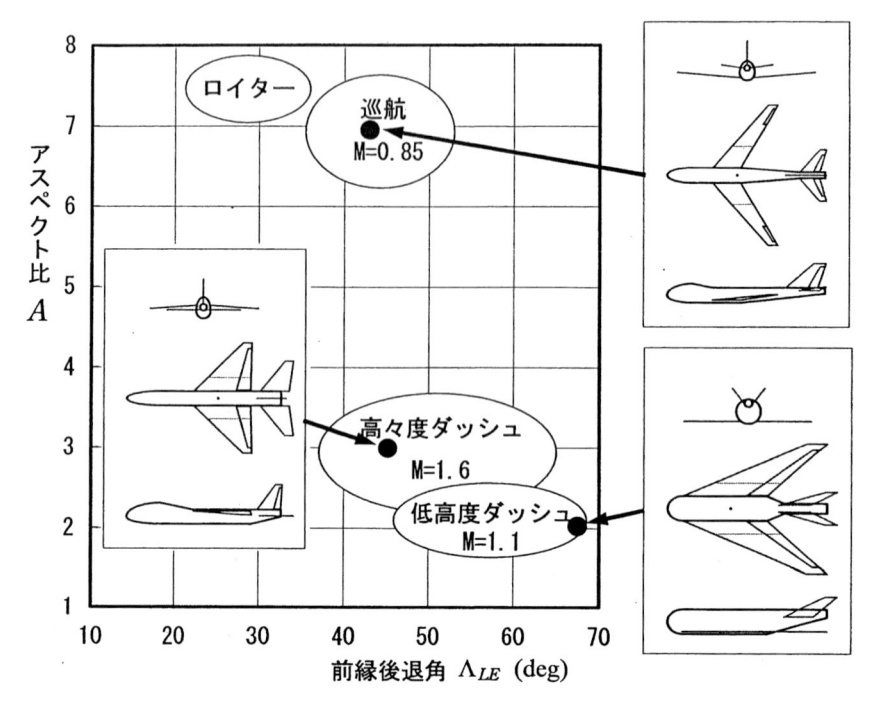

図6.2-3 アスペクト比と後退角

第6章 各種設計データ

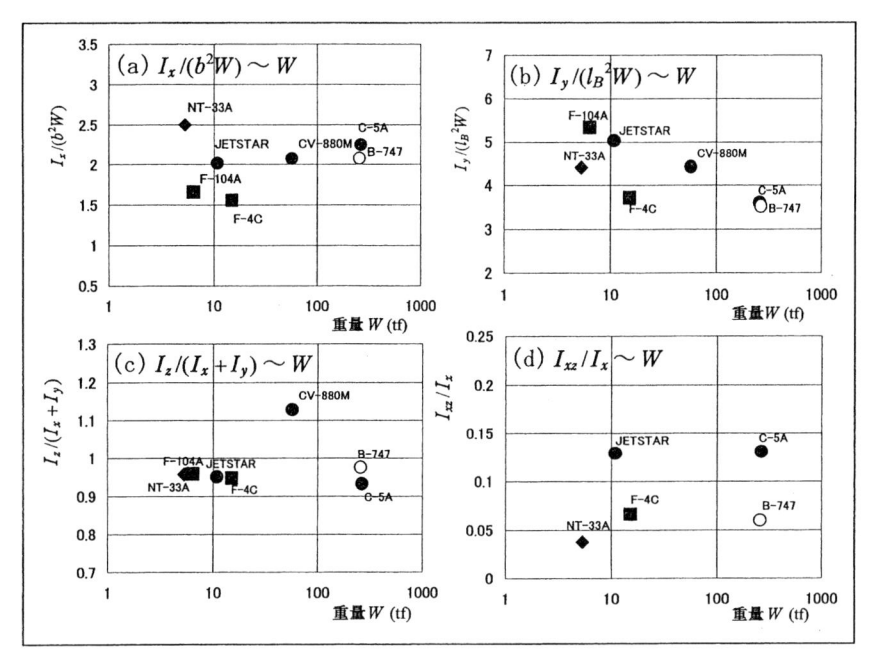

図6.3-1 慣性モーメント〜重量

6.4 その他のデータ

図6.4-1に日本の空港整備計画を参考として示す。

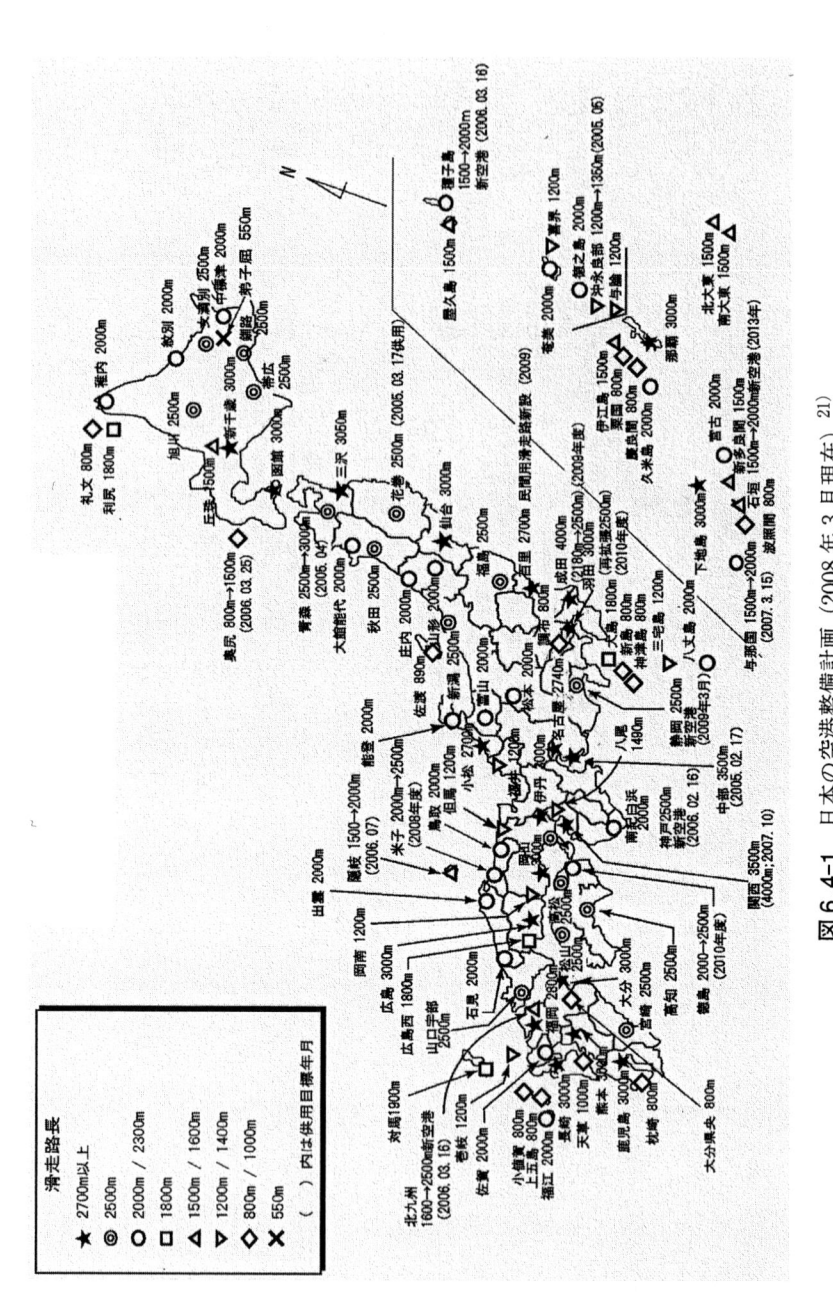

図 6.4-1 日本の空港整備計画（2008年3月現在）[21]

付　録

付　録

A. DATCOM 法による空力係数の推算

　航空機の形が決まった後は，精巧な縮尺模型を作って風洞試験を行って，機体に働く空気力を無次元の空力係数の形で整理して種々の設計検討が行われる．ところが，機体形状を決める最初のフェーズである概念設計においては，簡便な方法で機体に働く空気力を推定する必要がある．

　本章では，亜音速域の straight-tapered 翼の機体について，空力係数を簡便に求める方法を述べる．ここで利用する方法は，米空軍が膨大な風洞試験や実機飛行試験の結果に基づいて統計データとして整理した **DATCOM 法** [1] と呼ばれるもので，設計の初期検討段階には一般的に良く使用される方法である．なお，本章の範囲は基本的には亜音速機が対象であるが，$M > 0.85$ の遷音速域において急増する抵抗ついて A3 節にその推算方法を述べる．ここで述べる空力係数は，与えられた機体形状に対して KMAP により自動計算される．最初に A1 節で飛行機設計に必要な空力係数について述べる．

A1　機体に働く空気力

A1.1　機体固定座標と運動状態変数

　図 A.1 に示す航空機に固定した x 軸，y 軸，z 軸により機体の運動を記述する．

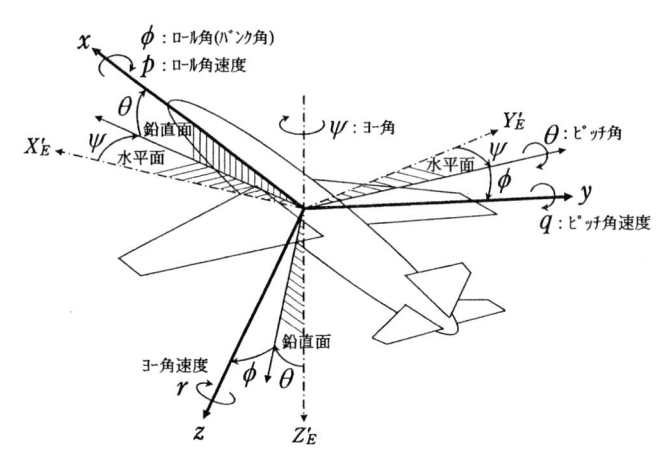

図 A1.1　機体固定座標と運動状態変数

x 軸，y 軸，z 軸回りの角速度を p, q, r (deg/s) で表し，それぞれロール角速度（ロールレート），ピッチ角速度（ピッチレート），ヨー角速度（ヨーレート）という．空間上の機体の姿勢を ψ, θ, ϕ (deg) で表し，それぞれ方位角（ヨー角），ピッチ角，ロール角（バンク角）という．ψ, θ, ϕ をまとめてオイラー角といい，機体の姿勢はオイラー角を $\psi \to \theta \to \phi$ の順に回転させて空間上の姿勢を表す．

次に，機体が空気に対してどのように運動しているかを図 A1.2 に示す．空気に対する機体速度の相対ベクトルを V (m/s) で表し，それの x 軸，y 軸，z 軸の成分を u, v, w (m/s) とする．すなわち，

$$V = \sqrt{u^2 + v^2 + w^2} \tag{A1.1-1}$$

である．また，図 A1.2 に示す α を迎角，β を横滑り角という．これらは次のような関係式で表される．

$$\alpha = 57.3 \tan^{-1} \frac{w}{u}, \quad \beta = 57.3 \sin^{-1} \frac{v}{V} \tag{A1.1-2}$$

で表される．単位は (deg) である．

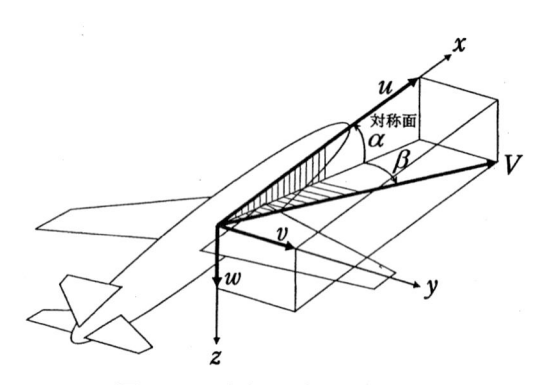

図 A1.2　速度，迎角，横滑り角

A1.2　空力係数
(1)　力の空力係数

まず，舵角の正の方向を定義しておこう．エレベータ舵角 δe，エルロン舵角 δa およびラダー舵角 δr の正の方向は，図 A1.3 に示すようにそれぞれ y 軸，x 軸および z 軸まわりに負のモーメントを生じる方向を正と定義する．

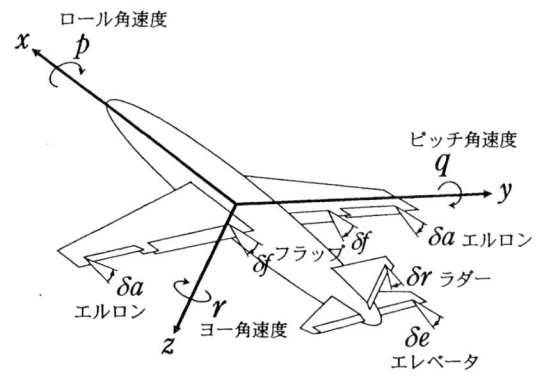

図 A1.3 舵角の正の方向

次に，縦面内（x–z 軸の面）の力の釣合いを図 A1.4 に示す．速度と反対方向に抗力 D，速度に直角方向に揚力 L が働く．γ は飛行経路角（deg）で

$$\gamma = \theta - \alpha \tag{A1.2-1}$$

で表される．

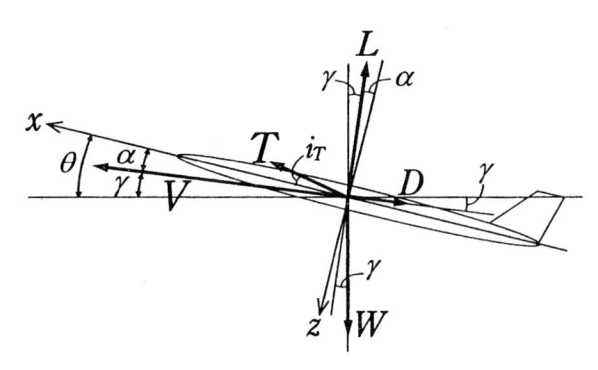

図 A1.4 縦面内の力の釣合い

流体の流れに関するベルヌーイの定理によると，密度 ρ，速度 V の流れの中に垂直においた板でせき止めると，この板が受ける圧力は $(1/2)\rho V^2$ である．$(1/2)\rho V^2$ は動圧と呼ばれ圧力の単位で表される．従って，動圧に主翼面積を掛けると力の単位になることから，L および D を $(1/2)\rho V^2 S$ で無次元化

して揚力係数 C_L および抗力係数 C_D と表す．これらの空力係数は次式で表される．

$$\begin{cases} C_L = \dfrac{L}{\dfrac{1}{2}\rho V^2 S} = C_L(\alpha) + C_{L\delta e}\delta e + C_{L\delta f}\delta f \\ C_D = \dfrac{D}{\dfrac{1}{2}\rho V^2 S} = C_{D0} + kC_L^2 + C_{D|\delta e|}|\delta e| + C_{D|\delta f|}|\delta f| \end{cases} \quad (A1.2\text{-}2)$$

x 軸，y 軸，z 軸方向の空気力を $(1/2)\rho V^2 S$ で無次元化したものを，無次元の空力係数 C_x，C_y，C_z と表す．これらの空力係数は次式で表される．

$$\begin{cases} C_x = \dfrac{x\text{軸方向の力}}{\dfrac{1}{2}\rho V^2 S} = -C_D\cos\alpha + C_L\sin\alpha \\ C_y = \dfrac{y\text{軸方向の力}}{\dfrac{1}{2}\rho V^2 S} = C_{y\beta}\beta + C_{y\delta r}\delta r \\ C_z = \dfrac{z\text{軸方向の力}}{\dfrac{1}{2}\rho V^2 S} = -C_L\cos\alpha - C_D\sin\alpha \end{cases} \quad (A1.2\text{-}3)$$

（A1.2-2）式および（A1.2-3）式の右辺の空力係数の各項は次のようなものである．

<縦系>

$C_L(\alpha)$：エレベータ舵角 δe およびフラップ舵角 δf を零とした場合の揚力係数で，迎角 α による非線形も扱えるように α の折れ線の補間データで与える．

$C_{L\delta e}$：エレベータ舵角 δe が 1(deg) 変化あたりの C_L の変化量を表す．従って，舵角が δe の場合は $C_{L\delta e}$ に δe の値を掛けたもの，すなわち $C_{L\delta e}\delta e$ が舵角変化による C_L の変化量となる．このような空力係数 $C_{L\delta e}$ は**空力微係数**といわれる．

$C_{L\delta f}$：フラップ舵角 δf が 1 (deg) あたりの C_L の変化量を表す．

C_{D0}：揚力と舵角が零の場合の抗力係数（これは**有害抗力**といわれる）．

k：揚力の 2 乗に依存する抗力（これは**誘導抗力**といわれる）を表す係数である．

$C_{D|\delta e|}$: δe を操舵したことによる抗力係数.
$C_{D|\delta f|}$: δf を操舵したことによる抗力係数.

<横系>
$C_{y\beta}$: 横滑り角 β が 1 (deg) あたりの C_y の変化量を表す.
$C_{y\delta r}$: ラダー舵角 δr が 1 (deg) あたりの C_y の変化量を表す.
なお，C_{L_q}，$C_{L_{\dot{\alpha}}}$，C_{yp}，C_{yr} および $C_{y\delta a}$ の影響は小さいので省略している．

(2) モーメントの空力係数

x 軸，y 軸，z 軸回りのモーメントの無次元空力係数は次式で与えられる．

$$\begin{cases} C_l = C_{l\beta}\beta + \dfrac{b}{2V}\left(C_{lp}\dfrac{p}{57.3} + C_{lr}\dfrac{r}{57.3}\right) + C_{l\delta a}\delta a + C_{l\delta r}\delta r \\ C_m = C_m(\alpha) + \dfrac{\bar{c}}{2V}\left(C_{mq}\dfrac{q}{57.3} + C_{m\dot{\alpha}}\dfrac{\dot{\alpha}}{57.3}\right) + C_{m\delta e}\delta e + C_{m\delta f}\delta f + \Delta C_{mCG} \\ C_n = C_{n\beta}\beta + \dfrac{b}{2V}\left(C_{np}\dfrac{p}{57.3} + C_{nr}\dfrac{r}{57.3}\right) + C_{n\delta a}\delta a + C_{n\delta r}\delta r + \Delta C_{nCG} \end{cases}$$
(A1.2-4)

ここで，ΔC_{mCG}，ΔC_{nCG} は重心補正項で次式で表される．

$$\begin{cases} \Delta C_{mCG} = -\dfrac{CG-25}{100} \cdot C_z \\ \Delta C_{nCG} = \dfrac{CG-25}{100} \cdot \dfrac{\bar{c}}{b} C_y \end{cases}$$
(A1.2-5)

(A1.2-4) 式の右辺の空力係数の各項は次のようなものである．

<縦系>
$C_m(\alpha)$: 舵角（δe および δf）0 の場合の C_m で，迎角 α による非線形も扱えるように α の折れ線の補間データで与える．
C_{mq} : ピッチ角速度 q (deg/s) に対して，$q\bar{c}/(2V \times 57.3)$ (rad) あたりの C_m の変化量を表す．これはピッチダンピングと呼ばれる．
$C_{m\dot{\alpha}}$: 迎角変化率 $\dot{\alpha}$ (deg/s) に対して，$q\bar{c}/(2V \times 57.3)$ (rad) あたりの C_m の変化量を表す．

$C_{m\delta e}$ ：エレベータ舵角 δe が1(deg)あたりの C_m の変化量を表す．これは，**エレベータの効き**と呼ばれる．

$C_{m\delta f}$ ：フラップ舵角 δf が1（deg）あたりの C_m の変化量を表す．

＜横・方向系＞

$C_{l\beta}$ ：横滑り角 β が1（deg）あたりの C_l の変化量を表す．これは**上反角効果**（dihedral effect）と呼ばれる．

$C_{n\beta}$ ：横滑り角 β が1（deg）あたりの C_n の変化量を表す．これは**方向安定**（directional stability）と呼ばれる．

C_{lp} ：ロール角速度 p （deg/s）に対して，$pb/(2V \times 57.3)$ （rad）あたりの C_l の変化量を表す．これは**ロールダンピング**（roll damping）と呼ばれる．

C_{np} ：ロール角速度 p （deg/s）に対して，$pb/(2V \times 57.3)$ （rad）あたりの C_n の変化量を表す．

C_{lr} ：ヨー角速度 r （deg/s）に対して，$rb/(2V \times 57.3)$ （rad）あたりの C_l の変化量を表す．

C_{nr} ：ヨー角速度 r （deg/s）に対して，$rb/(2V \times 57.3)$ （rad）あたりの C_n の変化量を表す．これは**ヨーダンピング**（yaw damping）と呼ばれる．

$C_{l\delta a}$ ：エルロン舵角 δa が1(deg)あたりの C_l の変化量を表す．これは**エルロンの効き**と呼ばれる．

$C_{n\delta a}$ ：エルロン舵角 δa が1(deg)あたりの C_n の変化量を表す．

$C_{l\delta r}$ ：ラダー舵角 δr が1(deg)あたりの C_l の変化量を表す．

$C_{n\delta r}$ ：ラダー舵角 δr が1(deg)あたりの C_n の変化量を表す．これは**ラダーの効き**と呼ばれる．

(3) 空力係数データの様式と単位

空力係数は種々の飛行条件で変化するので，各空力係数はそれらの関数で表しておく必要がある．しかし，空力係数毎にその変化する様子は異なるため，実際に航空機の運動を解析するために必要な精度にて各空力係数を求めておけば良い．通常の航空機の運動解析に用いる場合には，空力係数は次に示す関数

で表しておくのが一般的である．

① マッハ数 M の関数
    (a) x 軸方向の力の係数   : $C_{D|\delta e|}$, $C_{D|\delta f|}$, k
    (b) y 軸方向の力の係数   : $C_{y\delta r}$
    (c) z 軸方向の力の係数   : $C_{L\delta e}$, $C_{L\delta f}$
    (d) x 軸回りのモーメント係数 : $C_{l\delta r}$
    (e) y 軸方向のモーメント係数 : $C_{m\delta e}$, $C_{m\delta f}$, C_{m_q}, $C_{m\dot\alpha}$
    (f) z 軸回りのモーメント係数 : $C_{n\delta r}$

② マッハ数 M と迎角 α の関数
    (a) y 軸方向の力の係数   : $C_{y\beta}$
    (b) z 軸方向の力の係数   : C_L
    (c) x 軸回りのモーメント係数 : $C_{l\beta}$, $C_{l\delta a}$, C_{l_p}, C_{l_r}
    (d) y 軸回りのモーメント係数 : C_m
    (e) z 軸回りのモーメント係数 : $C_{n\beta}$, $C_{n\delta a}$, C_{n_p}, C_{n_r}

③ マッハ数 M と高度 h_P の関数
    (a) x 軸方向の力の係数   : C_{D_0}

A2. 揚力およびピッチングモーメントの空力推算

　本節では，亜音速域の straight-tapered 翼の機体に働く揚力およびピッチングモーメントの空力係数を，DATCOM 法によって求める方法について述べる．なお，A2 節～ A4 節に示す全ての空力係数は KMAP により自動的に算出され，その計算過程は TES5.DAT ファイルに書き込まれるので後で確認することができる．付録 B に TES5.DAT ファイルの例を示す．
　以下，主翼の値と水平尾翼の値を区別するため，例えば揚力傾斜 $C_{L\alpha}$ では，それぞれ $(C_{L\alpha})'$ および $(C_{L\alpha})''$ で表す．また，exposed (流れにさらされる部分) ではそれぞれ，$(C_{L\alpha})'_e$, $(C_{L\alpha})''_e$ で表す．なお，記号については，"おもな記号表" を適宜参照のこと．

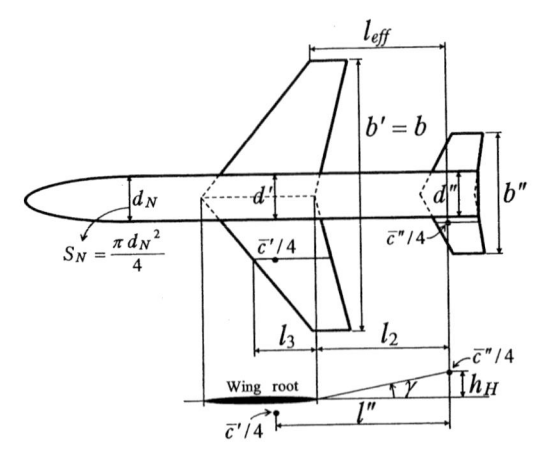

図 A2-1　機体形状パラメータ

A2.1　揚力傾斜 $C_{L\alpha}$, 舵効き $C_{L\delta e}$ および $C_{m\delta e}$
A2.1.1　低速での2次元揚力傾斜 $C_{l\alpha}$
（1）主翼に関して,

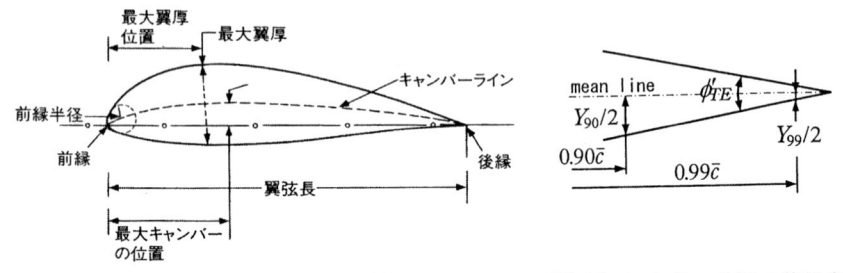

図 A2.1.1-1　翼断面形状　　　**図 A2.1.1-2**　主翼の後縁角

① レイノルズ数（平均空力翼弦）$R_e = \dfrac{V\bar{c}}{\nu}$（$V$ は真速度, $\bar{c}$ は平均空力翼弦, ν は動粘性係数）, 後縁角　$\tan\dfrac{\phi'_{TE}}{2} = \dfrac{Y_{90}/2 - Y_{99}/2}{9}$

$\Rightarrow$　図 A2.1.1-3　$\Rightarrow$　$\dfrac{(C_{l\alpha})'}{(C_{l\alpha})'_{theory}}$

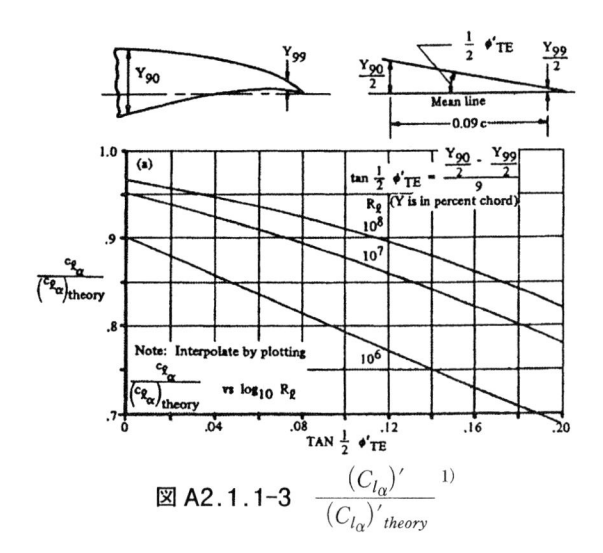

図 A2.1.1-3 $\dfrac{(C_{l\alpha})'}{(C_{l\alpha})'_{theory}}$ [1]

② 翼厚比 $(t/c)'$ (小数)

$\Rightarrow (C_{l\alpha})'_{theory} = 5.0(t/c)' + 6.28$

③ $\beta = \sqrt{1-M^2}$, 上記 $\dfrac{(C_{l\alpha})'}{(C_{l\alpha})'_{theory}}$, $(C_{l\alpha})'_{theory}$

$\Rightarrow (C_{l\alpha})' = \dfrac{1.05}{\beta} \cdot \dfrac{(C_{l\alpha})'}{(C_{l\alpha})'_{theory}} \cdot (C_{l\alpha})'_{theory}$ (1/rad) $\Rightarrow \kappa' = \dfrac{(C_{l\alpha})'}{2\pi}$

(2) 水平尾翼

同様にして, κ'' を得る.

(3) 垂直尾翼

同様にして, 2次元翼の揚力傾斜を得る.

A2.1.2 exposed (流れにさらされる部分) 単体での揚力傾斜 $(C_{L\alpha})_e$

(1) 主翼

① κ', A'_e (exposed 翼のアスペクト比), $\tan\Lambda'_{c/2}$, β

$\Rightarrow (C_{L\alpha})'_e = \dfrac{\pi A'_e}{1 + \sqrt{1 + \left(\dfrac{A'_e}{2\kappa'}\right)^2 \cdot (\beta^2 + \tan^2\Lambda'_{c/2})}}$ [rad/s]

(2) 水平尾翼
同様にして，$(C_{L\alpha})_e''$ を得る．

A2.1.3　前胴を含む機首部の揚力寄与分 K_N

slender-body 理論より，近似的に $(C_{L\alpha})_N = 2$ ［1/rad］(S_N 基準) を用いて，

① $(C_{L\alpha})_e'$, S_e', 前胴直径 d_N, $S_N = \dfrac{\pi d_N^2}{4}$ $\Rightarrow$ $K_N = \dfrac{2}{(C_{L\alpha})_e'} \cdot \dfrac{S_N}{S_e'}$

A2.1.4　胴体付き翼の揚力分 $K_{W(B)}$ および翼による胴体部の揚力寄与分 $K_{B(W)}$

(1) 主翼

① $\dfrac{d'}{b'}$　(図 A2-1 の機体図参照)

　　$\Rightarrow$　図 A2.1.4-1　$\Rightarrow$　$K'_{W(B)}$, $K'_{B(W)}$

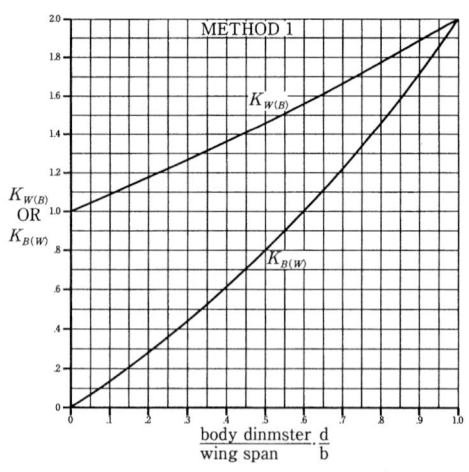

図 A2.1.4-1　揚力寄与係数[1]

(2) 水平尾翼
同様にして，$K''_{W(B)}$, $K''_{B(W)}$ を得る．

付　録

A2.1.5　吹き下ろしの有効アスペクト比 A'_{eff} およびスパン b'_{eff}

簡単のため，$A'_{eff} = 0.9 A'_e$，$b'_{eff} = 0.9 b'$ とする．

A2.1.6　Vortex core の高さにおける吹き下ろし勾配 $\left(\dfrac{\partial \varepsilon}{\partial \alpha}\right)_V$

① A'_{eff}，$\dfrac{2l_2}{b'}$（機体図 A2-1），後退角 $\Lambda'_{c/4}$

　　$\Rightarrow$　図 A2.1.6-1　$\Rightarrow$　$\left(\dfrac{\partial \varepsilon}{\partial \alpha}\right)_V$

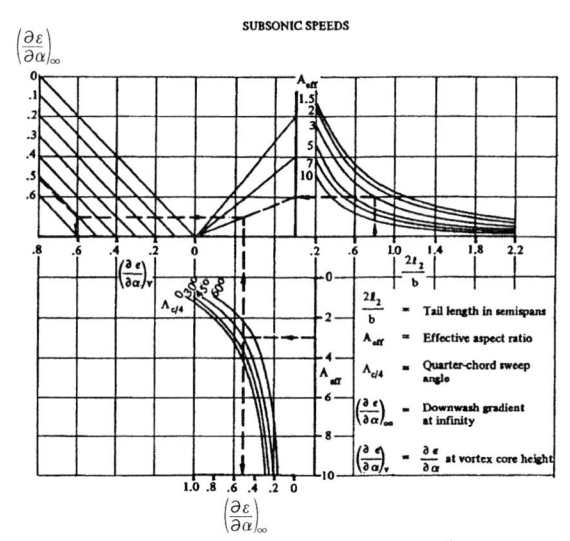

図 A2.1.6-1　吹き下ろし勾配 [1)]

A2.1.7　Vortex core の高さ位置 a

① 水平尾翼高さ h_H（図 A2-1），翼端からの水平尾翼距離 l_{eff}（図 A2-1），迎角 α，揚力係数 C_L，A'_{eff}，b'_{eff}，上反角 Γ'，

　　途中上反角の場合　b_9（図 A4.1.1-1 項参照）

$$\Rightarrow \quad a = h_H - l_{eff}\left(\alpha - \frac{0.41 C_L}{\pi A'_{eff}}\right) - \frac{b'_{eff}}{2}\tan\Gamma' + \frac{b_9}{2}\tan\Gamma'$$

A2.1.8 Vortex のスパン b_V

① b'_{eff}, 先細比 λ', $\Lambda'_{c/4}$ $\Rightarrow$ $b_{V_{ru}} = \{0.78 + 0.10(\lambda' - 0.4) + 0.003\Lambda'_{c/4}\}b'_{eff}$

② A', l_{eff}, b', C_L, (上記 $b_{V_{ru}}$, b'_{eff}) $\Rightarrow$ $b_V = b'_{eff} - (b'_{eff} - b_{V_{ru}})\sqrt{\dfrac{2C_L}{0.56A'}} \cdot \dfrac{l_{eff}}{b'}$

A2.1.9 吹き下ろしの勾配 $\dfrac{\partial \varepsilon}{\partial \alpha}$

① a, b_V, b'' $\Rightarrow$ $\dfrac{2a}{b_V}$, $\dfrac{b''}{b_V}$

$\Rightarrow$ 図 A.2.1.9-1 $\Rightarrow$ $\dfrac{\dfrac{\partial \bar{\varepsilon}}{\partial \alpha}}{\left(\dfrac{\partial \varepsilon}{\partial \alpha}\right)_V}$

② この値と, $\left(\dfrac{\partial \varepsilon}{\partial \alpha}\right)_V$

$\Rightarrow$ $\left(\dfrac{\partial \bar{\varepsilon}}{\partial \alpha}\right)_{M=0} = \dfrac{\dfrac{\partial \bar{\varepsilon}}{\partial \alpha}}{\left(\dfrac{\partial \varepsilon}{\partial \alpha}\right)_V} \cdot \left(\dfrac{\partial \varepsilon}{\partial \alpha}\right)_V$

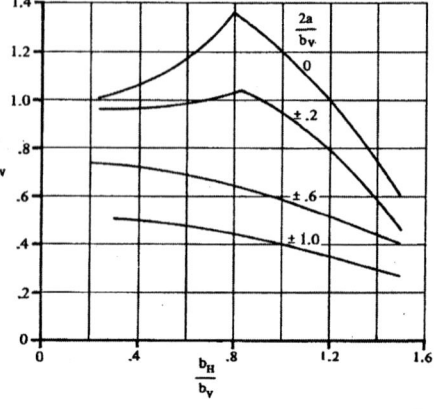

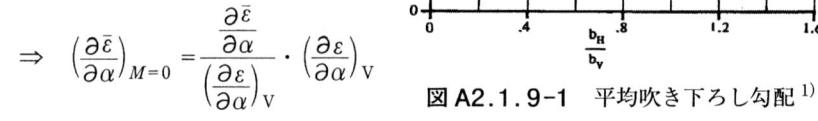

図 A2.1.9-1 平均吹き下ろし勾配 [1]

③ この値と, $(C_{L\alpha})'_e$, $(C_{L\alpha})'_{e\,M=0}$ $\Rightarrow$ $\dfrac{\partial \varepsilon}{\partial \alpha} = \left(\dfrac{\partial \bar{\varepsilon}}{\partial \alpha}\right)_{M=0} \cdot \dfrac{(C_{L\alpha})'_e}{(C_{L\alpha})'_{e\,M=0}}$

A2.1.10 動圧比 q''/q_∞

① 簡単のため, $\dfrac{q''}{q_\infty} = 0.95$ と近似する.

A2.1.11 全機の $C_{L\alpha}$ (Flap UP)

① $(C_{L\alpha})'_e$, K_N, $K'_{W(B)}$, $K'_{B(W)}$, S'_e/S'

 $\Rightarrow$ 尾なしの揚力傾斜:

$$(C_{L\alpha})_{WB} = (C_{L\alpha})'_e \left[K_N + K'_{W(B)} + K'_{B(W)}\right] \dfrac{S'_e}{S'} \quad [1/\text{rad}]$$

② $K''_{W(B)}$, $K''_{B(W)}$, S''_e/S'', $(C_{L\alpha})''_e$
 $\Rightarrow$ 尾翼の単独の揚力傾斜 (水尾面積基準)

付　録

$$(C_{L\alpha})'' = (C_{L\alpha})''_e \left[K''_{W(B)} + K''_{B(W)} \right] \frac{S''_e}{S''} \quad [1/\text{rad}]$$

③ $\dfrac{\partial \varepsilon}{\partial \alpha}$，動圧比 q''/q_∞，（上記 $(C_{L\alpha})''$，S''/S'）
　⇒　尾翼の揚力傾斜（主翼面積基準）：

$$(C_{L\alpha})_T = (C_{L\alpha})'' \frac{q''}{q_\infty} \cdot \frac{S''}{S'} \left(1 - \frac{\partial \varepsilon}{\partial \alpha} \right)$$

④（上記 $(C_{L\alpha})_{WB}$，$(C_{L\alpha})_T$）
　⇒　全機の $C_{L\alpha}$：$C_{L\alpha} = (C_{L\alpha})_{WB} + (C_{L\alpha})_T$　[1/rad]

A2.1.12　全機の $C_{L\delta e}$

(1) all-flying（全動）型の水平尾翼の場合

① $(C_{L\alpha})''$，動圧比 q''/q_∞，S''/S'

　⇒　全機の $C_{L\delta e}$：$C_{L\delta e} = (C_{L\alpha})'' \dfrac{q''}{q_\infty} \cdot \dfrac{S''}{S'} = \dfrac{(C_{L\alpha})_T}{1 - \dfrac{\partial \varepsilon}{\partial \alpha}}$　[1/rad]

(2) エレベータ（plane flap 型）の場合（A2.4.2 のフラップのデータ利用）

① 翼厚比 t/c''，弦長比 c_e/c''　⇒　図 A2.1.12-2　⇒　$(C_{l\delta})''_{theory}$

② $\dfrac{C''_{l\alpha}}{(C_{l\alpha})_{theory}}$（A2.1.1項），（上記 c_e/c''）⇒ 図 A2.1.12-3 ⇒ $\dfrac{C''_{l\delta}}{(C_{l\delta})_{theory}}$

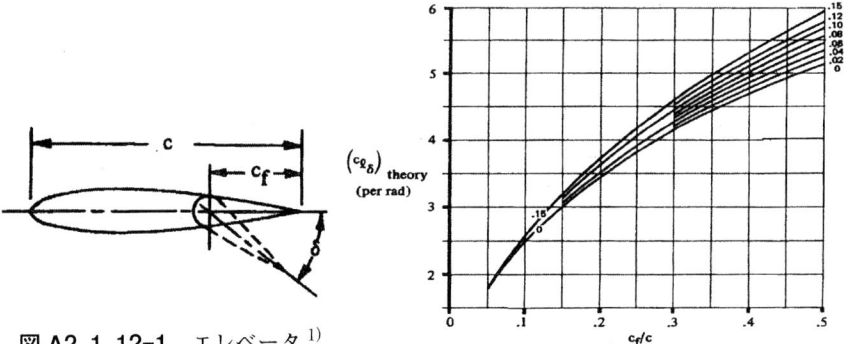

図 A2.1.12-1　エレベータ[1]
（図 A2.4.2-1 と同じ）

図 A2.1.12-2　$(C_{l\delta})_{theory}$[1]
（図 A2.4.2-2 と同じ）

③ エレベータ舵角 δe, (上記 c_e/c'')
　　$\Rightarrow$　図 A2.1.12-4　$\Rightarrow$　correction 係数 K'

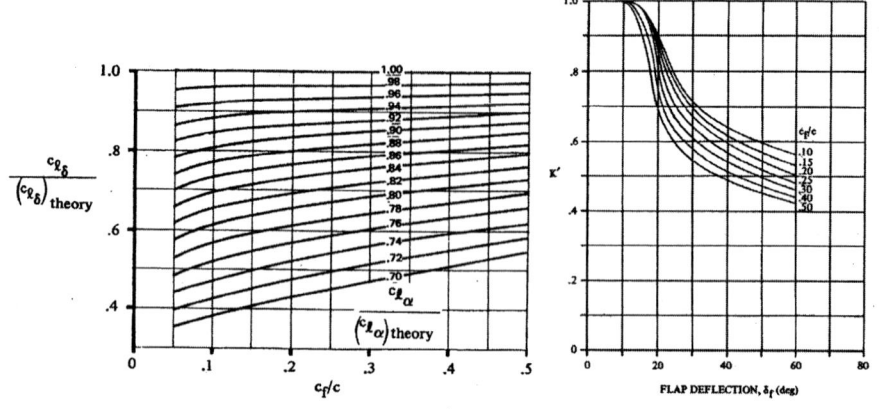

図 A2.1.12-3　correction C_{l_δ} [1]
（図 A2.4.2-3 と同じ）

図 A2.1.12-4　correction K' [1]
（図 A2.4.2-4 と同じ）

④ (上記 $\dfrac{C''_{l_\delta}}{(C_{l_\delta})_{theory}}$, $(C_{l_\delta})''_{theory}$, K', δe)

　　$\Rightarrow$　$\dfrac{\Delta C_l}{\delta e} = \dfrac{C''_{l_\delta}}{(C_{l_\delta})_{theory}} \cdot (C_{l_\delta})''_{theory} \cdot K'$

⑤ (上記 c_e/c''), 尾翼アスペクト比 A''　$\Rightarrow$　図 A2.1.12-5　$\Rightarrow$　$\dfrac{(\alpha_\delta)''_{C_L}}{(\alpha_\delta)_{C_l}}$

⑥ エレベータのスパン方向の開始位置 η_i, 終了位置 η_o,
　　水平尾翼先細比 λ''　$\Rightarrow$　図 A2.1.12-6　$\Rightarrow$　span factor $K''_b = K_{b_o} - K_{b_i}$

⑦ $(C_{L_\alpha})''$(A2.1.1 項), $(C_{L_\alpha})''$(A2.1.11 項), (上記 $\dfrac{\Delta C_l}{\delta e}$, $\dfrac{(\alpha_\delta)''_{C_L}}{(\alpha_\delta)_{C_l}}$, K''_b)

　　$\Rightarrow$　エレベータによる揚力の増加 ΔC_L:

　　　　$\dfrac{\Delta C_L}{\delta e} = \dfrac{\Delta C_l}{\delta e} \cdot \dfrac{(C_{L_\alpha})''}{(C_{l_\alpha})''} \cdot \dfrac{(\alpha_\delta)''_{C_L}}{(\alpha_\delta)_{C_l}} \cdot K''_b$

⑧ (上記 $\dfrac{\Delta C_L}{\delta e}$, 動圧比 $\dfrac{q''}{q_\infty}$, 尾翼面積 S'', 主翼面積 S')

付　録

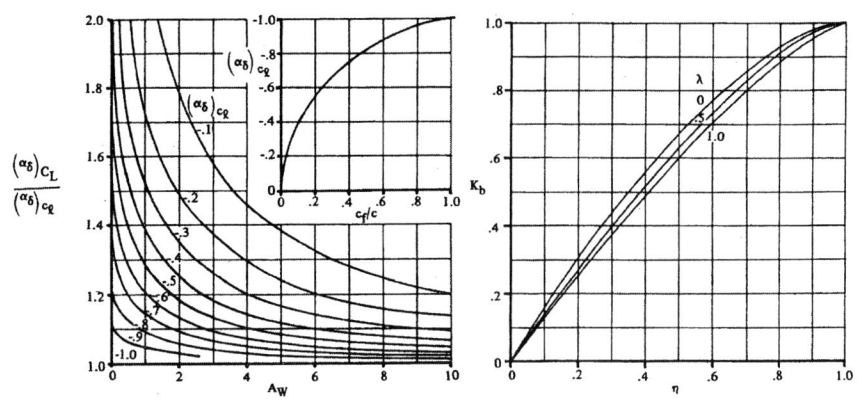

図 A2.1.12-5 flap-cord factor [1]
（図 A2.4.3-1 と同じ）

図 A2.1.12-6 span factor1 [1]
（図 A2.4.3-2 と同じ）

全機の $C_{L\delta e}$ は $\Rightarrow$ $C_{L\delta e} = \dfrac{\Delta C_L}{\delta e} \cdot \dfrac{q''}{q_\infty} \cdot \dfrac{S''}{S'}$　[1/rad]

A2.1.13　全機の $C_{m\delta e}$

① l''（図 A2-1 参照），エレベータ弦長比 c_e/c'', 平均空力翼弦 $\bar{c}''$

$\Rightarrow$ $l_1'' = l'' + \left(0.75 - \dfrac{c_e''}{c}\right)\bar{c}''$　（エレベータ作動時の空気力作用点はヒンジ付近と仮定）（DATCOMから変更）

② $C_{L\delta e}$, $\bar{c}'$, l_1'' $\Rightarrow$ $C_{m\delta e} = -\dfrac{l_1''}{\bar{c}'} C_{L\delta e}$

A2.2 縦静安定微係数 $C_{m\alpha}$

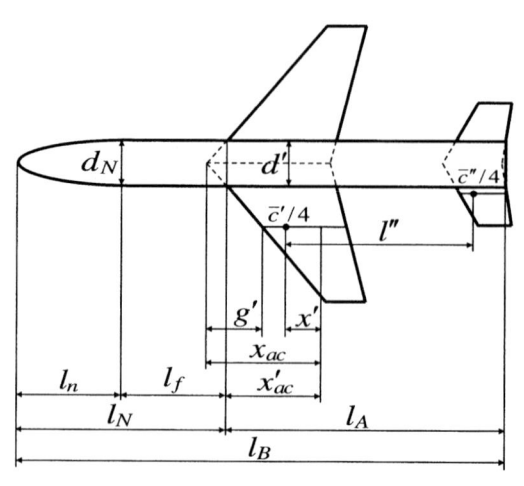

図 A2.2-1 機体の形状パラメータ

A2.2.1 尾なしの揚力傾斜 $(C_{L\alpha})_{WB}$

$(C_{L\alpha})_{WB}$ については，A2.1.11項で求めたが，後で用いられる次の3つの項に分解しておく．

① $(C_{L\alpha})'_e$, K_N, $K'_{W(B)}$, $K'_{B(W)}$, S'_e/S'

$\Rightarrow C_{L\alpha N} = (C_{L\alpha})'_e \dfrac{S'_e}{S'} K_N$, $C_{L\alpha W(B)} = (C_{L\alpha})'_e \dfrac{S'_e}{S'} K'_{W(B)}$,

$C_{L\alpha B(W)} = (C_{L\alpha})'_e \dfrac{S'_e}{S'} K'_{B(W)}$

$\Rightarrow$ 尾なしの揚力傾斜：$(C_{L\alpha})_{WB} = C_{L\alpha N} + C_{L\alpha W(B)} + C_{L\alpha B(W)}$ [1/rad]

A2.2.2 exposed 翼の揚力の空力中心位置 $\left(\dfrac{x'_{ac}}{c'_{re}}\right)_{W(B)}$

① アスペクト比 A'_e，前縁後退角 Λ'_{LE}

$\Rightarrow$ この値により，次の (A)，(B) の2ケースに分かれる．

(A) $A'_e \geqq 5$ または $\Lambda'_{LE} \leqq 35°$ の場合[4)]

空力中心は，exposed 翼の $\bar{c}'_e/4$ 点とする．

① exposed 翼の先細比 λ'_e，後退角 Λ'_{LE}，翼根弦長 c'_{re}，平均空力翼弦 $\bar{c}'_e$，

付　録

スパン b，胴体直径 d

$$\Rightarrow \left(\frac{x'_{ac}}{c'_{re}}\right)_{W(B)} = \frac{1}{c'_{re}}\left\{\frac{(b-d)}{6} \cdot \frac{1+2\lambda'_e}{1+\lambda'_e}\tan\Lambda'_{LE} + \frac{\bar{c}'_e}{4}\right\}$$

(B)　$A'_e < 5$ かつ $\Lambda'_{LE} > 35°$ の場合

① λ'_e, $\dfrac{\tan\Lambda'_{LE}}{\beta}$ または $\dfrac{\beta}{\tan\Lambda'_{LE}}$，（ただし $\beta = \sqrt{1-M^2}$），$A'_e\tan\Lambda'_{LE}$

　　$\Rightarrow$ 図 A2.2.2-1 $\Rightarrow \left(\dfrac{x'_{ac}}{c'_{re}}\right)_{W(B)}$

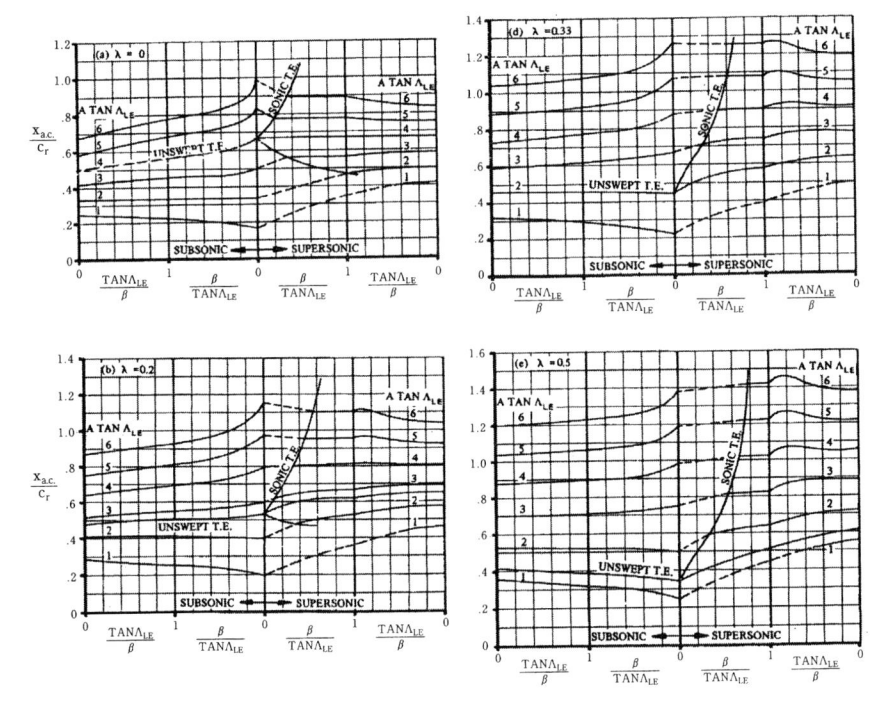

（次頁へつづく）

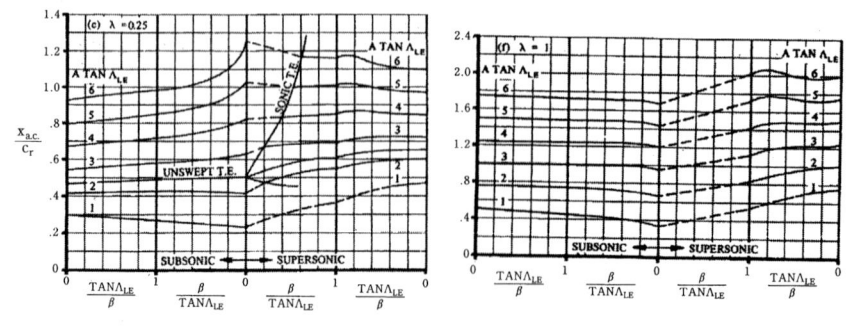

図 A2.2.2-1　空力中心位置[1]

A2.2.3　翼による胴体部の揚力の空力中心位置 $\left(\dfrac{x'_{ac}}{c'_{re}}\right)_{B(W)}$

① 胴体直径 d, スパン b $\Rightarrow$ $k = d'/b'$ ($\leqq 0.4$)

$$\Rightarrow K(k) = -\frac{k}{1-k} + \frac{\sqrt{1-2k} \cdot \ln\left(\dfrac{1-k+\sqrt{1-2k}}{k}\right) - (1-k) + \dfrac{\pi}{2}k}{\dfrac{k(1-k)}{\sqrt{1-2k}} \cdot \ln\left(\dfrac{1-k+\sqrt{1-2k}}{k}\right) + \dfrac{(1-k)^2}{k} - \dfrac{\pi}{2}(1-k)}$$

② b'/c'_{re}, d'/c'_{re}, 後退角 $\Lambda'_{c/4}$, 上記 $K(k)$

$$\Rightarrow \left(\frac{x'_{ac}}{c'_{re}}\right)_{B(W)} = \frac{1}{4} + \frac{b'-d'}{2c'_{re}} K(k)\tan\Lambda'_{c/4}$$

③ $\beta = \sqrt{1-M^2}$, アスペクト比 A'_e $\Rightarrow$ $\beta A'_e$ $\Rightarrow$ この値により，次の (A), (B) の2ケースに分かれる．

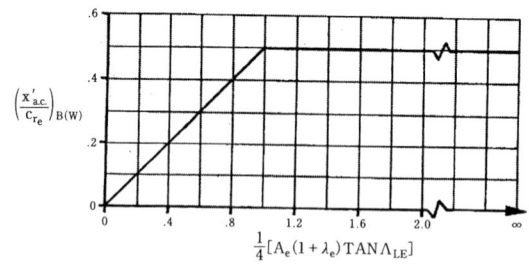

図 A2.2.3-1　$\beta A'_e < 4.0$ の空力中心位置[1]

付　録

(A) $\beta A_e' \geqq 4.0$ の場合

$\Rightarrow$ 上記 $\left(\dfrac{x'_{ac}}{c'_{re}}\right)_{B(W)}$ の値

(B) 　$\beta A_e' < 4.0$ の場合

① exposed 翼の先細比 λ_e',

前縁後退角 A'_{LE}, 上記 $A_e' \Rightarrow \dfrac{1}{4} A_e'(1+\lambda_e')\tan\Lambda'_{LE}$

$\Rightarrow$ 図 A2.2.3-1 $\Rightarrow \left(\dfrac{x'_{ac}}{c'_{re}}\right)_{\substack{B(W) \\ \beta Ae' = 0}}$

② 上記 $\left(\dfrac{x'_{ac}}{c'_{re}}\right)_{\substack{B(W) \\ \beta Ae' = 0}}$ と $\left(\dfrac{x'_{ac}}{c'_{re}}\right)_{\substack{B(W) \\ \beta Ae' \geqq 0}}$ の値で補間する.

A2.2.4　前胴を含む機首部の揚力の空力中心位置 $\left(\dfrac{x'_{ac}}{c'_{re}}\right)_N$

① 機首部の長さ l_n, 前胴直径 d_N

$\Rightarrow$ nose fineness ratio $f_n = \dfrac{l_n}{d_N}$

$\Rightarrow \left(\dfrac{x'_{ac}}{l_{equiv}}\right)_N = -0.67$ 　（ここでは f_n に係わらず一定値とする）

② 機首を除く前胴部の長さ l_f, 上記 d_N

$\Rightarrow$ nose fineness ratio $f_f = \dfrac{l_f}{d_N}$, $f_{equiv} = f_n + 1.6 f_f$, $l_{equiv} = f_{equiv} \cdot d_N$

③ 翼根弦長 c'_{re}, （上記, $\left(\dfrac{x'_{ac}}{l_{equiv}}\right)_N$, l_{equiv}）

$\Rightarrow \left(\dfrac{x'_{ac}}{c'_{re}}\right)_N = \left(\dfrac{x'_{ac}}{l_{equiv}}\right)_N \dfrac{l_{equiv}}{c'_{re}}$

A2.2.5　空力中心位置 x'_{ac}

① A2.2.1項より, $C_{L\alpha N}$, $C_{L\alpha W(B)}$, $C_{L\alpha B(W)}$, $(C_{L\alpha})_{WB}$

② A2.2.2項～A2.2.4項より, $\left(\dfrac{x'_{ac}}{c'_{re}}\right)_N$, $\left(\dfrac{x'_{ac}}{c'_{re}}\right)_{W(B)}$, $\left(\dfrac{x'_{ac}}{c'_{re}}\right)_{B(W)}$

$$\Rightarrow \frac{x'_{ac}}{c'_{re}} = \frac{\left(\frac{x'_{ac}}{c'_{re}}\right)_N \cdot C_{L\alpha N} + \left(\frac{x'_{ac}}{c'_{re}}\right)_{W(B)} \cdot C_{L\alpha W(B)} + \left(\frac{x'_{ac}}{c'_{re}}\right)_{B(W)} \cdot C_{L\alpha B(W)}}{(C_{L\alpha})_{WB}}$$

③ 先細比 λ', 前縁後退角 Λ'_{LE}, スパン b

$\Rightarrow$ 主翼先端と $\bar{c}'$ 先端の距離 $g' = \frac{b'}{6} \cdot \frac{1+2\lambda'}{1+\lambda'} \cdot \tan\Lambda'_{LE}$

④ 翼根弦長 c'_{re}, 胴体直径 d, 平均空力翼弦 $\bar{c}'$,
上記 x'_{ac}/c'_{re}, Λ'_{LE}, g'

$\Rightarrow x'_{ac} = \frac{x'_{ac}}{c'_{re}} \cdot c'_{re}$ ：exposed 翼根先端〜翼胴空力中心

$x_{ac} = x'_{ac} + \frac{d'}{2}\tan\Lambda'_{LE}$ ：胴体中心の翼先端〜翼胴空力中心

$x' = x_{ac} - 0.25\bar{c}' - g'$ ：$\bar{c}'/4$〜翼胴空力中心（後退量））

A2.2.6 縦静安定微係数 $C_{m\alpha}$

① $(C_{L\alpha})_{WB}$ (A2.1.11 項), 平均空力翼弦 $\bar{c}'$, x' (A2.2.5 項)

$\Rightarrow (C_{m\alpha})_{WB} = -(C_{L\alpha})_{WB} \cdot \frac{x'}{\bar{c}'}$

② $(C_{m\alpha})_T$ (A2.1.11 項), $(l'')_e$, expoed 面積 S''_e, 尾翼面積 S'', 上記 $\bar{c}'$

$\Rightarrow (C_{m\alpha})_T = -(C_{L\alpha})_T \cdot \frac{(l'')_e}{\bar{c}'} \cdot \frac{S''_e}{S''}$

ここで, $(C_{L\alpha})_{WB}$ の中に水平尾翼の胴体部分は含まれているとして, 水平尾翼効果は胴体分を除いた expoed 面積 S''_e を用いた. また, l'' も水尾 exposed 翼の $\bar{c}/4$ までの距離 $(l'')_e$ とする. (DATCOM より変更)

③ 上記 $(C_{m\alpha})_{WB}$, $(C_{m\alpha})_T \Rightarrow$ 全機の縦静安定 $(C_{m\alpha})_{c/4} = (C_{m\alpha})_{WB} + (C_{m\alpha})_T$

④ 翼胴空力中心（ただし, フラップ上げ）

$\Rightarrow h_{nWB} = 0.25 + \frac{x'}{\bar{c}'} = \left\{0.25 - \frac{(C_{m\alpha})_{WB}}{(C_{L\alpha})_{WB}}\right\} \times 100$ (% MAC)

A2.3 ピッチング微係数 C_{m_q}

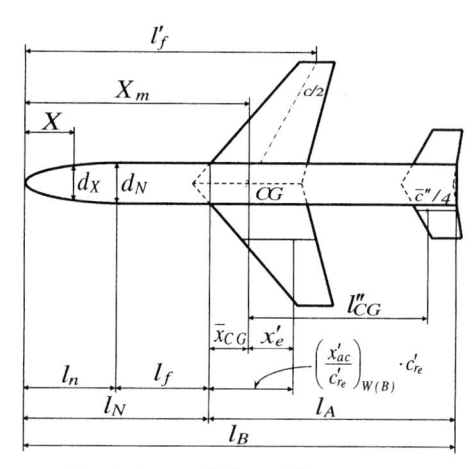

図 A2.3-1 機体の形状パラメータ

A2.3.1 重心から exposed 翼の空力中心までの距離 $x'_e/\bar{c}'_e$

① $\left(\dfrac{x'_{ac}}{c'_{re}}\right)_{W(B)}$ (A2.2.5 項), 平均空力翼弦 $\bar{c}'_e$, exposed 翼根弦長 c'_{re},

exposed 翼先端～重心 $\bar{x}_{CG}$ $\Rightarrow$ $\dfrac{x'_e}{\bar{c}'_e}=\left(\dfrac{x'_{ac}}{c'_{re}}\right)_{W(B)}\cdot\dfrac{c'_{re}}{\bar{c}'_e}-\dfrac{\bar{x}_{CG}}{\bar{c}'_e}$

A2.3.2 exposed 翼の C_{m_q}, C_{L_q}

① $(C_{l_\alpha})'$ (A2.1.1 項), アスペクト比 A'_e, 後退角 $\Lambda'_{c/4}$, 上記 $\dfrac{x'_e}{\bar{c}'_e}$

$\Rightarrow$ $(C_{m_q})_{M=0.2}=$

$-0.7\left[\dfrac{A'_e\left\{\dfrac{1}{2}\cdot\dfrac{x'_e}{\bar{c}'_e}+2\left(\dfrac{x'_e}{\bar{c}'_e}\right)^2\right\}}{A'_e+2\cos\Lambda'_{c/4}}+\dfrac{1}{24}\left(\dfrac{A'^3_e\tan^2\Lambda'_{c/4}}{A'_e+6\cos\Lambda'_{c/4}}\right)+\dfrac{1}{8}\right]\cdot(C_{l_\alpha})'\cos\Lambda'_{c/4}$

② マッハ数 M, 上記 A'_e, $\Lambda'_{c/4}$, $(C_{m_q})_{M=0.2}$

$$\Rightarrow (C_{mq})'_e = \left[\frac{\dfrac{A_e'^3 \tan^2 \Lambda'_{c/4}}{A_e'B + 6\cos\Lambda'_{c/4}} + \dfrac{3}{B}}{\dfrac{A_e'^3 \tan^2 \Lambda'_{c/4}}{A_e' + 6\cos\Lambda'_{c/4}} + 3} \right] \cdot (C_{mq})_{M=0.2}$$

ここで，$B = \sqrt{1 - M^2 \cos^2 \Lambda'_{c/4}}$

A2.3.3 係数 K_B

① 前胴面積 $S_N = \dfrac{\pi d_N^2}{4}$，胴体長さ l_B，機首部の長さ l_n

$$\Rightarrow V_B = \int_0^{l_B} \frac{\pi d_X^2}{4} dX \fallingdotseq \sum_{X=0}^{X=l_n} \frac{\pi d_X^2}{4} \Delta X + S_N (l_B - l_n)$$

$$X_c V_B = \int_0^{l_B} \frac{\pi d_X^2}{4} X dX \fallingdotseq \sum_{X=0}^{X=l_n} \frac{\pi d_X^2}{4} X \Delta X + S_N \frac{l_B^2 - l_n^2}{2}$$

② 機首〜重心の距離 X_m，上記 S_N, l_B, V_B, $X_c V_B$

$$\Rightarrow K_B = \frac{\left(1 - \dfrac{X_m}{l_B}\right)^2 - \dfrac{V_B}{S_N l_B}\left(\dfrac{X_c}{l_B} - \dfrac{X_m}{l_B}\right)}{\left(1 - \dfrac{X_m}{l_B}\right) - \dfrac{V_B}{S_N l_B}}$$

A2.3.4 $(C_{mq})_B$

① l_n, $X_m \Rightarrow R_N = \int_0^{l_n} \dfrac{d}{dX}\left(\dfrac{\pi d_X^2}{4}\right) \cdot (X_m - X) dX \fallingdotseq \sum_{X=0}^{X=l_n} \Delta\left(\dfrac{\pi d_X^2}{4}\right) \cdot (X_m - X)$

② 前胴直径 d_N，胴体長さ l_B

$\Rightarrow$ fineness ratio $f = \dfrac{l_B}{d_N}$

$\Rightarrow$ 図 A2.3.4-1

$\Rightarrow$ apparent mass factor $(k_2 - k_1)$

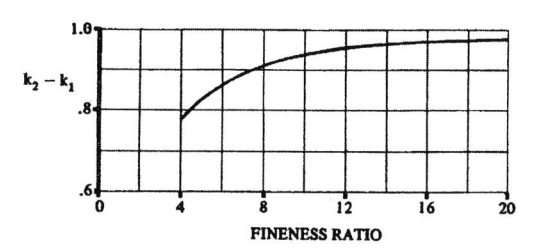

図 A2.3.4-1　apparent mass factor[1]

③ 上記 R_N, k_2-k_1, S_N, l_B $\Rightarrow$ $(C_{m_\alpha})_B = \dfrac{2(k_2-k_1)}{S_N l_B} R_N$

④ 上記 K_B, $(C_{m_\alpha})_B$ $\Rightarrow$ $(C_{m_q})_B = 2(C_{m_\alpha})_B K_B$

A2.3.5　C_{m_q}

① $K'_{W(B)}$, $K'_{B(W)}$（A2.1.4 項），
exposed 主翼面積 S'_e, 主翼面積 S', 平均空力翼弦 $\bar{c}'$,
exposed 翼平均空力翼弦 $\bar{c}'_e$, 前胴面積 S_N, 胴体長さ l_B

$(C_{m_q})'_e$（A2.3.2 項），$(C_{m_q})_B$（A2.3.4 項）

$\Rightarrow (C_{m_q})_{WB} = \left[K'_{W(B)} + K'_{B(W)}\right] \dfrac{S'_e}{S'} \cdot \left(\dfrac{\bar{c}'_e}{\bar{c}'}\right)^2 \cdot (C_{m_q})'_e + \dfrac{S_N}{S'} \cdot \left(\dfrac{l_B}{\bar{c}'}\right)^2 \cdot (C_{m_q})_B$

② $(C_{L_\alpha})_T$（A2.1.11 項），$\dfrac{\partial \varepsilon}{\partial \alpha}$（A2.1.9 項），重心〜尾翼 $\bar{c}''/4$ 距離 l''_{CG},

上記 $\bar{c}' \Rightarrow (C_{m_q})_T = -2\left(\dfrac{l''_{CG}}{\bar{c}'}\right)^2 \cdot \dfrac{(C_{L_\alpha})_T}{1 - \dfrac{\partial \varepsilon}{\partial \alpha}} = -2\left(\dfrac{l''_{CG}}{\bar{c}'}\right)^2 \cdot (C_{L_\alpha})'' \dfrac{q''}{q_\infty} \cdot \dfrac{S''}{S'}$

③ 上記 $(C_{m_q})_{WB}$, $(C_{m_q})_T$ $\Rightarrow$ $C_{m_q} = (C_{m_q})_{WB} + (C_{m_q})_T$　(1/rad)
（なお，C_{L_q} は影響が小さいので省略．）

A2.4　フラップ付翼の揚力

A2.4.1　フラップ無しでの揚力傾斜 C_{L_α}

① 流れ方向の翼断面の揚力傾斜 C_{l_α}, κ（A2.1.1 項），

アスペクト比 A, $\tan\Lambda_{c/2}$, $\beta^2 = 1 - M^2$

$$\Rightarrow (C_{L\alpha})_W = \frac{\pi A}{1 + \sqrt{1 + \left(\frac{A}{2\kappa}\right)^2 \cdot (\beta^2 + \tan^2\Lambda_{c/2})}}$$

図 2.4.1-1　フラップ揚力

A2.4.2　フラップによる翼断面

揚力の増加 ΔC_l（plain flap の場合）

① 翼厚比 t/c, フラップ弦長比 c_f/c
（ただし, c_f/c はフラップせり出し後の値）

　　$\Rightarrow$ 　図 A2.4.2-2　$\Rightarrow$　$(C_{l\delta})_{theory}$

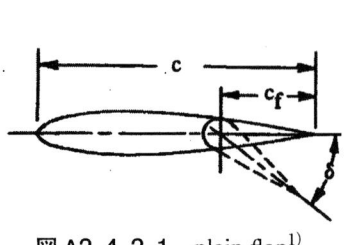

図 A2.4.2-1　plain flap[1]

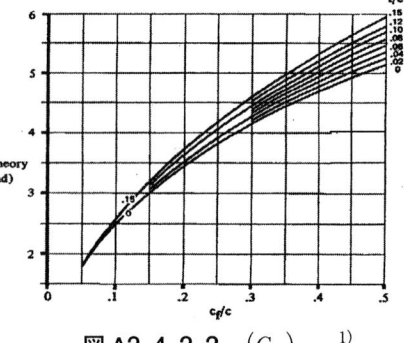

図 A2.4.2-2　$(C_{l\delta})_{theory}$[1]

② $\dfrac{C_{l\alpha}}{(C_{l\alpha})_{theory}}$（A2.1.1 項）, 上記 $c_f/c \Rightarrow$ 図 A2.4.2-3 $\Rightarrow \dfrac{C_{l\delta}}{(C_{l\delta})_{theory}}$

③ フラップ舵角 δf, 上記 $c_f/c \Rightarrow$ 図 A2.4.2-4 $\Rightarrow$ correction 係数 K'

④ 上記 $(C_{l\delta})_{theory}$, $\dfrac{C_{l\delta}}{(C_{l\delta})_{theory}}$, δf, K' $\Rightarrow$ $\Delta C_l = \dfrac{C_{l\delta}}{(C_{l\delta})_{theory}} \cdot (C_{l\delta})_{theory} \cdot K'\delta f$

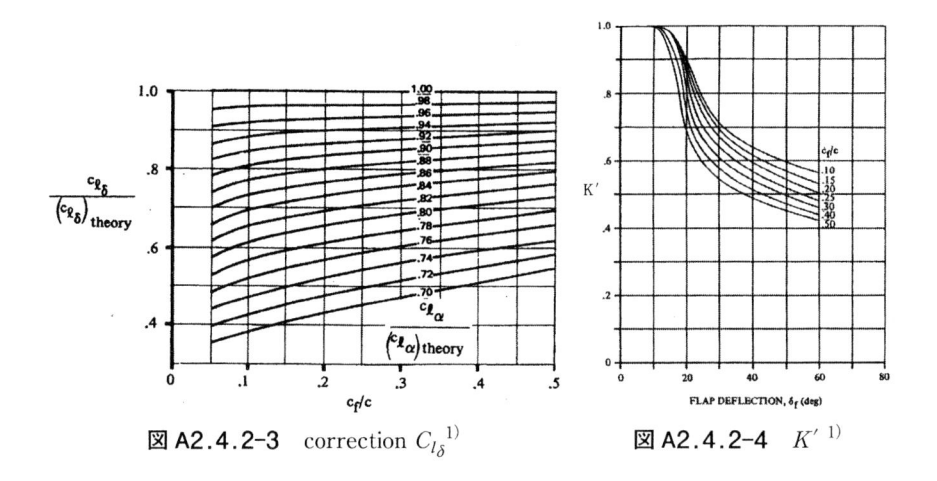

図 A2.4.2-3　correction $C_{l\delta}$[1]

図 A2.4.2-4　K' [1]

A2.4.3　フラップによる揚力の増加 ΔC_L

① 上記 c_f/c, 上記 A $\Rightarrow$ 図 A2.4.3-1 $\Rightarrow$ $\dfrac{(\alpha_\delta)_{C_L}}{(\alpha_\delta)_{C_l}}$

② フラップのスパン方向の開始位置 η_i, 終了位置 η_o, 先細比 λ
$\Rightarrow$　図 A2.4.3-2 $\Rightarrow$ span factor $K_b = K_{b_o} - K_{b_i}$

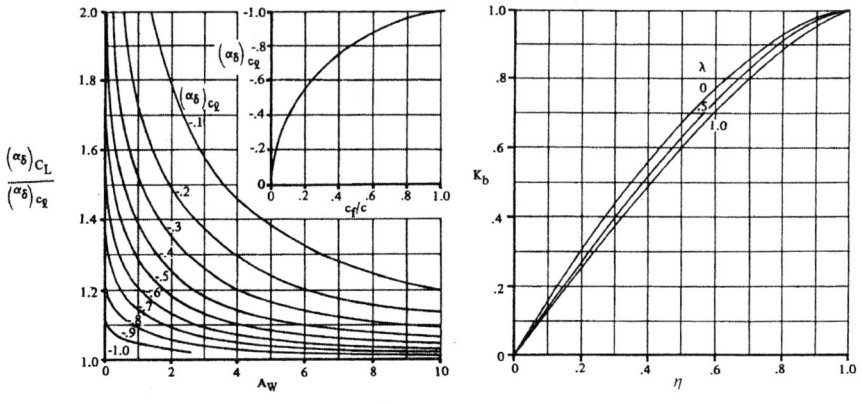

図 A2.4.3-1　flap-chord factor[1]

図 A2.4.3-2　span factor[1]

③ C_{l_α} (A2.1.1項), C_{L_α} (A2.4.1項), $\Delta C_l(\delta f)$ (A2.4.2項),

上記 $\dfrac{(\alpha_\delta)_{C_L}}{(\alpha_\delta)_{C_l}}$, K_b $\Rightarrow$ $\Delta C_L = \Delta C_l(\delta f) \cdot \dfrac{C_{L_\alpha}}{C_{l_\alpha}} \cdot \dfrac{(\alpha_\delta)_{C_L}}{(\alpha_\delta)_{C_l}} \cdot K_b$

④ 上記 ΔC_L, δf $\Rightarrow$ $C_{L_{\delta f}} = \dfrac{\Delta C_L}{\delta f}$

A2.4.4 フラップせり出し時の揚力傾斜 $(C_{L_\alpha})_\delta$

① chord extention 比 c'/c, S_{W_f}/S_W (図 A2.4.4-1), $(C_{L_\alpha})_{WB}$ (A2.1.11項)

$\Rightarrow (C_{L_\alpha})_{WB(FlapDN)} = \left\{ 1 + \left(\dfrac{c'}{c} - 1\right) \cdot \dfrac{S_{W_f}}{S_W} \right\} (C_{L_\alpha})_{WB}$

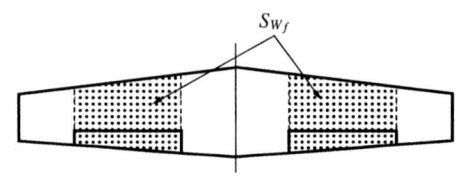

図 A2.4.4-1 S_{W_f} [1)]

② $(C_{L_\alpha})_T$ (A2.1.11項), 上記 $(C_{L_\alpha})_{WB(FlapDN)}$
$\Rightarrow$ 全機の C_{L_α} (Flap DN): $C_{L_\alpha} = (C_{L_\alpha})_{WB(FlapDN)} + (C_{L_\alpha})_T$

③ $C_{L_{\delta f}}$ (A2.4.3項), δf, 揚力係数 C_L, 上記 C_{L_α}
$\Rightarrow$ $\alpha = (C_L - C_{L_{\delta f}} \cdot \delta f)/C_{L_\alpha}$

A2.4.5 後縁フラップによる翼断面最大揚力の増加 $\Delta C_{l_{\max}}$

① t/c, フラップ型式 (NFTYPE)
   NFTYPE=0(なし), =1(best 2-slot), =2(1-slot), =3(plain)
   $\Rightarrow$ 図 A2.4.5-1 $\Rightarrow (\Delta C_{l_{\max}})_{base}$

② c_f/c $\Rightarrow$ 図 A2.4.5-2 $\Rightarrow k_1$ (flap-cord correction)

③ δf $\Rightarrow$ 図 A2.4.5-3 $\Rightarrow k_2$ (flap angle correction)

④ δf $\Rightarrow$ 図 A2.4.5-4 $\Rightarrow k_3$ (flap motion correction)

⑤ 上記 $(\Delta C_{l_{\max}})_{base}$, k_1, k_2, k_3
   $\Rightarrow$ 断面最大揚力増加分 $\Delta C_{l_{\max}} = k_1 k_2 k_3 \cdot (\Delta C_{l_{\max}})_{base}$

図 A2.4.5-1 $(\Delta C_{l_{\max}})_{base}$ [1]

図 A2.4.5-2 k_1 [1]

図 A2.4.5-3 k_2 [1]

図 A2.4.5-4 k_3 [1]

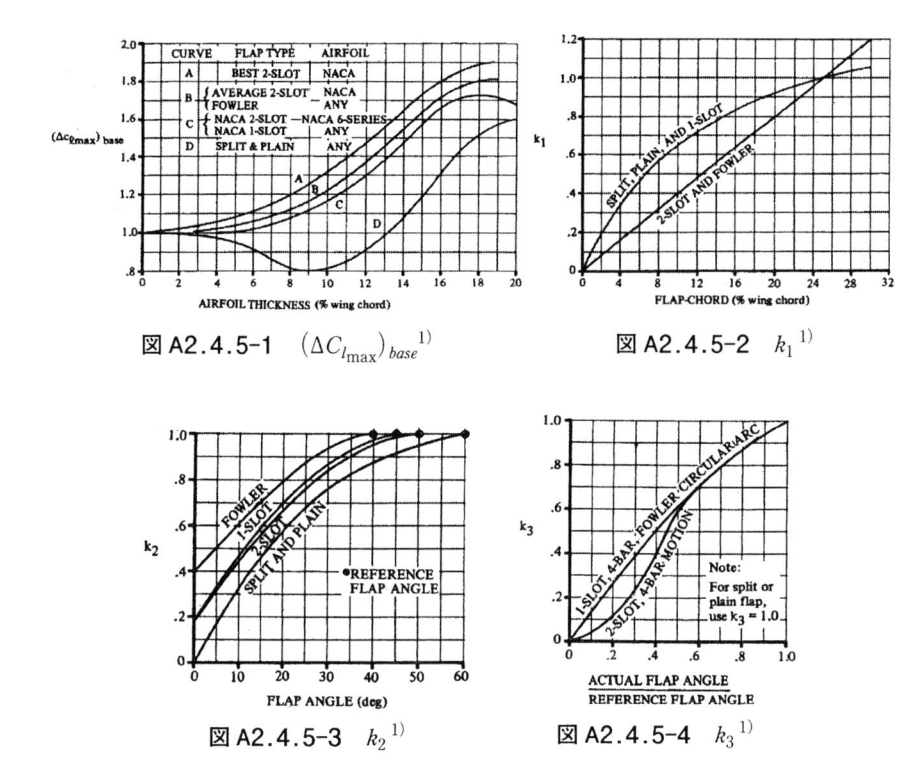

A2.4.6 後縁フラップによる翼の最大揚力の増加 $\Delta C_{l_{\max}}$

① $\Lambda_{c/4}$ $\Rightarrow$ planform correction factor $K_\Lambda = (1 - 0.08\cos^2\Lambda_{c/4})\cos^{3/4}\Lambda_{c/4}$

② フラップ取付部翼面積 S_{W_f}/S_W(図 A2.4.4-1), 上記 $\Delta C_{l_{\max}}$(A2.4.5 項), K_Λ $\Rightarrow$ $\Delta C_{L_{\max}} = \Delta C_{l_{\max}} \cdot \dfrac{S_{W_f}}{S_W} \cdot K_\Lambda$

A2.5 フラップ付翼のモーメント

① 翼厚比 t/c, フラップ DN 弦長比 c_f/c'
 $\Rightarrow$ 図 A2.5-2
 $\Rightarrow$ 揚力によるモーメント $\dfrac{\Delta C'_m}{\Delta C_{L_{refW}}}$

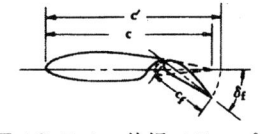

図 A2.5-1 後縁フラップ [1]

② フラップのスパン方向の開始位置η_i, 終了位置η_o, 先細比λ
 $\Rightarrow$ A2.5-3 $\Rightarrow$ flap span factor $K_P = K_{Po} - K_{Pi}$

③ chord extention 比 $\dfrac{c'}{c}$, 上記η_i, η_o, λ $\Rightarrow$ 図 A2.5-4

 $\Rightarrow$ 後退角による flap span factor $K_{\Lambda m} = K_{\Lambda o} - K_{\Lambda i}$

④ c'/c, アスペクト比 A, 後退角$\Lambda_{c/4}$, フラップによる揚力増加ΔC_L

(A2.4.3項), 上記$\dfrac{\Delta C'_m}{\Delta C_{L refW}}$, K_P, $K_{\Lambda m}$, df

(なお, フラップ張り出しによるモーメント変化は省略)

 $\Rightarrow$ $(\Delta C_m)_{c/4} = \left\{ K_P \left(\dfrac{\Delta C'_m}{\Delta C_{L refW}} \right) \cdot \left(\dfrac{c'}{c} \right)^2 + K_{\Lambda m} \dfrac{A}{1.5} \cdot \tan\Lambda_{c/4} \right\} \cdot \Delta C_L$

⑤ 上記$(\Delta C_m)_{c/4}$, δf $\Rightarrow$ $C_{m\delta f} = \dfrac{(\Delta C_m)_{c/4}}{\delta f}$

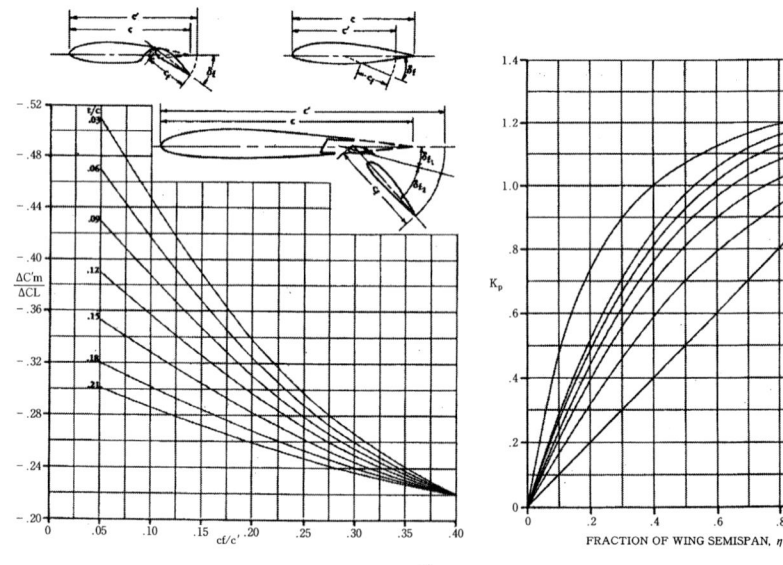

図 **A2.5-2** 揚力によるモーメント[1]　　　図 **A2.5-3** flap span factor[1]

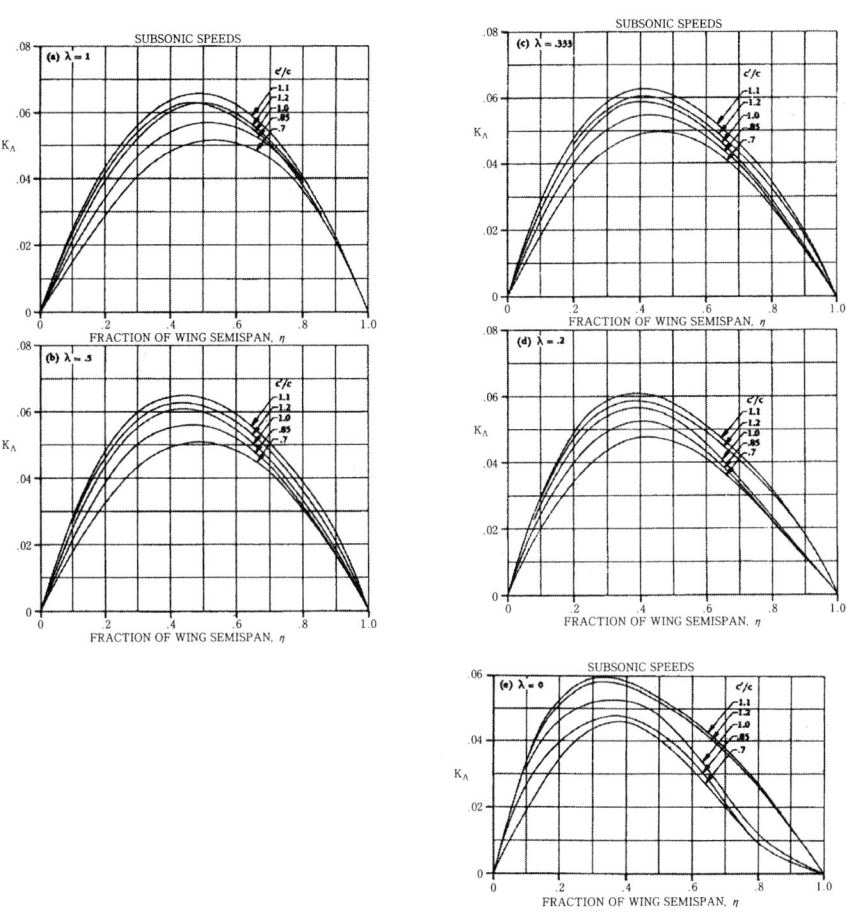

図 A2.4.5-4　後退角による flap span factor [1)]

A2.6　迎角零における揚力 C_{L_0} および零揚力迎角 α_0

　主翼の迎角零における揚力は，主翼取付角，主翼ねじれ角等が関係する．また，尾翼の零揚力迎角は，尾翼取付角，主翼の吹き下ろし角等が関係する．ただし，ここでは簡単のため，迎角零における揚力 C_{L_0} が零となるように，主翼および尾翼の取り付け角が設定されていると仮定し，迎角零における揚力 C_{L_0} $=0$，零揚力迎角 $\alpha_0 = 0$ とする．

A2.7　迎角レート微係数 $C_{m\dot{\alpha}}$

ここでは，水平尾翼のみが寄与すると仮定している．この仮定は通常満足される[4]．

(1) 迎角変化による揚力変化 $C_{L\dot{\alpha}}$

$\Delta\alpha$ だけ迎角が増加すると，尾翼位置での吹き下ろし角増加は

$$\Delta\varepsilon = \frac{\partial\varepsilon}{\partial\alpha} \cdot \Delta\alpha \quad (\text{定常状態})$$

となる．主翼 $\bar{c}'/4$ 点〜尾翼 $\bar{c}''/4$ 点の距離を l'' とすると，迎角が増加しても吹き下ろし角は，$\Delta t = l''/V$ の時間分だけ前の状態のままとなる．すなわち，

$$\frac{\partial\varepsilon}{\partial\alpha}\dot{\alpha} \cdot \Delta t$$

だけ吹き下ろし角が小さい．このときの，尾翼の揚力傾斜 $(C_{L\alpha})_T$ から吹き下ろしの項を除いた揚力傾斜

$$\frac{(C_{L\alpha})_T}{1 - \frac{\partial\varepsilon}{\partial\alpha}}$$

を用いると，吹き下ろし角が小さい分だけ尾翼の迎角は大きいから尾翼の揚力は

$$(C_L)_T = \frac{(C_{L\alpha})_T}{1 - \frac{\partial\varepsilon}{\partial\alpha}} \cdot \frac{\partial\varepsilon}{\partial\alpha}\dot{\alpha} \cdot \frac{l''}{V}$$

だけ大きい．微係数の形で表すと

$$(C_{L\dot{\alpha}})_T = \frac{\partial(C_L)_T}{\partial\left(\frac{\dot{\alpha}\bar{c}'}{2V}\right)} = \frac{2V}{\bar{c}'} \cdot \frac{\partial(C_L)_T}{\partial\dot{\alpha}} = 2\frac{(C_{L\alpha})_T}{1 - \frac{\partial\varepsilon}{\partial\alpha}} \cdot \frac{\partial\varepsilon}{\partial\alpha} \cdot \frac{l''}{\bar{c}'}$$

となる．ここで，$\bar{c}'$ は主翼の $\bar{c}$ を表し，$\frac{\partial\varepsilon}{\partial\alpha}$ は吹き下ろし勾配である．ここでは尾翼の効果のみ考慮すると次式で表される．

$$C_{L\dot{\alpha}} = 2\frac{(C_{L\alpha})_T}{1 - \frac{\partial\varepsilon}{\partial\alpha}} \cdot \frac{\partial\varepsilon}{\partial\alpha} \cdot \frac{l''}{\bar{c}'} \quad (1/\text{rad})$$

(2) 迎角変化によるモーメント変化 $C_{m\dot{\alpha}}$

(1)の結果から

付　録

$$\Rightarrow \quad (C_{m\dot{\alpha}})_{c/4} = -\frac{l''}{\bar{c}'} C_{L\dot{\alpha}} = -2\left(\frac{l''}{\bar{c}'}\right)^2 \frac{(C_{L\alpha})_T}{1-\frac{\partial \varepsilon}{\partial \alpha}} \cdot \frac{\partial \varepsilon}{\partial \alpha} \quad (1/\text{rad})$$

なお，$C_{m\dot{\alpha}}$ はこの式の値を用いるが，$C_{L\dot{\alpha}}$ そのものは影響が小さいので通常は省略する．

＜その他＞

上記データから縦安定中性点（全機の空力中心）は次式で得られる．

$$\Rightarrow \quad h_n = \left\{0.25 - \frac{C_{m\alpha}}{C_{L\alpha}}\right\} \times 100 \quad (\% \text{ MAC})$$

A3. 抵抗の空力推算

A3.1 翼の抵抗

A3.1.1 翼の零揚力抵抗 $C_{D_{0W}}$

① 胴体レイノルズ数 $R_{eL} = \dfrac{\rho V l_B}{\mu} = \dfrac{V l_B}{\nu}$ （l_B は胴体長），マッハ数 M

　　$\Rightarrow$ 図 A3.1.1-1 $\Rightarrow$ 翼胴干渉 factor R_{Wf}
　　（Flying Wing の場合は $R_{Wf} = 1$）

② $\Lambda'_{(t/c)\max} \fallingdotseq \Lambda'_{c/4}$（$(t/c)_{\max}$ は $c/4$ で近似），マッハ数 M
　　$\Rightarrow$ 図 A3.1.1-2 $\Rightarrow$ lifting-surface correction factor $R_{L.S.}$

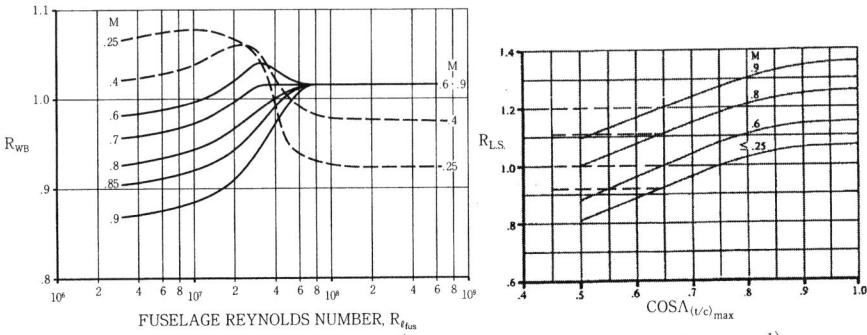

図 A3.1.1-1　翼胴干渉 R_{Wf} [1]

図 A3.1.1-2　$R_{L.S.}$ [1]

③ 主翼レイノルズ数 $R_{eW} = \dfrac{\rho V \bar{c}_e}{\mu} = \dfrac{V \bar{c}_e}{\nu}$, マッハ数 M $\Rightarrow$ 図 A3.1.1-3

$\Rightarrow$ 乱流 skin-friction 係数 C_{fW} (ただし，抵抗が小さく出過ぎるのでレイノルズ数 $> 10^7$ は一定値とする．また，実機の表面粗さを考慮して，図データの 1.5 倍として使用)

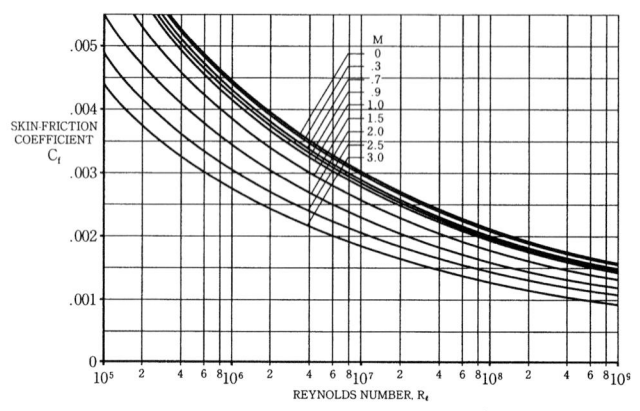

図 A3.1.1-3　skin-friction C_{fW} [1]

④ $(t/c)_{\max}$ の位置 $x_t (\% \bar{c})$ $\Rightarrow$ $L = \begin{Bmatrix} 1.2\,(x_t \geq 30\% \bar{c}) \\ 2.0\,(x_t < 30\% \bar{c}) \end{Bmatrix}$

⑤ exposed 主翼面積 S_e
　　$\Rightarrow$ 翼の wetted area (図 A3.1.1-4) $S_{wetW} = 2 S_e$

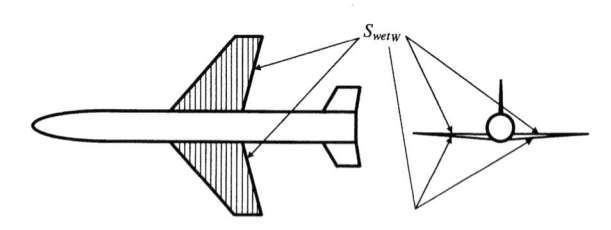

図 A3.1.1-4　翼の Wetted Area

⑥ S, $\dfrac{t}{c}$, 上記 R_{Wf}, $R_{L.S.}$, C_{fW}, L, S_{wetW}

$\Rightarrow \quad C_{D0W} = R_{Wf} R_{L.S.} C_{fW} \left\{ 1 + L\dfrac{t}{c} + 100 \left(\dfrac{t}{c} \right)^4 \right\} \dfrac{S_{wetW}}{S}$

A3.1.2 翼の揚力による抵抗 $C_{D_{LW}}$

① $C_L = \dfrac{W}{\bar{q}S} \quad \Rightarrow \quad (C_L)_{WB} = 1.05 C_L$ （初期設計時）

② $R_{l_{LER}} = \dfrac{V l_{LER}}{\nu}$ (l_{LER}：前縁半径), M, Λ_{LE}, λ, A

$\Rightarrow \quad \dfrac{A\lambda}{\cos\Lambda_{LE}}, \quad \dfrac{R_{l_{LER}}}{\tan\Lambda_{LE}} \cdot \sqrt{(1 - M^2 \cos^2 \Lambda_{LE})}$

$\Rightarrow$ 図 A3.1.2-1

$\Rightarrow$ 前縁 suction parameter R

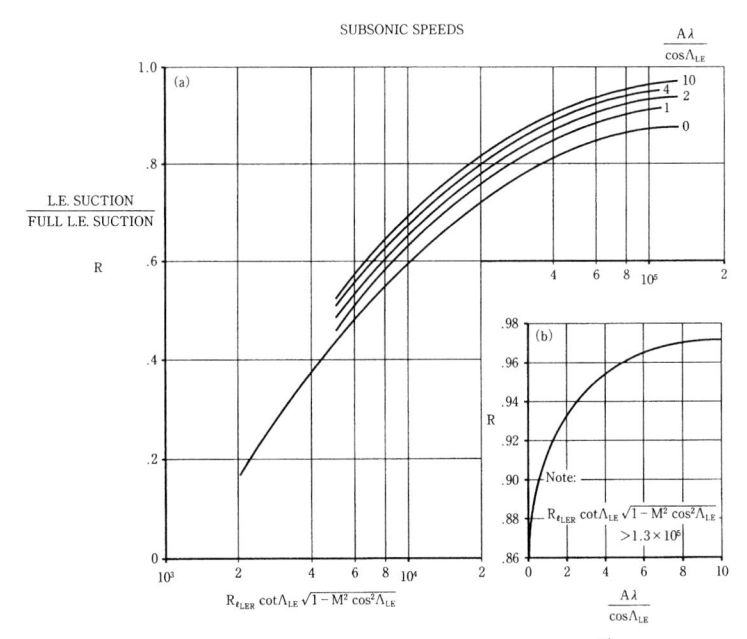

図 A3.1.2-1　parameter　R[1]

③ $(C_{L\alpha})_{WB}$ (A2.1.11 項),上記 A,R

$$\Rightarrow \text{span efficiency factor}: e = \frac{1.1 \dfrac{(C_{L\alpha})_{WB}}{A}}{R \cdot \dfrac{(C_{L\alpha})_{WB}}{A} + (1-R)\pi}$$

(e の値が極端に小さくなることを避けるために $e \geqq 0.6$ とする)

④ 上記 $(C_L)_{WB}$,R,e,A

$$\Rightarrow C_{D_{LW}} = \frac{(C_L)_{WB}^2}{\pi e A} = \frac{1.05^2}{\pi e A} C_L^{\,2} = k C_L^{\,2}, \quad 誘導抗力の係数 \ k = \frac{1.1}{\pi e A}$$

(k の値は A3.4.2 項で求める値の方を用いる)

A3.1.3 亜音速での翼の抵抗（合計）C_{DWing}

① 翼の零揚力抵抗 C_{D0_W} （A3.1.1 項），
翼の揚力による抵抗 $C_{D_{LW}}$ （A3.1.2 項）

$\Rightarrow$ 翼の抵抗：$C_{DWing} = C_{D0_W} + C_{D_{LW}}$

A3.1.4 遷音速での翼の零揚力抵抗 C_{DWwave}

マッハ数 M が 0.85 以上になると，抵抗が急増する．その場合の推算方法を以下に示す．（$M=0.85$ までは遷音速効果は省略する．）

① 翼厚比 t/c（小数），アスペクト比 A，マッハ数 M

$$\Rightarrow A \cdot (t/c)^{1/3}, \ \frac{\sqrt{|M^2-1|}}{(t/c)^{1/3}} \ \Rightarrow \ 図 \text{A3.1.4-2} \ \Rightarrow \ \frac{C_{DWwave}}{(t/c)^{5/3}}$$

$$\Rightarrow C_{DWwave(\Lambda_{c/4}=0)} = \frac{C_{DWwave}}{(t/c)^{5/3}} \times (t/c)^{5/3}$$

② 後退角 $\Lambda_{c/4}$，R_{Mhokan}（$M=0.85$ で 0，$M=0.9$ で 1.0 の線形補間関数）

$$\Rightarrow C_{DWwave} = C_{DWwave(\Lambda_{c/4}=0)} \cdot (\cos\Lambda_{c/4})^{2.5} \cdot R_{Mhokan}$$

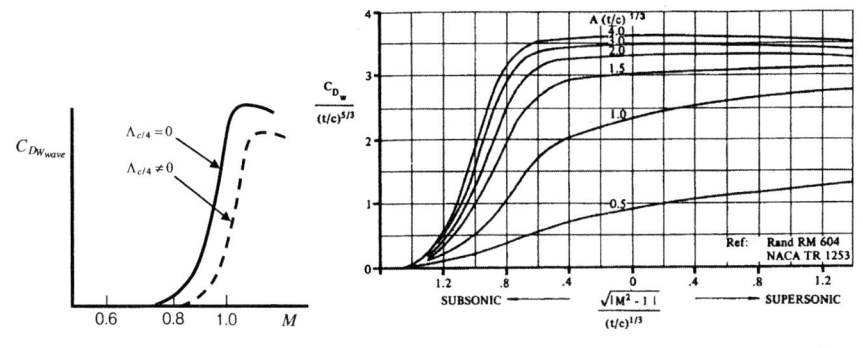

図 A3.1.4-1 $C_{D_{Wwave}}$ の急増   図 A3.1.4-2 $C_{D_{Wwave}}$ を求める図[1)]

A3.1.5 遷音速での翼の揚力による抵抗 $C_{D_{LWTRS}}$

① 翼厚比 t/c (小数)，アスペクト比 A ，後退角 Λ_{LE} ，マッハ数 M

$\Rightarrow \ A \cdot \left(\dfrac{t}{c}\right)^{1/3}, \ \dfrac{M^2-1}{(t/c)^{2/3}}, \ A\tan\Lambda_{LE}, \ $ 先細比 λ

$\Rightarrow \ $ 図 A3.1.5-1 $\ \Rightarrow \ \left(\dfrac{t}{c}\right)^{-1/3} \cdot \dfrac{C_D}{C_L^{\ 2}}$

② $C_{D_{LWTRS}} = (C_D/C_L^{\ 2}) \cdot C_L^{\ 2}$

$\Rightarrow \ $ ただし，M=0.85 までは遷音速効果は省略する．

③ 上記 t/c ，$R_{M_{hokan}}$（M=0.85 まで 0，M=0.9 で 1.0 の線形補間関数）

$\Rightarrow \ k = \dfrac{C_D}{C_L^{\ 2}} = \left\{\left(\dfrac{t}{c}\right)^{-1/3} \cdot \dfrac{C_D}{C_L^{\ 2}}\right\} \cdot \left(\dfrac{t}{c}\right)^{1/3} \cdot R_{M_{hokan}}$

④ 揚力係数 C_L，上記 k $\Rightarrow \ C_{D_{LWTRS}} = kC_L^{\ 2}$

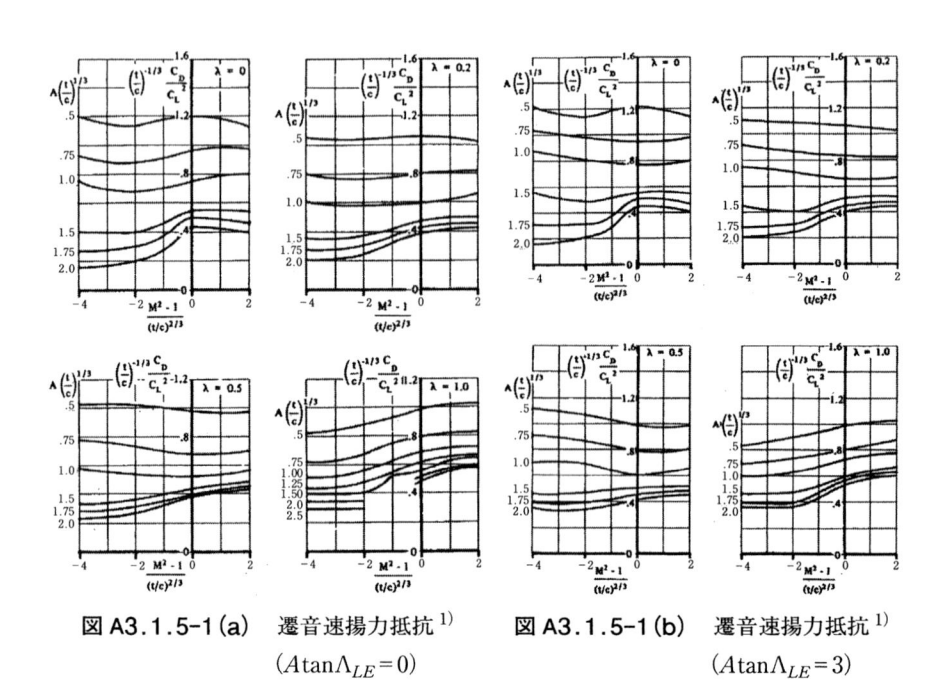

図 A3.1.5-1(a)　遷音速揚力抵抗 [1]　($A\tan\Lambda_{LE}=0$)

図 A3.1.5-1(b)　遷音速揚力抵抗 [1]　($A\tan\Lambda_{LE}=3$)

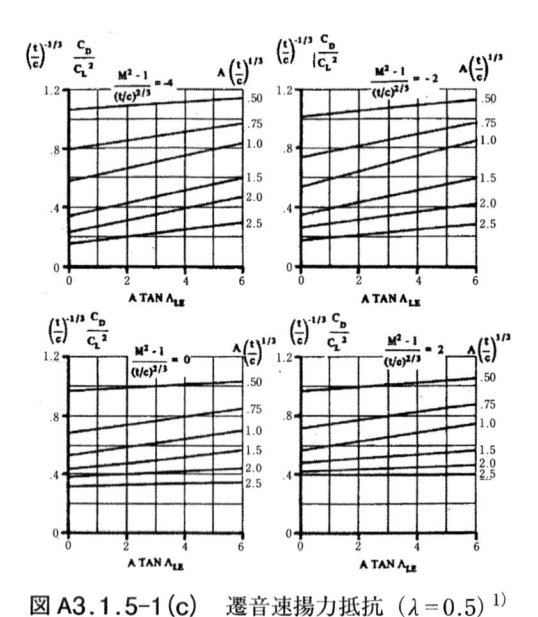

図 A3.1.5-1(c)　遷音速揚力抵抗（$\lambda=0.5$）[1]

A3.1.6 遷音速を含む翼の抵抗 C_{DWing} （まとめ）

亜音速の翼の零揚力抵抗（A3.1.1 項） C_{D0W}
亜音速の翼の揚力抵抗（A3.1.2 項） C_{D_LW}
遷音速での翼の零揚力抵抗（A3.1.4 項） C_{DWwave}
遷音速での翼の揚力による抵抗（A3.1.5 項） C_{D_LWTRS}

⇒ 翼の抵抗： $C_{DWing} = C_{D0W} + C_{D_LW} + C_{DWwave} + C_{D_LWTRS}$

A3.2 胴体の抵抗

A3.2.1 胴体の零揚力抵抗 C_{D0fus}

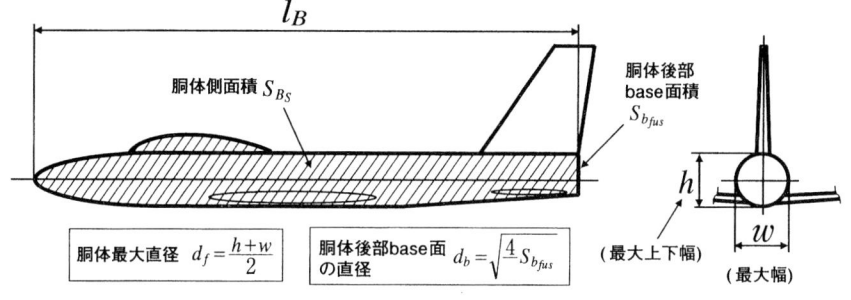

図 A3.2.1-1 胴体形状

胴体側面積 S_{Bs}
胴体後部base面積 S_{bfus}
胴体最大直径 $d_f = \dfrac{h+w}{2}$
胴体後部base面の直径 $d_b = \sqrt{\dfrac{4}{\pi} S_{bfus}}$
（最大上下幅）（最大幅）

① 胴体レイノルズ数 $R_{eL} = \dfrac{\rho V l_B}{\mu} = \dfrac{V l_B}{\nu}$, マッハ数 M ⇒ 図 A3.2.1-2
   ⇒ 胴体乱流 skin-friction 係数 C_{ffus} （ただし，抵抗が小さく出過ぎるのでレイノルズ数 $> 10^7$ は一定値とする．また，実機の表面粗さを考慮して，図データの 1.5 倍として使用）

② 胴体最大上下幅 h, 胴体最大幅 w ⇒ 胴体最大直径 $d_f = \dfrac{h+w}{2}$
   ⇒ 胴体最大正面面積 $S_{fus} = \dfrac{\pi}{4} d_f^2$

③ 胴体側面積 S_{Bs}
   ⇒ 胴体 wetted area $S_{wetfus} = S_{Bs} \cdot \pi$ （S_{wetfus} は側面積の π 倍と仮定）

④ 翼胴干渉 factor R_{Wf} （A3.1.1 項），胴体長 l_B, 主翼面積 S,
   上記 C_{ffus}, d_f, S_{wetfus}
   ⇒ $C_{D0fus\text{-}base} = R_{Wf} C_{ffus} \left\{ 1 + \dfrac{60}{(l_B/d_f)^3} + 0.0025 \dfrac{l_B}{d_f} \right\} \dfrac{S_{wetfus}}{S}$

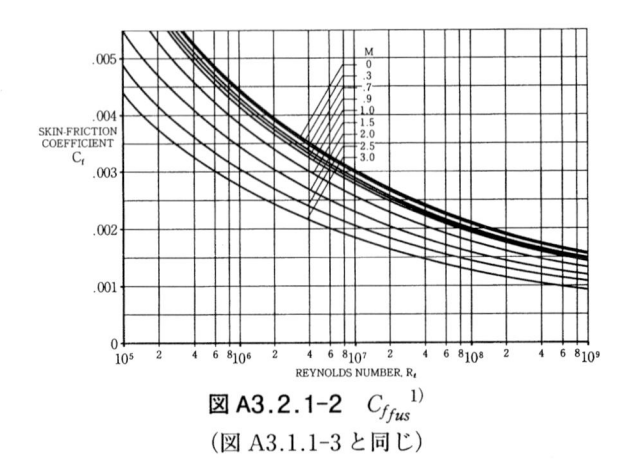

図 A3.2.1-2 $C_{f_{fus}}$ [1]
(図 A3.1.1-3 と同じ)

⑤ 胴体 Base 直径 d_b, 上記 d_f, S_{fus}, S, $C_{D0_{fus\text{-}base}}$

$$\Rightarrow \text{胴体 Base 抵抗}: C_{D_{b_{fus}}} = \frac{0.029 \left(\dfrac{d_b}{d_f}\right)^3}{\sqrt{C_{D0_{fus\text{-}base}} \cdot \dfrac{S}{S_{fus}}}} \cdot \frac{S_{fus}}{S}$$

⑥ 上記 $C_{D0_{fus\text{-}base}}$, $C_{D_{b_{fus}}}$ $\Rightarrow$ 胴体の零揚力抵抗: $C_{D0_{fus}} = C_{D0_{fus\text{-}base}} + C_{D_{b_{fus}}}$

A3.2.2 胴体の揚力による抵抗 $C_{D_{L_{fus}}}$

① 胴体長 l_B, 胴体最大直径 d_f (A3.2.1 項)
  $\Rightarrow$ body fineness ratio $l_B / d_f \Rightarrow$ 図 A3.2.2-2
  $\Rightarrow$ 無限長円柱抵抗比 η

② M, α (A2.4.4 項) $\Rightarrow$ cross-flow マッハ数 $M_c = M\sin|\alpha|$
  $\Rightarrow$ 図 A3.2.2-3 $\Rightarrow$ cross-flow 抵抗 c_{dc}

③ 胴体側面積 S_{Bs} $\Rightarrow$ 胴体 planform 面積 $S_{plf_{fus}}$ (胴体の平面図投影面積)
  (簡単のため, $S_{plf_{fus}}$ は S_{Bs} と同じとする)

④ 胴体 Base 直径 d_b (A3.2.1 項) $\Rightarrow$ 胴体 Base 面積 $S_{b_{fus}} = \dfrac{\pi}{4} d_b^2$

⑤ 主翼面積 S, 上記 η, α, c_{dc}, $S_{plf_{fus}}$
  $\Rightarrow$ 胴体の揚力による抵抗: $C_{D_{L_{fus}}} = 2\alpha^2 \dfrac{S_{b_{fus}}}{S} + \eta \cdot c_{dc}|\alpha|^3 \dfrac{S_{plf_{fus}}}{S}$

付　録

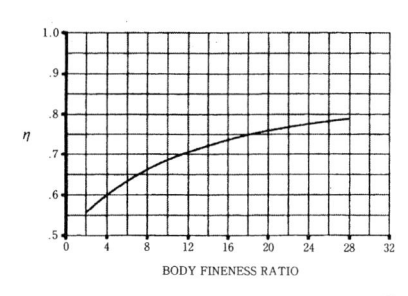

図 A3.2.2-2　無限長円柱抵抗比[1]　　　図 A3.2.2-3　cross-flow 抵抗[1]

A3.2.3　亜音速での胴体の抵抗（合計）C_{Dfus}

胴体の零揚力抵抗 C_{D0fus} （A3.2.1 項），
胴体の揚力による抵抗 C_{DLfus} （A3.2.2 項）
⇒　胴体の抵抗：$C_{Dfus} = C_{D0fus} + C_{DLfus}$

A3.2.4　遷音速での胴体の零揚力抵抗 $C_{D0fusTRS}$

① $M=0.6$ での胴体のレイノルズ数 $R_{eL} = \dfrac{\rho V l_B}{\mu} = \dfrac{V l_B}{\nu}$

　⇒　図 A3.2.1-2　⇒　乱流 Skin-Friction 係数 $C_{f_{fus(M=0.6)}}$

② 胴体 wetted area S_{wetfus}（A3.2.1 項），S，上記 $C_{f_{fus(M=0.6)}}$

　⇒　$C_{Dffus} = C_{f_{fus(M=0.6)}} \cdot S_{wetfus} / S$

③ body fineness ratio l_B/d_f （A3.2.2 項），上記 S_{wetfus}，S，$C_{f_{fus(M=0.6)}}$

　⇒　$C_{Dpfus} = C_{f_{fus(M=0.6)}} \cdot \left\{ \dfrac{60}{(l_B/d_f)^3} + 0.0025(l_B/d_f) \right\} S_{wetfus} / S$

④ A3.2.1 項の胴体 Base 抵抗 C_{Dbfus} を $M=0.6$ として求める．
　$M=0.6$ における $C_{Dbfus}/(d_b/d)^2$ の値を $M=0.75$ まで同じと仮定して，図 A3.2.4-1 に従って $0.75 < M < 1.3$ における $C_{Db}/(d_b/d)^2$ の値を推定する．

　⇒　$C_{Db} = \left\{ C_{Db}/(d_b/d)^2 \right\} \cdot (d_b/d)^2$

⑤ 上記 M，l_B/d_f　⇒　図 A3.2.4-2　⇒　胴体 Wave 抵抗 C_{Dw}

⑥ 上記 C_{Dffus}，C_{Dpfus}，C_{Db}，C_{Dw}，S_{fus}（A3.2.1 項），S，R_{Wf}（A3.1.1 項），R_{Mhokan}（$M=0.85$ で 0，$M=0.9$ で 1.0 の線形補間関数）

$$\Rightarrow C_{D0_{fusTRS}} = \{R_{Wf}\left(C_{Df_{fus}} + C_{Dp_{fus}}\right) + C_{Db} + C_{Dw} S_{fus}/S\} \cdot R_{M_{hokan}}$$

(M=0.85 までは遷音速効果は省略)

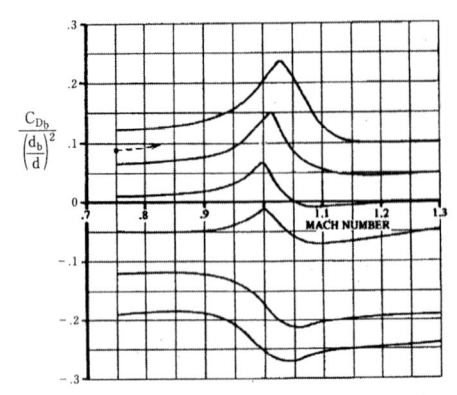

図 A3.2.4-1　胴体 Base 抵抗 [1]

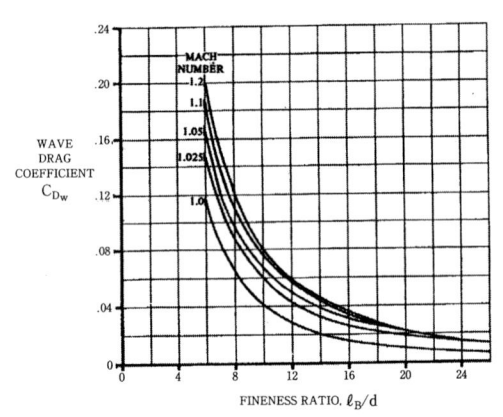

図 A3.2.4-2　胴体 Wave 抵抗 [1]

A3.2.5　遷音速での胴体の揚力による抵抗 $C_{DL_{fusTRS}}$

胴体 Base 面積 $S_{b_{fus}}$ (A3.2.2 項)，主翼面積 S，迎角 α (deg)(A2.4.4 項)，
$R_{M_{hokan}}$ （M=0.85 で 0，M=0.9 で 1.0 の線形補間関数）

$$\Rightarrow C_{DL_{fusTRS}} = (\alpha/57.3)^2 \cdot (S_{b_{fus}}/S) \cdot R_{M_{hokan}}$$

(M=0.85 までは遷音速効果は省略)

付　録

A3.2.6 遷音速を含む胴体の抵抗 C_{Dfus} （まとめ）

亜音速の胴体の零揚力抵抗　　　（A3.2.1項）　C_{D0fus}
亜音速の胴体の揚力による抵抗　（A3.2.2項）　C_{DLfus}
遷音速での胴体の零揚力抵抗　　（A3.2.4項）　$C_{D0fusTRS}$
遷音速での胴体の揚力による抵抗（A3.2.5項）　$C_{DLfusTRS}$
⇒　胴体の抵抗：$C_{Dfus}=C_{D0fus}+C_{DLfus}+C_{D0fusTRS}+C_{DLfusTRS}$

A3.3　その他の抵抗

A3.3.1　フラップによる抵抗係数 $C_{D|\delta f|}$

① δf, c_f/c（ただし，c_f/c はフラップせり出し後の値）（A2.4.2項）
（$\delta f=0$ のときは，$\delta f=20(\deg)$ として $C_{D|\delta f|}$ を算出）
⇒　図 A3.3.1-1　⇒　フラップによる翼断面抗力係数 ΔC_{df}
② span factor $K_b=K_{b_o}-K_{b_i}$（A2.4.3項），上記 ΔC_{df}
⇒　フラップによる抵抗係数 $C_{D|\delta f|}=\Delta C_{df}K_b/\delta f$
③　上記 $C_{D|\delta f|}$，δf　⇒　フラップによる抵抗 $\Delta C_D(\delta f)=C_{D|\delta f|}\cdot|\delta f|$

なお，フラップによる揚力増の影響は，全機 C_L に対する抗力として反映されていると考える。

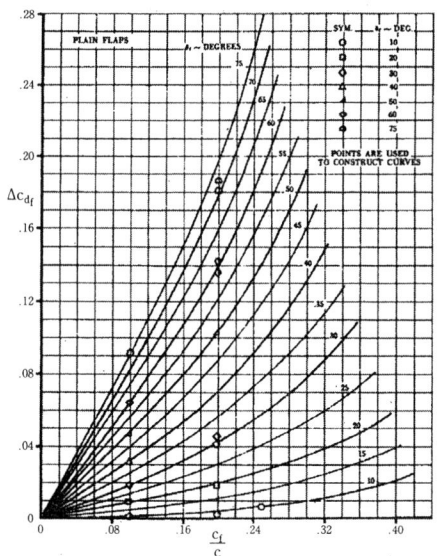

図 A3.3.1-1　フラップ抵抗[1]

A3.3.2 脚による抵抗

脚による抵抗 ⇒ $C_{D_{gear}}=0.01$

(脚による抵抗は，タイヤの断面積に抗力係数 $C_D=1.0$ と仮定して，タイヤの数を掛け，主翼面積 S で割ると，$C_{D_{gear}}=0.01$ 程度となるのでこの値を採用する.)

A3.4 抵抗のまとめ

A3.4.1 零揚力抵抗 C_{D_0} （まとめ）

亜音速翼の零揚力抵抗 （A3.1.1項） $C_{D_{0W}}$
亜音速胴体の零揚力抵抗（A3.2.1項） $C_{D_{0fus}}$
遷音速翼の零揚力抵抗 （A3.1.4項） $C_{D_{Wwave}}$
遷音速胴体の零揚力抵抗（A3.2.4項） $C_{D_{0fusTRS}}$

⇒ 零揚力抵抗（フラップ UP，脚 UP）：

$$C_{D_0} = C_{D_{0W}} + C_{D_{0fus}} + C_{D_{Wwave}} + C_{D_{0fusTRS}}$$

なお，次の抵抗

フラップによる抵抗 （A3.3.1項） $\Delta C_D(\delta f)$
脚による抵抗 （A3.3.2項） $C_{D_{gear}}$

については，C_{D_0} とは別に扱うこととする.

⇒ 零揚力抵抗（all）：$C_{D_0}(all) = C_{D_0} + \Delta C_D(\delta f) + C_{D_{gear}}$

A3.4.2 揚力による抵抗 C_{D_L} （まとめ）

① 亜音速翼の揚力抵抗 （A3.1.2項） $C_{D_{LW}}$
亜音速胴体の揚力抵抗（A3.2.2項） $C_{D_{Lfus}}$
遷音速翼の揚力抵抗 （A3.1.5項） $C_{D_{LWTRS}}$
遷音速胴体の揚力抵抗（A3.2.5項） $C_{D_{LfusTRS}}$

⇒ 揚力による抵抗：$C_{D_L} = C_{D_{LW}} + C_{D_{Lfus}} + C_{D_{LWTRS}} + C_{D_{LfusTRS}}$

② 揚力係数 C_L，上記 C_{D_L} ⇒ $k = \dfrac{C_{D_L}}{C_L^2}$

A4. 横・方向系の空力推算

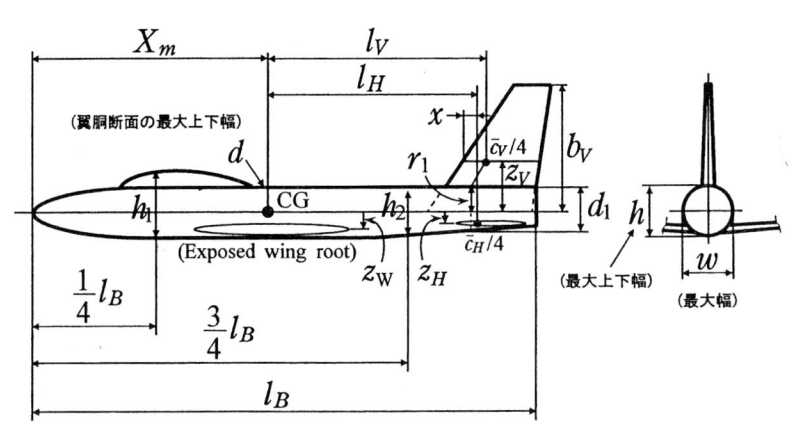

図 A4-1 機体の形状パラメータ

A4.1 静安定微係数 $C_{y\beta}$, $C_{l\beta}$ および $C_{n\beta}$

A4.1.1 $(C_{y\beta})_{WB}$

① 胴体と主翼の距離 z_W (翼が下が正), 胴体直径 d $\Rightarrow$ $\dfrac{z_W}{d/2}$

$\Rightarrow$ 図 A4.1.1-1 $\Rightarrow$ 翼胴干渉係数 K_i

② 胴体長さ l_B, 上記 d $\Rightarrow$ fineness ratio $f = \dfrac{l_B}{d}$ $\Rightarrow$ 図 A2.3.4-1

$\Rightarrow$ apparent mass factor : $k_2 - k_1$

③ 胴体面積 $S_0 = \dfrac{\pi d^2}{4}$, S, 主翼上反角 Γ (deg), 上記 K_i, $k_2 - k_1$,

 途中上反角の場合 S_9 (図 A4.1.1-2 で上反角のない部分の主翼面積)

$\Rightarrow$ $(C_{y\beta})_{WBZW} = -2K_i (k_2 - k_1) \dfrac{S_0}{S}$ (1/rad)

$\Rightarrow$ $(C_{y\beta})_{WBGM} = -0.00573 |\Gamma| \cdot \left(1 - \dfrac{S_9}{S}\right)$ (1/rad)

④ 上記 $(C_{y\beta})_{WBZW}$, $(C_{y\beta})_{WBGM}$

$\Rightarrow$ $(C_{y\beta})_{WB} = (C_{y\beta})_{WBZW} + (C_{y\beta})_{WBGM}$ (1/rad)

ALL SPEEDS

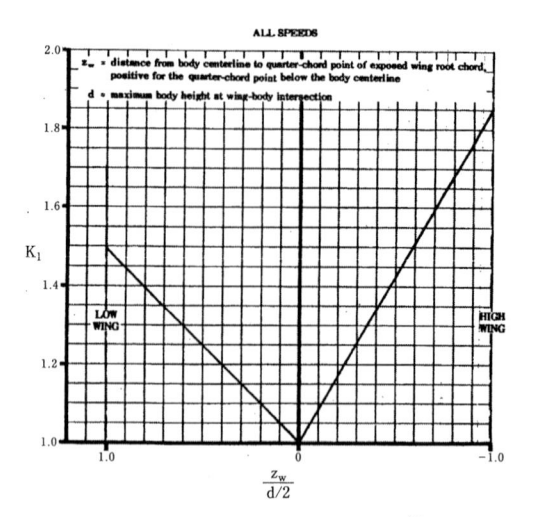

z_w = distance from body centerline to quarter-chord point of exposed wing root chord, positive for the quarter-chord point below the body centerline
d = maximum body height at wing-body intersection

(グラフ: 縦軸 K_1 (1.0〜2.0), 横軸 $\frac{z_w}{d/2}$ (1.0 LOW WING 〜 -1.0 HIGH WING))

図 A4.1.1-1　翼胴干渉係数 [1]

(図: 途中上反角 Γ_9, $(b/2)\eta_9$)

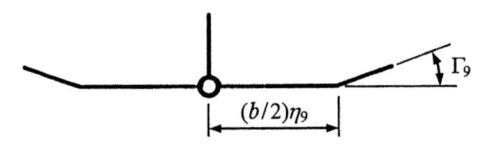

図 A4.1.1-2　途中上反角 Γ_9（著者により追加）

A4.1.2　垂直尾翼による増加分 $(\Delta C_{y\beta})_{V(WBH)}$

① 垂直尾翼 $c/4$ 点と胴体中心線の距離 r_1，垂直尾翼のスパン b_V，

$\Rightarrow \dfrac{b_V}{2r_1} \Rightarrow$ 図 A4.1.2-1 $\Rightarrow k$

② 垂直尾翼先細比 λ_V，上記 $\dfrac{b_V}{2r_1} \Rightarrow$ 図 A4.1.2-2 $\Rightarrow \dfrac{(A)_{V(B)}}{(A)_V}$

③ 垂直尾翼面積 S_V，水平尾翼面積 $S'' \Rightarrow \dfrac{S''}{S_V} \Rightarrow$ 図 A4.1.2-3 $\Rightarrow K_H$

④ 垂尾から水尾 $\bar{c}''/4$ 点距離 x，垂尾平均空力翼弦 $\bar{c}_V$，
上記 b_V 胴体から水尾 $\bar{c}''/4$ 点距離 z_H（翼が下が正）

$\Rightarrow \dfrac{x}{\bar{c}_V},\ \dfrac{-z_H}{b_V} \Rightarrow$ 図 A4.1.2-4 $\Rightarrow \dfrac{(A)_{V(HB)}}{(A)_{V(B)}}$

付　録

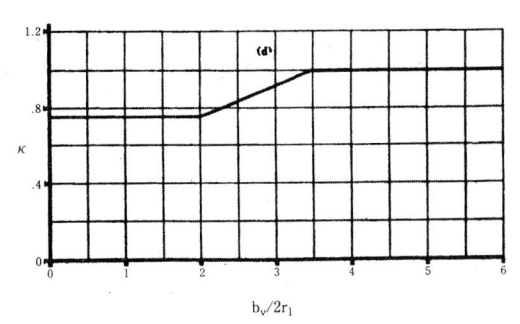

図 A4.1.2-1　k [1]

図 A4.1.2-2　$\dfrac{(A)_{V(B)}}{(A)_V}$ [1]

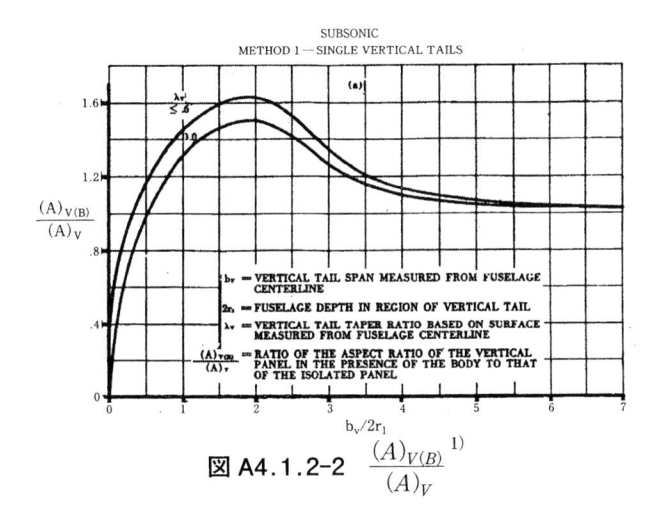

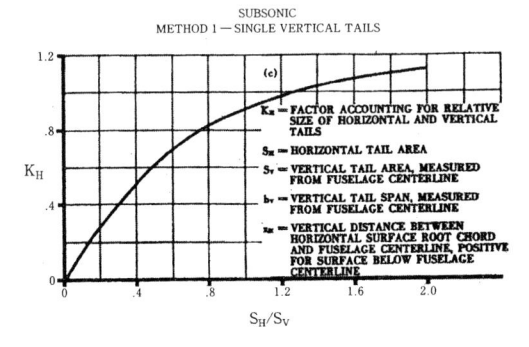

図 A4.1.2-3　K_H [1]

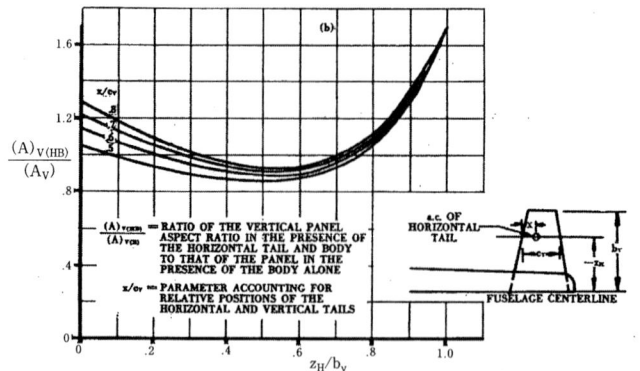

FIGURE 5.3.1.1-22 CHARTS FOR ESTIMATING THE SIDESLIP DERIVATIVE $(C_{y\beta})_{V(WBH)}$ FOR SINGLE VERTICAL TAILS

図 A4.1.2-4 $\dfrac{(A)_{V(HB)}}{(A)_{V(B)}}$ [1]

⑤ 垂直尾翼アスペクト比 A_V, 上記 $\dfrac{(A)_{V(HB)}}{(A)_{V(B)}}$, K_H, $\dfrac{(A)_{V(B)}}{(A)_V}$

$\Rightarrow A_{eff} = \dfrac{(A)_{V(B)}}{(A)_V} A_V \left[1 + K_H \left\{ \dfrac{(A)_{V(HB)}}{(A)_{V(B)}} - 1 \right\} \right]$

⑥ $(C_{l_\alpha})_V$ (A2.1.1 項), $\kappa_V = \dfrac{(C_{l_\alpha})_V}{2\pi}$, $\beta = \sqrt{1-M^2}$, 後退角 $\Lambda_{c/2V}$, 上記 A_{eff}

$\Rightarrow (C_{L_\alpha})_V = \dfrac{\pi \cdot A_{eff}}{1 + \sqrt{1 + \left(\dfrac{A_{eff}}{2\kappa_V}\right)^2 \cdot \{\beta^2 + \tan^2\Lambda_{c/2V}\}}}$

⑦ 主翼アスペクト比 A, 後退角 $\Lambda_{c/4}$, 上記 S_V, S, d, z_W

$\Rightarrow \left(1 + \dfrac{\partial\sigma}{\partial\beta}\right)\dfrac{q_V}{q_\infty} = 0.724 + 3.06 \dfrac{S_V/S}{1+\cos\Lambda_{c/4}} + 0.4 \dfrac{z_W}{d} + 0.009A$

⑧ 上記 S_V, S, k, $(C_{L_\alpha})_V$, $\left(1 + \dfrac{\partial\sigma}{\partial\beta}\right)\dfrac{q_V}{q_\infty}$

$\Rightarrow (\Delta C_{y\beta})_{V(WBH)} = -k(C_{L_\alpha})_V \cdot \left(1 + \dfrac{\partial\sigma}{\partial\beta}\right)\dfrac{q_V}{q_\infty} \cdot \dfrac{S_V}{S}$ (1/rad)

A4.1.3 全機の $C_{y\beta}$

① 上記 $(C_{y\beta})_{WB}$, $(\Delta C_{y\beta})_{V(WBH)}$ $\Rightarrow$ $C_{y\beta} = (C_{y\beta})_{WB} + (\Delta C_{y\beta})_{V(WBH)}$ (1/rad)

A4.1.4　$(C_{l\beta})_{WB}$

① アスペクト比 A, 後退角 $\Lambda_{c/2}$, M　$\Rightarrow$　$M\cos\Lambda_{c/2}$, $\dfrac{A}{\cos\Lambda_{c/2}}$

　$\Rightarrow$　図 A4.1.4-1　$\Rightarrow$　K_{M_Λ}

② 主翼翼端の $c/2$ 点と機首との距離 l'_f（図 A2.3-1），スパン b

　$\Rightarrow$　$\dfrac{l'_f}{b}$, 上記 $\dfrac{A}{\cos\Lambda_{c/2}}$　$\Rightarrow$　図 A4.1.4-2　$\Rightarrow$　K_f

③ A, λ, $\Lambda_{c/2}$　$\Rightarrow$　図 A4.1.4-3　$\Rightarrow$　$\left(\dfrac{C_{l\beta}}{C_L}\right)_{\Lambda_{c/2}}$　(1/rad)

④ A, λ　$\Rightarrow$　図 A4.1.4-4　$\Rightarrow$　$\left(\dfrac{C_{l\beta}}{C_L}\right)_A$　(1/rad)

⑤ A, b, z_W, 胴体最大上下幅 h, 胴体最大幅 w

　$\Rightarrow$　$(\Delta C_{l\beta})_{z_W} = 1.2\sqrt{A}\,\dfrac{z_W}{b}\cdot\dfrac{h+w}{b}$

⑥ 上記 $M\cos\Lambda_{c/2}$, $\dfrac{A}{\cos\Lambda_{c/2}}$　$\Rightarrow$　図 A4.1.4-5　$\Rightarrow$　K_{M_Γ}

　　　途中上反角ケース

　　　$M\cos\Lambda_{c/2}$, $\dfrac{A_9}{\cos\Lambda_{c/2}}$　$\Rightarrow$　図 A4.1.4-5　$\Rightarrow$　$K_{M_\Gamma 9}$

⑦ A, λ, $\Lambda_{c/2}$

　$\Rightarrow$　図 A4.1.4-6　$\Rightarrow$　$\dfrac{C_{l\beta}}{\Gamma}$　$((1/\text{rad})/(\Gamma=1\text{deg}))$

　　　途中上反角ケース

　　　A_9, λ_9, $\Lambda_{c/2}$　$\Rightarrow$　図 A4.1.4-6　$\Rightarrow$　$\dfrac{C_{l\beta}}{\Gamma_9}$　$((1/\text{rad})/(\Gamma=1\text{deg}))$

⑧ A, b, 胴体最大幅 w

　$\Rightarrow$　$\dfrac{\Delta C_{l\beta}}{\Gamma} = -0.0287\sqrt{A}\cdot\left(\dfrac{w}{b}\right)^2$　$((1/\text{rad})/(\Gamma=1\text{deg}))$

　　　途中上反角ケース

　　　A_9, b_9, 胴体最大幅 w（ただし，$b_9=0$ はスキップ）

　$\Rightarrow$　$\dfrac{\Delta C_{l\beta}}{\Gamma_9} = -0.0287\sqrt{A_9}\cdot\left(\dfrac{w}{b_9}\right)^2$　$((1/\text{rad})/(\Gamma=1\text{deg}))$

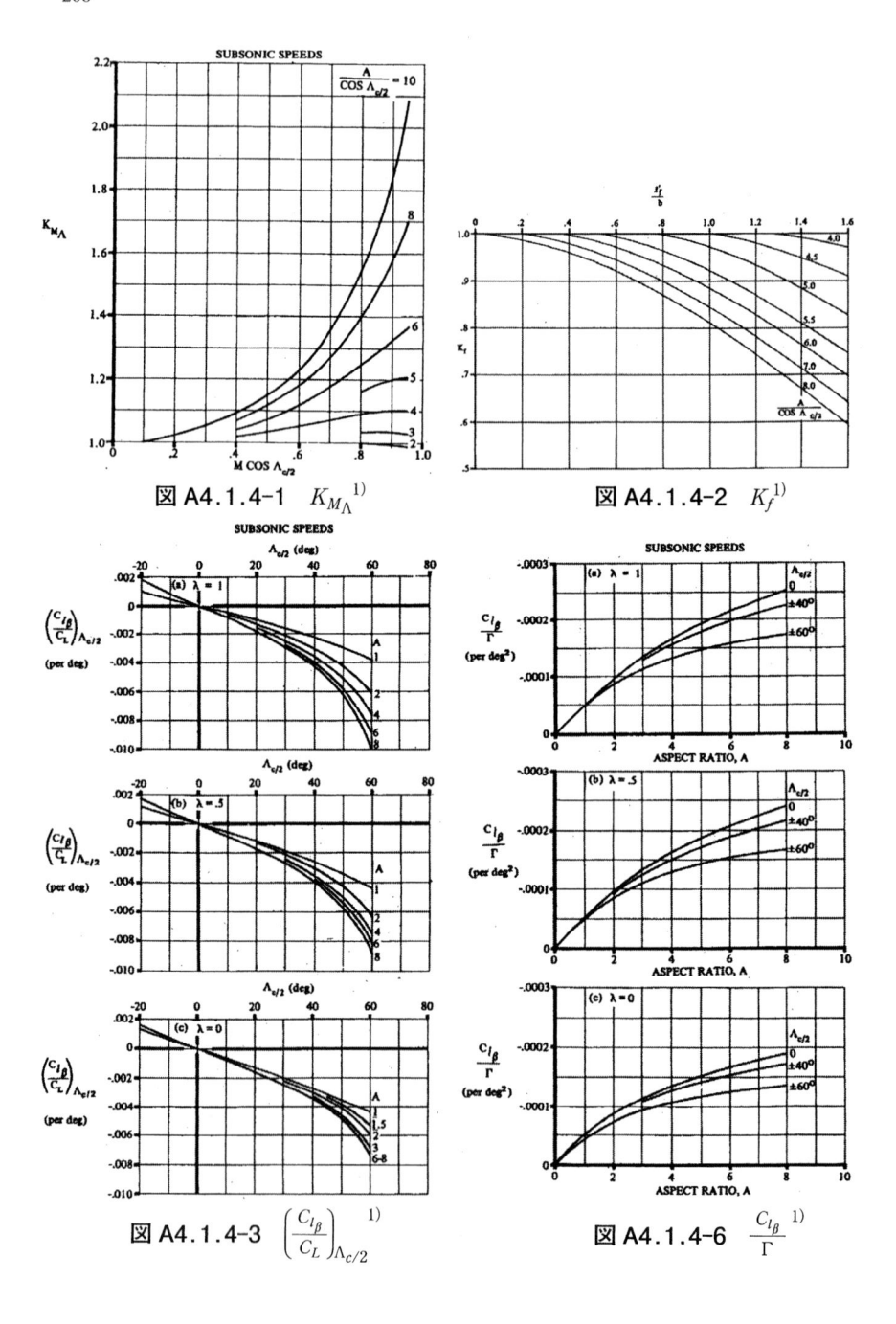

図 A4.1.4-1 K_{M_Λ}[1]

図 A4.1.4-2 K_f[1]

図 A4.1.4-3 $\left(\dfrac{C_{l_\beta}}{C_L}\right)_{\Lambda_{c/2}}$[1]

図 A4.1.4-6 $\dfrac{C_{l_\beta}}{\Gamma}$[1]

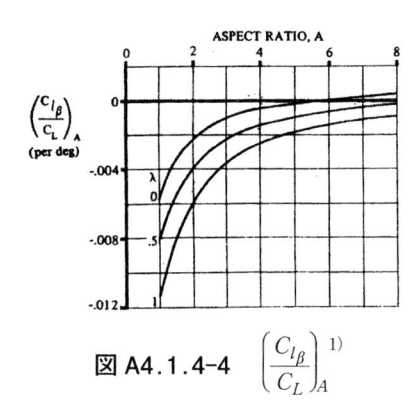

図 A4.1.4-4 $\left(\dfrac{C_{l\beta}}{C_L}\right)_A^{1)}$ 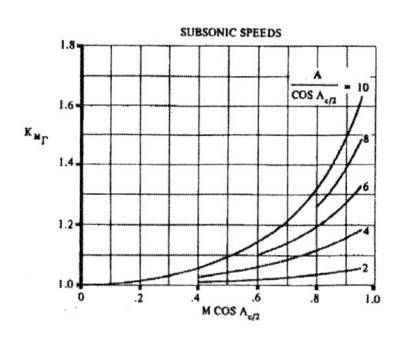   　　図 A4.1.4-5 $K_{M_\Gamma}{}^{1)}$

⑨ 揚力係数 C_L，上反角 Γ (deg)，上記 K_{M_Λ}，K_f，

$\left(\dfrac{C_{l\beta}}{C_L}\right)_{\Lambda_{c/2}}$, $\left(\dfrac{C_{l\beta}}{C_L}\right)_A$, $(\Delta C_{l\beta})_{Z_W}$, K_{M_Γ}, $\dfrac{C_{l\beta}}{\Gamma}$, $\dfrac{\Delta C_{l\beta}}{\Gamma}$

途中上反角

Γ_9 (deg)，上記 $K_{M_\Gamma 9}$, $\dfrac{C_{l\beta}}{\Gamma_9}$, $\dfrac{\Delta C_{l\beta}}{\Gamma_9}$

$$\Rightarrow (C_{l\beta})_{WB} = C_L\left\{K_{M_\Lambda}K_f\left(\dfrac{C_{l\beta}}{C_L}\right)_{\Lambda_{c/2}} + \left(\dfrac{C_{l\beta}}{C_L}\right)_A\right\} + (\Delta C_{l\beta})_{Z_W}$$
$$+ \Gamma\left(K_{M_\Gamma}\dfrac{C_{l\beta}}{\Gamma} + \dfrac{\Delta C_{l\beta}}{\Gamma}\right) - \Gamma_9\left(K_{M_\Gamma 9}\dfrac{C_{l\beta}}{\Gamma_9} + \dfrac{\Delta C_{l\beta}}{\Gamma_9}\right)$$

A4.1.5 全機の $C_{l\beta}$

① 胴体と垂尾 $\bar{c}_V/4$ 点距離 z_V, スパン b, $(\Delta C_{y\beta})_{V(WBH)}$（A4.1.2 項）

$\Rightarrow (C_{l\beta})_{VFIN} = (\Delta C_{y\beta})_{V(WBH)} \cdot \dfrac{z_V}{b}$ (1/rad)

② 上記 $(C_{l\beta})_{WB}$ $\Rightarrow$ $C_{l\beta} = (C_{l\beta})_{WB} + (C_{l\beta})_{VFIN} \cdot \dfrac{z_V}{b}$ (1/rad)

A4.1.6 $(C_{n\beta})_{WB}$

① 胴体長さ l_B, 機首と重心の距離 X_m, 胴体最大幅 w,
胴体最大上下幅 h, 胴体長 1/4 の上下幅 h_1, 胴体長 3/4 の上下幅 h_2,

胴体側面積 S_{BS} $\Rightarrow$ $\dfrac{X_m}{l_B}$, $\dfrac{l_B^2}{S_{BS}}$, $\sqrt{\dfrac{h_1}{h_2}}$, $\dfrac{h}{w}$ $\Rightarrow$ 図 A4.1.6-1 $\Rightarrow$ K_N

② 胴体レイノルズ数 $R_{eL} = \dfrac{\rho V l_B}{\mu} = \dfrac{V l_B}{\nu}$ $\Rightarrow$ 図 A4.1.6-2 $\Rightarrow$ K_{Rl}

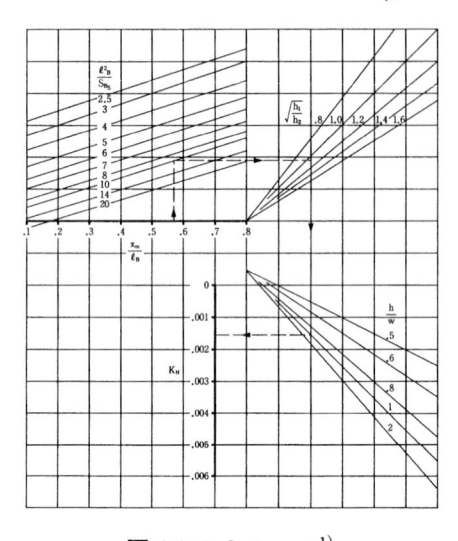

図 A4.1.6-1 K_N[1)]   図 A4.1.6-2 K_{Rl}[1)]

③ S, b, 上記 S_{BS}, l_B, K_N, K_{Rl}

$\Rightarrow$ $(C_{n\beta})_{WB} = -K_N K_{Rl} \dfrac{S_{BS}}{S} \cdot \dfrac{l_B}{b} \times 57.3$ (1/rad)

A4.1.7 全機の $C_{n\beta}$

$(C_{n\beta})_{WB}$ の中に垂直尾翼の胴体部分は含まれているとして、垂直尾翼効果は胴体分を除いた expoed 面積 S_{eV} を用い、また l_V も垂尾 exposed 翼の $\bar{c}/4$ までの距離とする。(DATCOM より変更)

① 重心と exposed 垂尾 $\bar{c}/4$ 点距離 l_{eV}、スパン b、exposed 垂尾面積 S_{eV}、

垂尾面積 S_V、$(\Delta C_{y\beta})_{V(WBH)}$ $\Rightarrow$ $(C_{n\beta})_{VFIN} = -(\Delta C_{y\beta})_{V(WBH)} \cdot \dfrac{l_{eV}}{b} \cdot \dfrac{S_{eV}}{S_V}$

② 上記 $(C_{n\beta})_{WB}$、$(C_{n\beta})_{VFIN}$ $\Rightarrow$ $C_{n\beta} = (C_{n\beta})_{WB} + (C_{n\beta})_{VFIN}$ (1/rad)

A4.2 ラダー舵効き $C_{y\delta r}$, $C_{l\delta r}$ および $C_{n\delta r}$

A4.2.1 ラダーによる翼断面揚力の増加 ΔC_l

A2.4.2項の plane flap の式を用いて，$\Delta C_l/\delta r$ を求める．

① 垂尾翼厚比 $(t/c)_V$，ラダー弦長比 $c_{\delta r}/c$ $\Rightarrow$ 図 A4.2.1-2 $\Rightarrow$ $(C_{l\delta})_{theory V}$

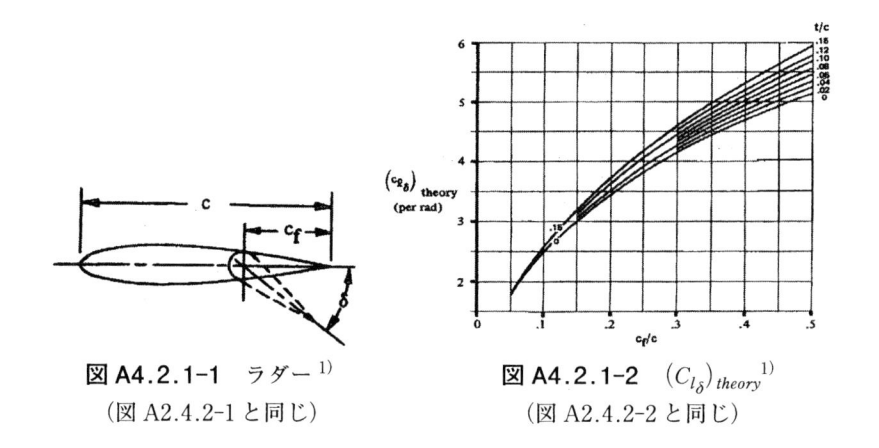

図 A4.2.1-1 ラダー[1]
（図 A2.4.2-1 と同じ）

図 A4.2.1-2 $(C_{l\delta})_{theory}$[1]
（図 A2.4.2-2 と同じ）

② $\dfrac{C''_{l\alpha}}{(C_{l\alpha})_{theory}}$ (A2.1.1項), (上記 $c_{\delta r}/c$) $\Rightarrow$ 図 A4.2.1-3 $\Rightarrow$ $\dfrac{C_{l\delta}}{(C_{l\delta})_{theory V}}$

③ ラダー舵角 δr，(上記 $c_{\delta r}/c$) $\Rightarrow$ 図 A4.2.1-4 $\Rightarrow$ Correction 係数 K

④ (上記 $\dfrac{C_{l\delta}}{(C_{l\delta})_{theory V}}$, $(C_{l\delta})_{theory V}$, K, δr)

$\Rightarrow \dfrac{\Delta C_l}{\delta r} = \dfrac{C_{l\delta}}{(C_{l\delta})_{theory V}} \cdot (C_{l\delta})_{theory} \cdot K$ (1/rad)

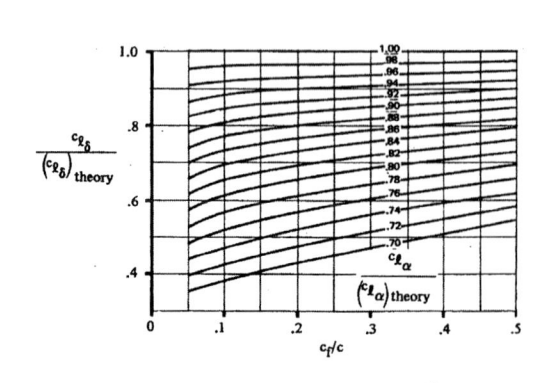

図 A4.2.1-3　correction C_{l_δ} [1]
（図 A2.4.2-3 と同じ）

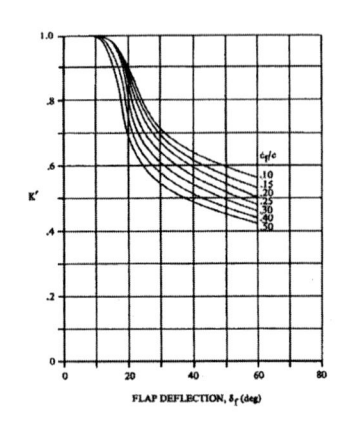

図 A4.2.1-4　K [1]
（図 A2.4.2-4 と同じ）

A4.2.2　ラダーによる揚力の増加 ΔC_L

① 垂尾アスペクト比 Av，（上記 $c_{\delta r}/c$）　⇒　図 A4.2.2-1　⇒　$\dfrac{(\alpha_\delta)_{C_L}}{(\alpha_\delta)_{C_l}}$

② ラダーのスパン方向の開始位置 η_i，終了位置 η_0，垂尾先細比 λ_V
　⇒　図 A4.2.2-2　⇒　span factor　$K_b = K_{b_0} - K_{b_i}$

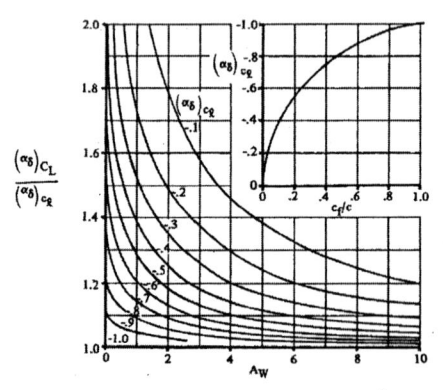

図 A4.2.2-1　flap-cord factor [1]
（図 A2.4.3-1 と同じ）

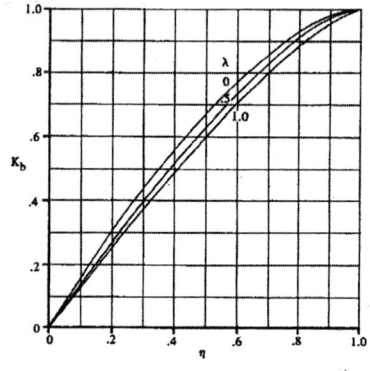

図 A4.2.2-2　span factor [1]
（図 A2.4.3-2 と同じ）

③ $(C_{l_\alpha})_V$(A2.1.1項), $(C_{L\alpha})_V$(A4.1.2項), (上記 $\dfrac{\Delta C_l}{\delta r}$, $\dfrac{(\alpha_\delta)_{C_L}}{(\alpha_\delta)_{C_l}}$, K_b)

⇒ ラダーによる揚力の増加 ΔC_L: $\dfrac{\Delta C_L}{\delta r} = \dfrac{\Delta C_l}{\delta r} \cdot \dfrac{(C_{L\alpha})_V}{(C_{l_\alpha})_V} \cdot \dfrac{(\alpha_\delta)_{C_L}}{(\alpha_\delta)_{C_l}} \cdot K_b$

A4.2.3 $C_{y\delta r}$
① 垂尾面積 S_V, 主翼面積 S, $\dfrac{\Delta C_L}{\delta r}$ (A4.2.2項)

⇒ $C_{y\delta r} = \dfrac{\Delta C_L}{\delta r} \cdot \dfrac{S_V}{S}$ (1/rad)

A4.2.4 $C_{l\delta r}$
① 胴体と垂尾 $\bar{c}_V/4$ 点距離 z_V, スパン b, $C_{y\delta r}$ (A4.2.3項)

⇒ $C_{l\delta r} = C_{y\delta r} \dfrac{z_V}{b} \cdot K_{HT}$ (1/rad)

(K_{HT} は, ラダーによる垂直尾翼の圧力差が左右水平尾翼にローリングを生じさせる影響で, 0.5 と仮定する)

A4.2.5 $C_{n\delta r}$
① 重心と垂尾 $\bar{c}_V/4$ 距離, ラダー弦長比 $c_{\delta r}/c$, 平均空力翼弦 $\bar{c}_V$

⇒ $l_{V1} = l_V + \left(0.75 - \dfrac{c_{\delta r}}{c}\right)\bar{c}_V$ (ラダー作動時の空気力作用点はヒンジ付近と仮定) (DATCOM から変更)

② $C_{y\delta r}$ (A4.2.3項), スパン b, 上記 l_{V1} ⇒ $C_{n\delta r} = -C_{y\delta r}\dfrac{l_{V1}}{b}$ (1/rad)

A4.3 エルロン舵効き $C_{l\delta a}$ および $C_{n\delta a}$
A4.3.1 エルロンによるローリング・モーメントパラメータ $\beta C'_{l_\delta}/\kappa'$
① $\beta = \sqrt{1-M^2}$, アスペクト比 A, $\kappa' = \dfrac{C_{l_\alpha}}{2\pi}$ (A2.1.1項) ⇒ $\dfrac{\beta A}{\kappa'}$

② 後退角 $\Lambda_{c/4}$, 上記 β ⇒ $\Lambda_\beta = \tan^{-1}\{\tan(\Lambda_{c/4})/\beta\}$

③ エルロンの内側スパン位置 η_i および外側スパン位置 η_0 (セミスパン $b/2$ に対する比), 先細比 λ, 上記 $\dfrac{\beta A}{\kappa'}$, Λ_β

⇒ 図 A4.3.1-1 ⇒ $\left(\dfrac{\beta C'_{l_\delta}}{\kappa'}\right)_{\eta_i}$, $\left(\dfrac{\beta C'_{l_\delta}}{\kappa'}\right)_{\eta_0}$

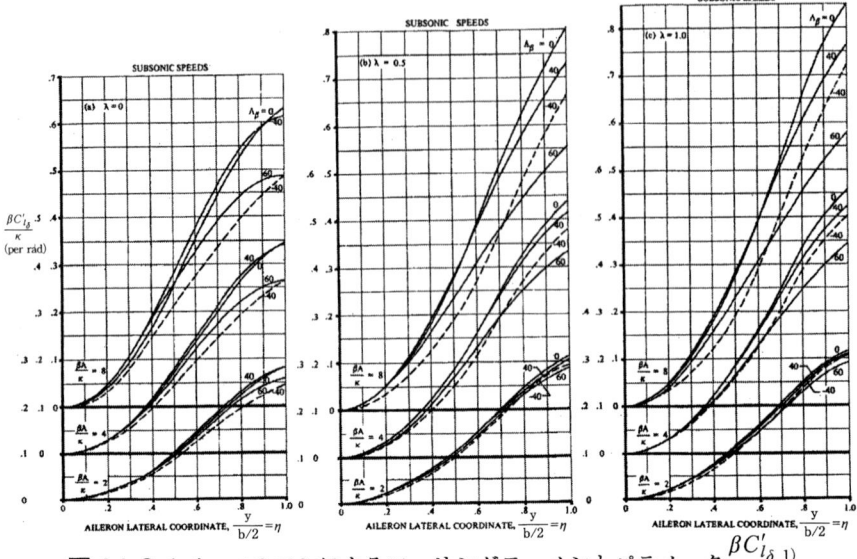

図 A4.3.1-1　エルロンによるローリングモーメントパラメータ $\dfrac{\beta C'_{l_\delta}}{\kappa'}$ [1]

④ 上記 $\left(\dfrac{\beta C'_{l_\delta}}{\kappa'}\right)_{\eta_i}$, $\left(\dfrac{\beta C'_{l_\delta}}{\kappa'}\right)_{\eta_0}$

⇒ $\dfrac{\beta C'_{l_\delta}}{\kappa'} = \left(\dfrac{\beta C'_{l_\delta}}{\kappa'}\right)_{\eta_0} - \left(\dfrac{\beta C'_{l_\delta}}{\kappa'}\right)_{\eta_i}$

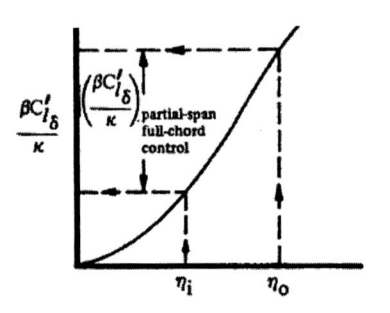

図 A4.3.1-2　エルロンスパン位置 [1]

A4.3.2　エルロンの効き $C_{l_{\delta a}}$

① κ', β, 上記 $\dfrac{\beta C'_{l_\delta}}{\kappa'}$ ⇒ $C'_{l_\delta} = \dfrac{\beta C'_{l_\delta}}{\kappa'} \cdot \dfrac{\kappa'}{\beta}$

② 翼厚比 t/c, エルロン弦長比 c_a/c ⇒ 図 A4.3.2-1 ⇒ $(C_{l_\delta})_{theory}$

付　録

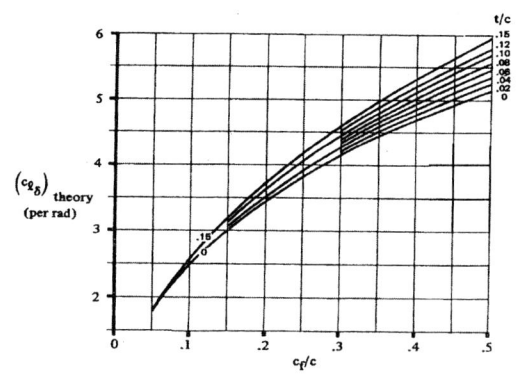

図 **A4.3.2-1** $(C_{l_\delta})_{theory}$[1]　（図 A2.4.2-2 と同じ）

③ $\dfrac{C_{l_\alpha}}{(C_{l_\alpha})_{theory}}$ (A2.1.1項), 上記 c_a/c $\Rightarrow$ 図 A4.3.2-2 $\Rightarrow$ $\dfrac{C_{l_\delta}}{(C_{l_\delta})_{theory}}$

④ エルロン舵角 δa, 上記 c_a/c $\Rightarrow$ 図 A4.3.2-3 $\Rightarrow$ K'

⑤ 上記 $(C_{l_\delta})_{theory}$, $\dfrac{C_{l_\delta}}{(C_{l_\delta})_{theory}}$, K', κ' ($2\pi\kappa'$ は揚力傾斜)

$\Rightarrow \quad \alpha_{\delta a} = \dfrac{C_{l_\delta}}{(C_{l_\delta})_{theory}} \cdot (C_{l_\delta})_{theory} \cdot K' \cdot \dfrac{1}{2\pi\kappa'}$

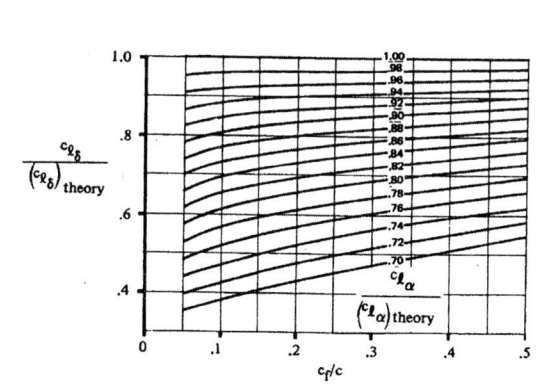

図 **A4.3.2-2** correction C_{l_δ}[1]
（図 A2.4.2-3 と同じ）

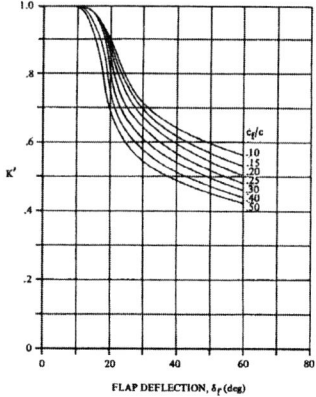

図 **A4.3.2-3** K'[1]
（図 A2.4.2-4 と同じ）

⑥ 上記 C'_{l_δ}, $\alpha_{\delta a}$ ⇒ $C_{l_{\delta a}} = -C'_{l_\delta}\alpha_{\delta a}$ (1/rad)

なお，エルロン舵角 δa は，$\delta a = \dfrac{\delta a_{right} - \delta a_{left}}{2}$ である．

A4.3.3 $C_{n_{\delta a}}$

① $\eta_i = y_i/(b/2)$, $\eta_0 = y_0/(b/2)$, A, λ ⇒ 図 A4.3.3-1 ⇒ $(K)_{\eta_i}$, $(K)_{\eta_0}$

② 上記 $(K)_{\eta_i}$, $(K)_{\eta_0}$ ⇒ $K = (K)_{\eta_0} - (K)_{\eta_i}$

③ 揚力係数 C_L, $C_{l_{\delta a}}$, 上記 K ⇒ $C_{n_{\delta a}} = KC_L C_{l_{\delta a}}$ (1/rad)

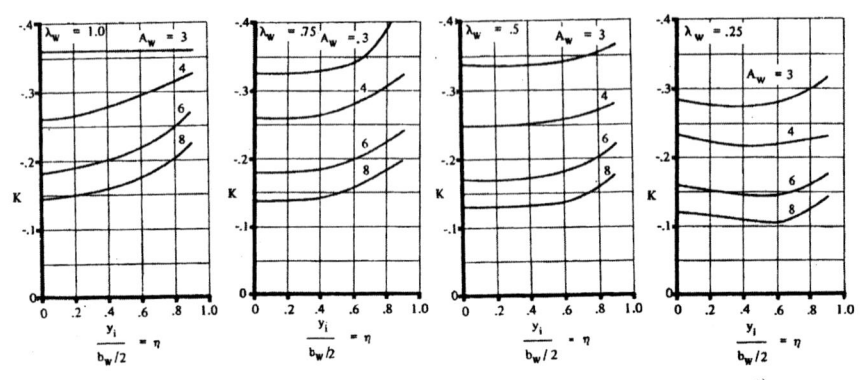

図 A4.3.3-1 エルロンによるヨーイングモーメントパラメータ [1]

A4.4 ロール角速度係数 C_{l_p} および C_{n_p}

A4.4.4 ロールダンピングパラメータ $\beta C_{l_p}/\kappa'$

① $\beta = \sqrt{1-M^2}$, アスペクト比 A, $\kappa' = \dfrac{C_{L\alpha}}{2\pi}$ (A2.1.1 項) ⇒ $\dfrac{\beta A}{\kappa'}$

② 後退角 $\Lambda_{c/4}$, 上記 β ⇒ $\Lambda_\beta = \tan^{-1}\{\tan(\Lambda_{c/4})/\beta\}$

③ 先細比 λ, 上記 $\dfrac{\beta A}{\kappa'}$, Λ_β ⇒ 図 A4.4.1-1 ⇒ $\left(\dfrac{\beta C_{l_p}}{\kappa'}\right)_{C_L=0}$

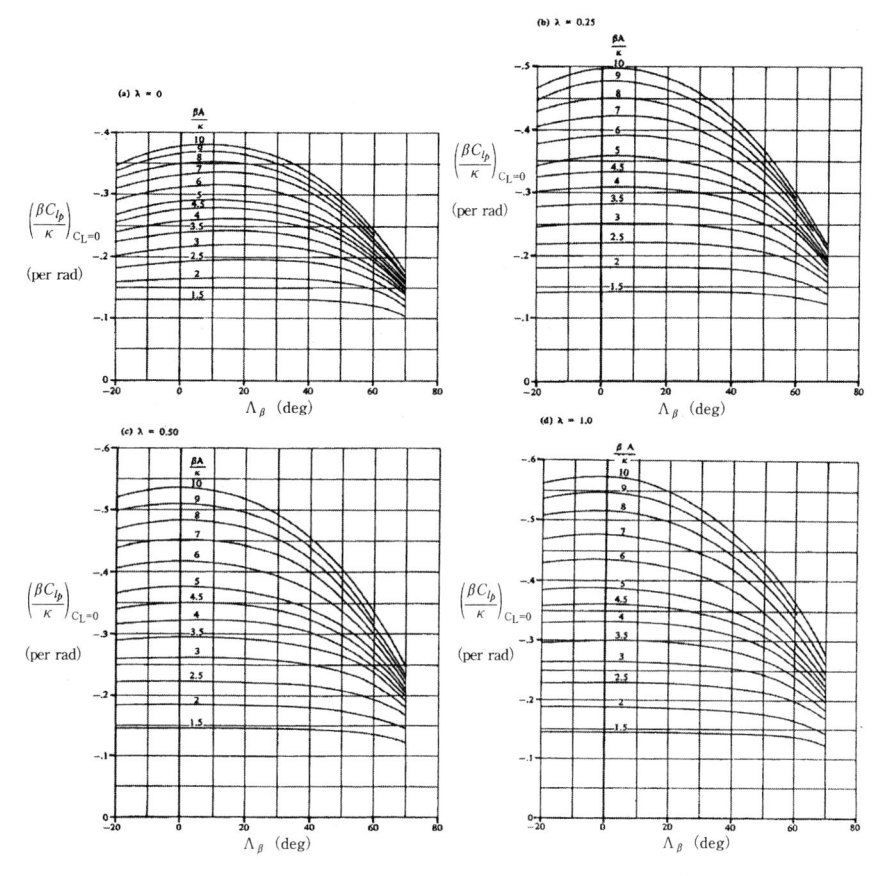

図 A4.4.1-1 ロールダンピングパラメータ [1]

A4.4.2 抗力によるロールダンピング $(\Delta C_{l_p})_{drag}$

① アスペクト比 A, 後退角 $\Lambda_{c/4}$ ⇒ 図 A4.4.2-1 ⇒ $\dfrac{(C_{l_p})_{C_{DL}}}{C_L{}^2}$

② 揚力係数 C_L, 有害抗力係数 $C_{D_0}(all)$ (A3.4.1 項), 上記 $\dfrac{(C_{l_p})_{C_{DL}}}{C_L{}^2}$

⇒ $(\Delta C_{l_p})_{drag} = \dfrac{(C_{l_p})_{C_{DL}}}{C_L{}^2} C_L{}^2 - \dfrac{C_{D_0}(all)}{8}$

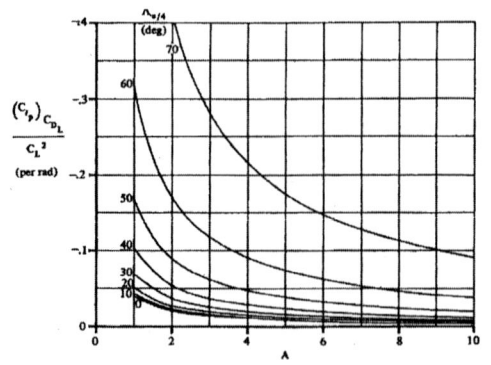

図 A4.4.2-1　抗力によるロールダンピングパラメータ [1]

A4.4.3　ロールダンピング C_{l_p}

① $\left(\dfrac{\beta C_{l_p}}{\kappa'}\right)_{C_L=0}$, κ', β $\Rightarrow$ $(C_{l_p})_{C_L} = \left(\dfrac{\beta C_{l_p}}{\kappa'}\right)_{C_L=0} \cdot \dfrac{\kappa'}{\beta}$

② 上記 $(C_{l_p})_{C_L}$, $(\Delta C_{l_p})_{drag}$ $\Rightarrow$ $C_{l_p} = (C_{l_p})_{C_L} + (\Delta C_{l_p})_{drag}$　(1/rad)

A4.4.4　C_{n_p}

① アスペクト比 A, 後退角 $\Lambda_{c/4}$, 揚力傾斜 C_{L_α}, 静安定 C_{m_α}

$\Rightarrow \left(\dfrac{C_{n_p}}{C_L}\right)_{C_L=0;M=0} = -\dfrac{1}{6}\cdot\dfrac{A+6(A+\cos\Lambda_{c/4})}{A+4\cos\Lambda_{c/4}}\cdot\left\{\dfrac{\tan^2\Lambda_{c/4}}{12}-\dfrac{C_{m_\alpha}}{C_{L_\alpha}}\cdot\dfrac{\tan\Lambda_{c/4}}{A}\right\}$

② $\beta=\sqrt{1-M^2}$, 上記 A, $\Lambda_{c/4}$, $\left(\dfrac{C_{n_p}}{C_L}\right)_{C_L=0;M=0}$

$\Rightarrow \left(\dfrac{C_{n_p}}{C_L}\right)_{C_L=0;M} = \dfrac{A+4\cos\Lambda_{c/4}}{A\beta+4\cos\Lambda_{c/4}}\cdot\dfrac{A\beta+0.5(A\beta+\cos\Lambda_{c/4})\tan^2\Lambda_{c/4}}{A+0.5(A+\cos\Lambda_{c/4})\tan^2\Lambda_{c/4}}\cdot$

$\left(\dfrac{C_{n_p}}{C_L}\right)_{C_L=0;M=0}$

③ 揚力係数 C_L, 上記 $\left(\dfrac{C_{n_p}}{C_L}\right)_{C_L=0;M}$ $\Rightarrow$ $(C_{n_p})_W = \left(\dfrac{C_{n_p}}{C_L}\right)_{C_L=0;M}\cdot C_L$

④ 重心と垂尾 $\bar{c}_V/4$ 距離 l_V, スパン b,
胴体と垂尾 $\bar{c}_V/4$ 距離 z_V, $(\Delta C_{y\beta})_{V(WBH)}$ (A4.1.2 項)

$$\Rightarrow \quad (C_{n_p})_{vt} = -\frac{2l_V z_V}{b^2}(\Delta C_{y\beta})_{V(WBH)}$$

⑤ $(C_{n_p})_W$, $(C_{n_p})_{vt}$ $\Rightarrow$ $C_{n_p} = (C_{n_p})_W + (C_{n_p})_{vt}$ (1/rad)

・C_L が大きくなると，静安定 $-C_{m\alpha}/C_{L\alpha}$ が小さくなり，$(C_{n_p})_W$ が負の小さな値となる．従って，$(C_{n_p})_{vt}$ の正の値と加算した C_{n_p} の値が負の値から次第に正側の値になる傾向となる．

A4.5 ヨー角速度係数 C_{l_r} および C_{n_r}

A4.5.1 C_{l_r}

① アスペクト比 A，後退角 $\Lambda_{c/4}$，先細比 λ

$\Rightarrow$ 図 A4.5.1-1

$\Rightarrow$ ヨー角速度による主翼のロールダンピング $\left(\dfrac{C_{l_r}}{C_L}\right)_{C_L=0;M=0}$

② $\beta = \sqrt{1-M^2}$，上記 A，$\Lambda_{c/4}$，$\left(\dfrac{C_{l_r}}{C_L}\right)_{C_L=0;M=0}$

$$\Rightarrow \left(\frac{C_{l_r}}{C_L}\right)_{C_L=0;M} = \frac{1+\dfrac{A(1-\beta^2)}{2\beta(A\beta+2\cos\Lambda_{c/4})}+\dfrac{A\beta+2\cos\Lambda_{c/4}}{A\beta+4\cos\Lambda_{c/4}}\cdot\dfrac{\tan^2\Lambda_{c/4}}{8}}{1+\dfrac{A+2\cos\Lambda_{c/4}}{A+4\cos\Lambda_{c/4}}\cdot\dfrac{\tan^2\Lambda_{c/4}}{8}}$$

$$\cdot \left(\frac{C_{l_r}}{C_L}\right)_{C_L=0;M=0}$$

③ 揚力係数 C_L，上記 $\left(\dfrac{C_{l_r}}{C_L}\right)_{C_L=0;M}$ $\Rightarrow$ $C_{l_r} = \left(\dfrac{C_{l_r}}{C_L}\right)_{C_L=0;M} \cdot C_L$ (1/rad)

・C_{l_r} は C_L 倍であるので，低速になると正の大きな値となる傾向がある．

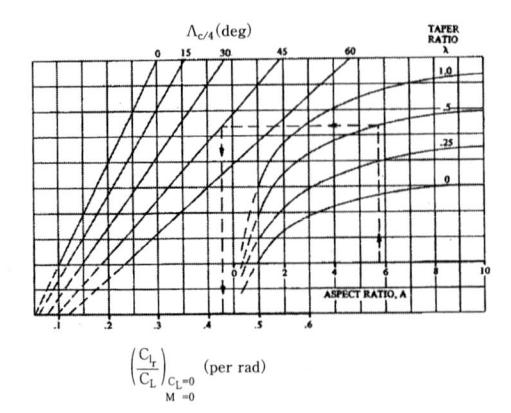

図 A4.5.1-1　ヨー角速度による主翼のロールダンピング[1]

A4.5.2　ヨーダンピング C_{n_r}

① アスペクト比 A，後退角 $\Lambda_{c/4}$，先細比 λ，（重心は $\bar{c}/4$ と仮定；$\bar{x}/\bar{c}=0$）

　⇒　図 A4.5.2-1　⇒　主翼の揚力によるヨーダンピング $\left(\dfrac{C_{n_r}}{C_L{}^2}\right)$

② 上記 A，$\Lambda_{c/4}$，（重心は $\bar{c}/4$ と仮定；$\bar{x}/\bar{c}=0$）

　⇒　図 A4.5.2-2　⇒　主翼の抗力によるヨーダンピング $\left(\dfrac{C_{n_r}}{C_{D0}}\right)$

③ 揚力係数 C_L，翼零揚力抵抗 C_{D0W}（A3.1.1 項），上記 $\left(\dfrac{C_{n_r}}{C_L{}^2}\right)$，$\left(\dfrac{C_{n_r}}{C_{D0}}\right)$

　⇒　$(C_{n_r})_W = \left(\dfrac{C_{n_r}}{C_L{}^2}\right)\cdot C_L{}^2 + \left(\dfrac{C_{n_r}}{C_{D0}}\right)\cdot C_{D0W}$

④ 重心と垂尾 $\bar{c}_V/4$ 距離 l_V，スパン b，$(\Delta C_{y\beta})_{V(WBH)}$（A4.1.2 項）

　⇒　$(C_{n_r})_{vt} = 2\left(\dfrac{l_V}{b}\right)^2 (\Delta C_{y\beta})_{V(WBH)}$

⑤ $(C_{n_r})_W$，$(C_{n_r})_{vt}$　⇒　$C_{n_r} = (C_{n_r})_W + (C_{n_r})_{vt}$　（1/rad）

付録

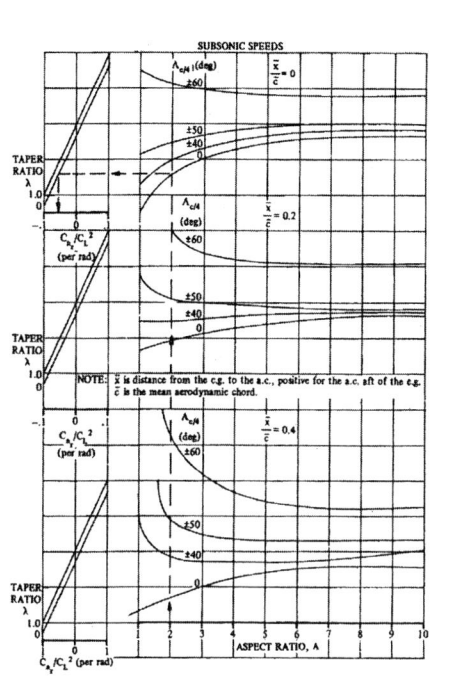

図 A4.5.2-1 $\left(\dfrac{C_{n_r}}{C_L^2}\right)^{1)}$

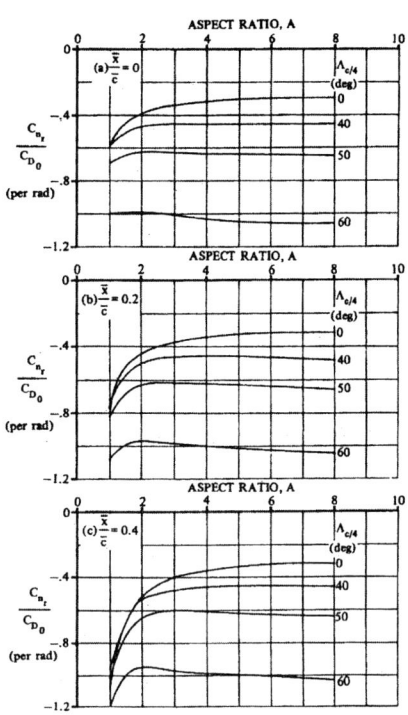

図 A4.5.2-2 $\left(\dfrac{C_{n_r}}{C_{D_0}}\right)^{1)}$

B. 空力推算結果詳細例

付録Aに示した空力推算内容の詳細はTES5.DATに保存される。
下記にそのファイル保存内容の例を示す。なお、下記のA2以降
の項目番号は、付録Aの空力推算の項目と対応している。

◎DES. B747CRev81. DAT... 《 4.2 空力推算用機体諸元データの設定 》

(A) 入力データ
(A1) 最終的な運動解析用データ

Start Hp (開始高度)	Hp = 0.15000E+01	(×1000ft)
Start MACH (開始マッハ数)	M = 0.25631E+00	(—)
Start VkEAS (開始等価対気速度)	VKEAS = 0.16500E+03	(kt)
Weight (運動解析用重量)	W = 0.25500E+03	(tf)
脚 (UP=0, DN=1)	NGEAR = 1	(—)
フラップ型式	NFTYPE = 1	(—)
(NFTYPE=0→ なし, NFTYPE=1→ best 2-slot,		
NFTYPE=2→ 1-slot, NFTYPE=3→ plane)		

(A2) 主翼, フラップおよびエルロン関係

主翼面積	S = 0.51100E+03	(m2)
スパン (主翼)	b = 0.59640E+02	(m)
先細比 (主翼)	λ = 0.32000E+00	(—)
前縁後退角 (主翼)	ΛLE = 0.42000E+02	(deg)
主翼上反角	Γ = 0.45000E+01	(deg)
胴体中心〜expo主翼根距離 (翼か下かΣ)	ZM = 0.20000E+01	(m)
主翼断面後縁角	φTE = 0.18000E+02	(deg)
主翼の前縁半径比	r0/C = 0.20000E−01	(—)
翼厚比 (主翼)	t/c = 0.11000E+00	(—)
フラップの chord extention 比	xt = 0.30000E−02	(%MAC)
フラップ弦長比 (せり出し後)	c1/c = 0.13000E+00	(—)
フラップ弦長比 (主翼前)	cf/c = 0.30000E+00	(—)
フラップのスパン方向開始位置	ηi = 0.10000E+00	(—)
フラップのスパン方向終了位置	ηo = 0.70000E+00	(—)
フラップ舵角 (空力推算時参考舵角)	δf = 0.20000E+02	(deg)
エルロン弦長比	ca/c = 0.25000E+00	(—)
エルロンのスパン方向開始位置	ηiA = 0.73000E+00	(—)
エルロンのスパン方向終了位置	ηoA = 0.95000E+00	(—)
エルロン舵角 (空力推算時参考舵角)	δa = 0.20000E+02	(deg)

(A3) 水平尾翼およびエレベータ関係

水平尾翼面積	S" = 0.13500E+03	(m2)
スパン (水平尾翼)	b" = 0.22200E+02	(m)
先細比 (水平尾翼)	λ" = 0.28000E+00	(—)
前縁後退角 (水平尾翼)	ΛLE" = 0.43500E+02	(deg)
水平尾翼上反角	Γ" = 0.80000E+01	(deg)
胴体中心〜水尾 CBAR/4 距離 (翼か下かΣ)	ZH = −0.20000E+01	(m)
後縁角 (deg) (水平尾翼)	Lwh = 0.27000E+02	(m)
翼厚比 (水平尾翼)	t/c" = 0.15000E+00	(—)
エレベータ弦長比 (全翼はce/c"=1.0)	ce/c" = 0.35000E+00	(—)
エレベータスパン方向開始位置	ηi" = 0.15000E+00	(—)
エレベータスパン方向終了位置	ηo" = 0.80000E+00	(—)
エレベータ舵角 (空力推算時参考舵角)	δe = 0.20000E+02	(deg)

(A4) 垂直尾翼およびラダー関係

垂直尾翼面積 (胴体中心まで)	Sv = 0.15200E+03	(m2)
スパン (垂直尾翼)	bv = 0.13500E+02	(m)
先細比 (垂直尾翼)	λv = 0.30000E+00	(—)
前縁後退角 (垂直尾翼)	ΛLEv = 0.51000E+02	(deg)
胴体中心の主翼後縁〜垂直尾翼前縁距離	Lwv = 0.19000E+02	(m)
後縁角 (deg) (垂直尾翼)	φTEv = 0.15000E+02	(deg)
翼厚比 垂直尾翼	(t/c)v = 0.90000E−01	(—)
ラダー弦長比	cdr/c = 0.30000E+00	(—)
ラダーのスパン方向開始位置	ηiV = 0.25000E+00	(—)
ラダーのスパン方向終了位置	ηoV = 0.90000E+00	(—)
ラダー舵角 (空力推算時参考舵角)	δr = 0.30000E+02	(deg)

(A5) 胴体関係

胴体長さ	LB = 0.68600E+02	(m)
機首部 (前胴と同じ大きさまで) の長さ	Ln = 0.11000E+02	(m)
機首部を除く前胴部 (expo 主翼根前端まで) の長さ Lf	= 0.85000E+01	(m)
胴体直径 (主翼部)	d = 0.65000E+01	(m)
胴体最大下曲げ (機首から1/4と仮定)	d" = 0.27000E+01	(m)
胴体後縁部 base 面の直径	h = 0.82000E+01	(m)
	dbfus = 0.25000E+01	(m)

付　録　223

```
*************************************************
(B) 内部計算データ
(B.1) 一般
高度 (空力計算用)          HP = 0.15000E+04  (ft)
機体真速度                 V  = 0.86771E+02  (m/s)
音速                       a  = 0.33854E+03  (m/s)
マッハ数                   M  = 0.25631E+00   (-)
√(1-M2) =                 β  = 0.96659E+00   (-)
空気密度                   ρ  = 0.11952E+00  (kgf・s2/m4)
動粘性係数                 ν  = 0.16513E-04  (m2/s)
揚力係数                   CL = 0.11090E+01   (-)

(B.2) 主翼, フラップおよびエルロン関係
アスペクト比 (主翼)         A  = 0.69607E+01   (-)
  (cr=2S/b/(1.0+λ))
翼根翼弦長 (S, b, λ の直線翼と仮定)   cr = 0.12982E+02  (m)
翼端翼弦長 (S, b, λ の直線翼と仮定)   ct = 0.41542E+01  (m)
平均空力翼弦 (主翼)        CBAR = 0.93300E+01  (m)
  (CBAR=2/3*cr*(λ+1/(1+λ)))
c/4 後退角 (主翼)          Λc/4 = 0.39570E+02  (deg)
c/2 後退角 (主翼)          Λc/2 = 0.36956E+02  (deg)
後縁後退角 (主翼)          ΛTE  = 0.31146E+02  (deg)
  (cre=cr-c/2*tanΛLE+c/2*tanΛTE)
翼根翼弦長 (exposed 主翼)  cre = 0.12020E+02  (m)
先細比 (exposed 主翼)      λe  = 0.34561E+00   (-)
平均空力翼弦 (exposed 主翼) CBARe = 0.87245E+01 (m)
スパン (exposed 主翼)      be  = 0.53140E+02  (m)
  (Se=be/2*cre*(1+λe))
主翼面積 (exposed 主翼)    Se  = 0.42974E+03  (m2)
アスペクト比 (exposed 主翼) Ae  = 0.65710E+01   (-)
主翼先端と CBAR 先端距離   g1  = 0.11119E-02  (m)
フラップ取付部分の翼面積   Swf = 0.33819E+03  (m2)
exposed 翼根先端～重心 (平均空力翼弦) xCBAR = 0.10525E+02 (m)
レイノルズ数 (平均空力翼弦) Re  = 0.49027E+08   (-)
レイノルズ数 (主翼前縁)    ReLE = 0.98053E+06  (-)
レイノルズ数 (exposed 主翼) ReW = 0.45845E+08  (-)

(B.3) 水平尾翼およびエレベータ関係
アスペクト比 (水平尾翼)       A"    = 0.35852E+01   (-)
翼根翼弦長 (水尾) (S", b", λ" の直線翼)  cr"   = 0.95881E+01  (m)
翼端翼弦長 (水尾) (S", b", λ" の直線翼)  ct"   = 0.26847E+01  (m)
平均空力翼弦 (水平尾翼)      CBAR" = 0.67836E+01  (m)
c/2 後退角 (水平尾翼)        Λc/2" = 0.31744E+02  (deg)
後縁後退角 (水平尾翼)        ΛTE"  = 0.16954E+02  (deg)
先細比 (exposed 水平尾翼)    cre"  = 0.87408E+00   (-)
平均空力翼弦 (exposed 水平尾翼) λe" = 0.30714E+00  (m)
スパン (exposed 水平尾翼)    CBARe"= 0.62478E+01  (m)
水平尾翼面積 (exposed 水平尾翼) be" = 0.11026E+03  (m)
                             Se"   = 0.11026E+03  (m2)
アスペクト比 (exposed 水平尾翼) Ae" = 0.33784E+01  (-)
主翼と水平尾翼の CBAR c/4 の距離  L" = 0.32394E+02  (m)
重心～水平尾翼 c/4 の距離    LCG"  = 0.32394E+02  (m)
主翼後縁から水平尾翼 c/4 の距離  Leff" = 0.32863E+02  (m)
主翼と exposed 水尾の CBAR/4 間距離  L"e = 0.18997E+02 (m)
主尾翼 CBAR 前縁～水尾 CBAR/4 の距離      x = 0.33056E-02 (m)
主翼翼根からの水平尾翼高さ   hH    = 0.40000E+01  (m)
レイノルズ数 (水平尾翼)      Re"   = 0.35646E+08   (-)

(B.4) 垂直尾翼およびラダー関係
アスペクト比 (垂直尾翼)       Av   = 0.11990E+01   (-)
翼根翼弦長 垂直尾翼 (Sv, bv, λv の直線翼)  crv  = 0.17322E+02  (m)
翼端翼弦長 垂直尾翼 (Sv, bv, λv の直線翼)  ctv  = 0.51966E+01  (m)
平均空力翼弦 (垂直尾翼)      CBARv = 0.12347E+02  (m)
c/2 後退角 (垂直尾翼)        Λc/2v = 0.38158E+02  (deg)
後縁後退角 (垂直尾翼)        ΛTEv  = 0.18602E+02  (deg)
主翼と垂直尾翼の CBAR c/4 間距離  Lv = 0.28456E+02 (m)
胴体中心から垂尾 CBAR c/4 の距離  Zv = 0.55385E+01 (m)
  (ここまで胴体上部は直線とする)
垂尾翼根 c/4 点と胴体中心線の距離  r1 = 0.32500E+01  (m)
翼根翼弦 (exposed 垂直尾翼)  crev = 0.14403E+02  (m)
先細比 (exposed 垂直尾翼)    λev  = 0.36080E+00   (-)
平均空力翼弦 (exposed 垂直尾翼) CBARev = 0.10520E+02 (m)
スパン (exposed 垂直尾翼)    bev   = 0.10250E+02  (m)
垂直尾翼面積 (exposed)       Sev   = 0.11045E+03  (m2)
```

224

主翼と exposed 垂尾の CBAR/4 間距離　　　L_{ev} = 0.30511E+02 (m)
レイノルズ数 (垂直尾翼)　　　　　　　　　　R_{eV} = 0.64882E+08 (—)

(B.5) 胴体関係
　(h1 は最大上下幅 h と同じとする)
機首〜胴体長 1/4 の胴体上下幅　　　　　　h_1 = 0.82000E-01 (m)
　(h2 は主翼部 d と水平尾部 d' の平均とする)
機首〜胴体長 3/4 の胴体上下幅　　　　　　h_2 = 0.46000E-01 (m)
翼胴体断面の上下幅 d の直径円の面積　　　S_0 = 0.33166E-02 (m2)
胴体側面積　　　　　　　　　　　　　　　SB_s = 0.35246E-03 (—)
前胴直径 (主翼部 d と同じとする)　　　　　d_N = 0.65000E-01 (m)
前胴長　　　　　　　　　　　　　　　　　w = 0.65000E-01 (m)
機首〜主翼 CBAR/4 (重心も同じ) 距離　　S_N = 0.33166E-02 (m2)
胴体長最大幅 (主翼端の c/2 点の距離)　　X_m = 0.30025E+02 (m)
胴体後部 base 面積　　　　　　　　　　　L_{f1} = 0.45498E-02 (m)
　　　　　　　　　　　　　　　　　　　　Sb_{fus} = 0.49062E-01 (m2)
レイノルズ数 (胴体)　　　　　　　　　　　R_{eL} = 0.36047E-09 (—)

****
A2. 揚力およびピッチングモーメントの空力推算
A2.1 揚力傾斜 CL_{α}, 舵効き $CL_{\delta e}$ および $Cm_{\delta e}$
A2.1.1 低速での二次元揚力傾斜 Cl_{α}

(1) 主翼
① R_e = 0.4902E+08　　　　　　　tan($\phi TE/2$) = 0.15837E+00
⇒ 図 A2.1.1-3 ⇒
$Cl_{\alpha}/Cl_{\alpha theory}$ = 0.84910E+00

② 翼厚比 t/c = 0.11000E+00
$Cl_{\alpha theory}$ = 0.66300E+01　　　　　κ = 0.10032E+01

③ $\beta = \sqrt{(1-M^2)}$ = 0.96659E+00, (上記 $Cl_{\alpha}/Cl_{\alpha theory}$, $Cl_{\alpha theory}$)
⇒
Cl_{α} = 0.62998E+01 (1/rad)

(2) 水平尾翼
① R_{e}' = 0.35646E+08　　　　　　tan($\phi TE'/2$) = 0.13164E+00
⇒ 図 A2.1.1-3 ⇒
$Cl_{\alpha}/Cl_{\alpha theory}$ = 0.86848E+00

② 翼厚比 t/c' = 0.90000E-01
⇒
$Cl_{\alpha theory}'$ = 0.67300E+01

③ $\beta = \sqrt{(1-M^2)}$ = 0.96659E+00, (上記 $Cl_{\alpha}/Cl_{\alpha theory}'$, $Cl_{\alpha theory}'$)
⇒
Cl_{α}' = 0.63492E+01 (1/rad)　　κ' = 0.10110E+01

(3) 垂直尾翼
① R_{eV} = 0.64882E+08　　　　　　tan($\phi T_{Ev}/2$) = 0.13164E+00
⇒ 図 A2.1.1-3 ⇒
$(Cl_{\alpha}/Cl_{\alpha theory})_V$ = 0.87796E+00

② 翼厚比 $(t/c)_V$ = 0.90000E-01
$(Cl_{\alpha theory})_V$ = 0.67300E+01
⇒
$(Cl_{\alpha})_V$ = 0.64185E+01 (1/rad)

A2.1.2 exposed (流れにさらされる部分) 単体での揚力傾斜 CL_{α}

(1) 主翼
① κ = 0.10032E+01　　　　　　　A_e = 0.65710E+01
tan$\Lambda_{c}/2$ = 0.75229E+00　　　$\beta = \sqrt{(1-M^2)}$ = 0.96659E+00
$(CL_{\alpha})_e$ = 0.40186E+01 (1/rad)　$(CL_{\alpha}) e h_f$ = 0.39537E+01

(2) 水平尾翼
① κ' = 0.10110E+01　　　　　　A_e' = 0.33784E+01
tan$\Lambda_{c}/2'$ = 0.61862E+00　　$\beta = \sqrt{(1-M^2)}$ = 0.96659E+00
⇒
$(CL_{\alpha})'e$ = 0.33544E+01 (1/rad)

A2.1.3 前胴を含む機首部の揚力寄与分 KN

付録　225

① $(CL\alpha)$M= 0.20000E+01　　　　$(CL\alpha)$e= 0.40186E+01
exposed 主翼面積 Se= 0.42974E-03　　前胴直径 dM= 0.65000E+01
SM= 0.33166E-02
⇒
KM= 0.38410E-01

迎角 α= 0.65523E-01 (deg)　　　　　揚力係数 CL= 0.11090E+01
Aeff≒Ae= 0.59139E+01　　　　　　beff≒b= 0.53676E+02
上反角 Γ= 0.45000E+01 (deg)　　　　B9 (途中上反角)= 0.00000E+00

a1 ＝甘H-Leff*(α/57.3-0.41*CL/π/Aeff) = 0.22928E+01
a2 =-beff/2*tanΓ　　　　　　　　　　　　　　=-0.21120E+01
a3 = b9 /2*tanΓ　　　　　　　　　　　　　　= 0.00000E+00
a =a1 +a2 +a3　　　　　　　　　　　　　　= 0.18079E+00

A2.1.4　胴体付き翼の揚力分 KMB および翼による胴体部の揚力寄与分 KBW

(1) 主翼
① 前胴直径 d= 0.65000E+01　　　　スパン b= 0.59640E+02
d/b= 0.10899E+00
⇒ 図A2.1.4-1 ⇒
KMB= 0.10881E+01　　　　　　　　　KBW= 0.14438E+00

(2) 水平尾翼
① 尾翼部直径 d″= 0.27000E+01　　　　翼幅 b″= 0.22000E+02
d″/b″= 0.12273E+00
⇒ 図A2.1.4-1 ⇒
KMB″= 0.11005E+01　　　　　　　　　KBW″= 0.16636E+00

A2.1.5　吹き下ろしの有効アスペクト比 Aeff およびスパン beff

① Aeff≒Ae*0.9= 0.59139E+01　　　　beff≒b*0.9= 0.53676E+02

A2.1.6　Vortex core の高さにおける ∂ε/∂α

① 主翼～尾翼距離 L= 0.32863E+02　　　　b= 0.59640E+02
2.0*L/b= 0.11020E+01　　　　　　　　Aeff= 0.59139E+01
Λc/4= 0.39570E+02
⇒ 図A2.1.6-1 ⇒
$(\partial\varepsilon/\partial\alpha)$v= 0.38906E+00

A2.1.7　Vortex core の高さ位置 a

① 水平尾翼高さ H= 0.40000E+01　　　　尾翼距離 Leff= 0.1899E+02

A2.1.8　Vortex のスパン bv

① beff= 0.53676E+02　　　　　　　先細比 λ= 0.32000E+00
Λc/4= 0.39570E+02

bvru=(0.78+0.10*(λ-0.4)+0.003*Λc/4)*beff = 0.47810E+02

② アスペクト比 A= 0.69607E+01　　　　尾翼距離 Leff= 0.1899E+02
スパン b= 0.59640E+02　　　　　　揚力係数 CL= 0.11090E+01
(上記 bvru, beff)
⇒
bv =beff-(beff-bvru)*√[2CL/{(0.67A)*(Leff/b)}] = 0.51178E+02

A2.1.9　吹き下ろしの勾配 ∂ε/∂α

① Vortex の高さ a= 0.18079E+00　　　　Vortex のスパン bv= 0.51178E+02
尾翼翼幅 b″= 0.22000E+02
⇒
2a/bv= 0.70649E-02　　　　　　　　b″/bv= 0.42987E+00
⇒ 図A2.1.9-1 ⇒
$(\partial\varepsilon/\partial\alpha)$v/$(\partial\varepsilon/\partial\alpha)$v= 0.10742E+01

② (上記)$(\partial\varepsilon/\partial\alpha)$M-0 =$(\partial\varepsilon/\partial\alpha)$v * $(\partial\varepsilon/\partial\alpha)$v = 0.41793E+00
$(\partial\varepsilon/\partial\alpha)$M-0 =$(\partial\varepsilon/\partial\alpha)$v/$(\partial\varepsilon/\partial\alpha)$v * $(\partial\varepsilon/\partial\alpha)$v = 0.41793E+00

③ (上記)$(\partial\varepsilon/\partial\alpha)$M=0　　　　　　$(CL\alpha)$e= 0.40186E+01
$(CL\alpha)$M=0= 0.39537E+01

$$\Rightarrow \partial \varepsilon / \partial \alpha = (\partial \varepsilon / \partial \alpha)_{M=0} * ((CL\alpha)e / (CL\alpha)_{CL\alpha M=0} = 0.42480E+00$$

A2.1.10 動圧比 $q''/q\infty$

① 動圧比 $q''/q\infty = 0.95000E+00$ と近似する。

A2.1.11 全機の $CL\alpha$ (Flap UP)

① $(CL\alpha)e = 0.40186E+01$ KN= 0.38410E-01
KMB''= 0.10881E+01 KBW= 0.11443E+00
exposed 主翼面積 Se= 0.42974E+03 主翼面積 S= 0.51100E+03
尾翼なしの揚力傾斜
$(CL\alpha)_{WB} = (CL\alpha)e * (KN+KMB+KBW) * Se/S = 0.42951E-01$ (1/rad)

② KMB''= 0.11005E+01 KBW''= 0.16636E+01
exposed 尾翼面積 Se''= 0.11026E+03 尾翼面積 S''= 0.13500E+03
$(CL\alpha)e'' = 0.33544E+03$ (1/rad)
尾翼の単独の揚力傾斜 (水平尾翼面積基準)
$(CL\alpha)'' = (CL\alpha)e'' * (KMB'' + KBW'') * Se''/S'' = 0.34705E+01$ (1/rad)

③ $\partial \varepsilon / \partial \alpha = 0.42480E+00$ 動圧比 $q''/q\infty = 0.95000E+00$
(上記 $(CL\alpha)'',\ S'',\ S$)
尾翼の揚力傾斜 (主翼面積基準)
$(CL\alpha)T = (CL\alpha)'' * (q''/q\infty) * (S''/S) * (1-\partial \varepsilon / \partial \alpha) = 0.50101E+00$ (1/rad)

④ (上記 $(CL\alpha)_{WB},\ (CL\alpha)T$)
$CL\alpha = (CL\alpha)_{WB} + (CL\alpha)T = 0.47961E+01$ (1/rad) = 0.83701E-01 (1/deg)
(Flap UP の場合) (Flap DN の場合は、A2.4.4 項参照)

A2.1.12 全機の $CL\delta e$

(2) エレベータ (plane flap 型) の場合
① 翼厚比 t/c'' = 0.90000E-01 $\Rightarrow$ エレベータ弦比 ce/c'' = 0.35000E+00
$\Rightarrow$ 図 A2.1.12-2 $\Rightarrow$
$(Cl\delta)$ theory''= 0.47625E-01

② $Cl\alpha/Cl\alpha$ theory'' (2.1.1 項) = 0.86848E+00 (上記 ce/c'')
$\Rightarrow$ 図 A2.1.12-3 $\Rightarrow$
$Cl\delta/(Cl\delta)$ theory''= 0.80969E+00

③ エレベータ舵角 $\delta e = 0.20000E+02$, (上記 ce/c'')
$\Rightarrow$ 図 A2.1.12-4 $\Rightarrow$
Correction 係数 K= 0.79250E+00

④ (上記 $Cl\delta/(Cl\delta)$ theory'', $(Cl\delta)$ theory'', K)
$\Delta Cl/\delta e = Cl\delta/(Cl\delta)$ theory* $(Cl\delta)$ theory*K = $0.30560E-01$

⑤ (上記 ce/c''), 尾翼アスペクト比 A''= 0.35852E+01
$\Rightarrow$ 図 A2.1.12-5 $\Rightarrow$
$(\alpha \delta) Cl\alpha/(\alpha \delta) Cl''= 0.10553E+01$

⑥ エレベータのスパン位置 $\eta i''= 0.15000E+00$ $\eta o''= 0.80000E+00$
水平尾翼先細比 $\lambda = 0.28000E+00$
$\Rightarrow$ 図 A2.1.12-6 $\Rightarrow$
Span Factor Kb''= 0.69640E+00

⑦ $Cl\alpha'' (2.1.1 項) = 0.63492E+01$ $(CL\alpha'') (2.1.11 項) = 0.34705E+01$
(上記 $\Delta Cl/\delta e,\ (\alpha \delta) Cl\alpha/(\alpha \delta) Cl'',\ Kb''$)
$\Delta CL/\delta e = (\Delta Cl/\delta e) * (Cl\alpha''/Cl\alpha) * (\alpha \delta) CL\alpha/(\alpha \delta) Cl'' * Kb'' = 0.12276E-01$

⑧ (上記 $\Delta CL/\delta e$, 動圧比 $q''/q\infty$, 尾翼面積 S'', 主翼面積 S)
$CL\delta e = \Delta CL/\delta e * q''/q\infty * S''/S = 0.30811E+00$ (1/rad) = 0.53772E-02 (1/deg)

A2.1.13 全機の $Cm\delta e$

① 主翼-尾翼 C/4 間距離 $L''= 0.32394E+02$, エレベータ弦長比 ce/c''= 0.35000E+00

付　録　　227

平均空力翼弦(水尾) CBAR" = 0.67836E+01 (m)
⇒
L"1=L"+(0.75-ce/c)*CBAR" = 0.35107E+02 (m)
(エレベータ作動時の空気力作用点はジゾ付近と仮定)

②CLδe = 0.30811E+01 (1/rad)　　平均空力翼弦 CBAR = 0.93300E+01
(上記 L"1)
⇒
Cmδe = -CLδe*L"1/CBAR = -0.11594E+01 (1/rad) = -0.20233E-01 (1/deg)

A2.2 縦静安定微係数 Cmα
A2.2.1 尾なしの揚力傾斜 (CLα)MB

(CLα)MB については、A2.1.11項で求めたが、後で用いるため次の3項に分解しておく。

①(CLα)e = 0.40186E-01　　　　　KN = 0.38410E-01
KMB = 0.10881E-01　　　　　　　KBW = 0.14438E+00
exposed 主翼面積 Se = 0.42974E-03　主翼面積 S = 0.51100E-03
⇒
CLαN = 0.12981E+00　　　　　　 CLαW(B) = 0.36773E-01
CLαB(W) = 0.48795E+00
尾なしの揚力傾斜
(CLα)MB = CLαN + CLαW(B) + CLαB(W) = 0.42951E+01 (1/rad)

A2.2.2 exposed 翼の揚力の場の空力中心位置 (xac/cre)W(B)

①アスペクト比 Ae = 0.65710E+01　　後退角 ΛLE = 0.42000E+02　平均空力翼弦 CBARe = 0.87245E+01
胴体直径 dt = 0.65000E+01　　　　　スパン b = 0.59640E+02
exposed 主翼先細比 λe = 0.34561E+00　(上記 ΛLE)
⇒ この値により、(A)または(B)の2ケースに分かれる。

(A)のケース (Ae≥5 または ΛLE≤35°)
(空力中心は CBARe/4 で近似)

⇒空力中心 (CBARe/4)　　　　　　(xac/cre)W(B) = 0.1015E+01
なお、(Ae<5 and ΛLE>35)の場合は、xac/cre = 0.10764E+01 (参考)

A2.2.3 翼による胴本体部の揚力の場の空力中心位置 (xac/cre)B(W)

①胴体直径 dt = 0.65000E+01　　　　スパン b = 0.59640E+02
k=d/b (≤0.4) = 0.10899E+00
⇒
K(k) = 0.15995E+00

②翼根翼弦長 cre = 0.12020E-02　　後退角 Λc/4 = 0.39570E-02
(上記 K(k, d, b))
⇒
(xac/cre)B(W) = 0.54216E+00

③β = √(1-M2) = 0.96659E+00　　　exposedアスペクト比 Ae = 0.65710E+01
β・Ae = 0.63515E+01
⇒この値により、(A)または(B)の2ケースに分かれる。
(A)のケース (β・Ae ≥ 4.0)
(この場合は、上記 (xac/cre)B(W) の値)
⇒
翼による胴本体部空力中心 (xac/cre)B(W) = 0.54216E+00

A2.2.4 前胴を含む機首部の揚力の場の空力中心位置 (xac/cre)N

①機首部の長さ Ln = 0.11000E+02　　前胴直径 dN = 0.65000E+01
Nose Fineness Ratio fn=Ln/dN = 0.16923E+01
⇒
(xac/Leq)N = 0.67000E+00 (fnに係わらずこの値とする)

②機首部を除く前胴部の長さ Lf = 0.85000E+01 (上記 dN)
Nose Fineness Ratio ff=Lf/dN = 0.13077E+01
⇒
Lequiv = 0.24600E+02

③翼根翼弦 cre= 0.12020E+02, (上記 (xac/Leq)N, Lequiv)
前胴部を含む機首部空力中心(xac/cre)N =(xac/Leq)N*Lequiv/cre =0.13712E+01
⇒

A2.2.5 空力中心位置 xac

①A2.2.1項より
CLαN= 0.12981E+00   CLαW(B)= 0.36773E+01
CLαB(M)= 0.48795E+00   (CLα)WB= 0.42951E+01 (1/rad)

②A2.2.2項〜2.2.4項より
(xac/cre)N=-0.13712E+01   (xac/cre)W(B)= 0.10115E+01
(xac/cre)B(M)= 0.54216E+00

xac/cre =((xac/cre)N*CLαN+(xac/cre)W(B)*CLαW(B)
         +(xac/cre)B(M)*CLαB(M))/(CLα)WB = 0.88936E+00

③主翼先細比 λ= 0.32000E+00   前縁後退角 ΛLE= 0.42000E+02
スパン比 b= 0.59640E+02
主翼先端と CBAR 先端の距離 g1= 0.11119E+02

④翼根翼弦 cre= 0.12020E+02   胴体直径 d= 0.65000E+01
平均空力翼弦 CBAR= 0.93300E+01, (上記 xac/cre, ΛLE, g1)

xac1 =(xac/cre)*cre   = 0.10690E+02 (m) (exposed 翼根先端〜翼胴空力中心)
xac =xac1+(d/2)*tanΛLE = 0.13616E+02 (m) (胴体中心からの翼先端〜翼胴空力中
                                             心)
x1 =xac-0.25*CBAR-g1   = 0.16492E+00 (m) (CBAR/4〜翼根先端〜翼胴空力中心(後退
中心))   量))

A2.2.6 縦静安定微係数 Cmα

①(CLα)WB (A2.1.11項)= 0.42951E+01   平均空力翼弦 CBAR= 0.93300E+01
(上記 x1 (A2.2.5項)

③翼根翼弦 cre= 0.12020E+02, (上記 (xac/Leq)N, Lequiv)
  Cmα)WB* x1/CBAR =-0.75921E-01 (1/rad)
  主翼と水平尾翼 C/4 L"e= 0.33056E-02
  水平尾翼 (exposed) Se"= 0.11026E-03   水平尾翼面積 S"= 0.13500E+03
(上記 CBAR)

②(CLα)T (A2.1.11項)= 0.50101E+00
  水平尾翼 (exposed) Se"= 0.11026E-03
⇒
尾翼静安定 (Cmα)T =-(CLα)T*L"e/(CBAR*Se"/S") =-0.14497E-01 (1/rad)

③(上記 (Cmα)WB, (Cmα)T)
⇒
Cmα =(Cmα)WB+(Cmα)T =-0.15256E-01 (1/rad) =-0.26625E-01 (1/deg)

④翼胴空力中心(ただし, フラップ上げ)
  hnWB =[0.25-(Cmα)WB/(CLα)WB]*100= 0.26768E+02 (%MAC)

A2.3 ピッチング微係数 Cmq
A2.3.1 重心〜exposed 翼空力中心の距離 xe1/CBARe

①(xac/cre)W(B) (A2.2.5項)= 0.10115E+01   平均空力翼弦 CBARe= 0.87245E+01
exposed 翼根翼弦 cre= 0.12020E+02   exposed 翼根先端〜重心= 0.10525E-02
⇒
xe1/cBARe= 0.19231E+01

A2.3.2 exposed 翼の Cmq

①CLα (A2.1.1項)= 0.62998E+01   exposed アスペクト比 Ae= 0.65710E+01
後退角 Λc/4= 0.39570E-02,   (上記 xe1/CBARe)
(Cmq) (M=0.2) =-0.33441E-01
⇒
(Cmq) (M=0.2)= 0.25631E+00, (上記 Ae, Λc/4, (Cmq) (M=0.2))

②マッハ数 M= 0.25631E+00
⇒
(Cmq) e=-0.33874E-01

付　録

A2.3.3 係数KB

①(上記 主翼面積 SW= 0.33166E-02　　胴体長さ LB= 0.68600E-02
　横胴部の長さ Ln= 0.11000E-02
⇒
　VB= 0.21524E-04　　XcVB= 0.78320E-05

②機首〜重心の距離 Xm= 0.30025E-02, (上記 SN, LB, VB, XCVB)
⇒
　KB=-0.59540E+00

A2.3.4 (Cmq)B

①(上記 Ln, Xm)
⇒
　RN= 0.80611E-03

②前胴直径 dN= 0.65000E-01　　胴体長さ LB= 0.68600E-02
　Fineness Ratio f=LB/dN= 0.10554E-02
⇒ 図A2.3.4-1 ⇒
　Apparent mass factor (k2-k1)= 0.94192E+00

③(上記 RN, (k2-k1), SN, LB)
⇒
　(Cmα)B=-0.66745E+00

④(上記 KB, (Cmα)B)
⇒
　(Cmα)B=-0.79480E+00

A2.3.5 Cmq

①KMB (A2.1.4項)= 0.10881E-01　　KBW (A2.1.4項)= 0.14443E+00
　exposed 主翼面積 Se= 0.42974E-03　主翼面積 S= 0.51100E-03
　平均空力翼弦 CBAR= 0.93300E-01　翼平均空力翼弦 CBARe= 0.87245E-01
　前胴体面積 SN= 0.33166E-02　　胴体長さ LB= 0.68600E-02
　(Cmq)e (A2.1.3.2項)= 0.33874E-01　(Cmq)B (A2.3.3項)=-0.79480E+00
⇒
　(Cmq)MB1= (KMB+KBW)*(Se,S/S)*(CBARe/CBAR)**2*(Cmq)e =-0.30701E-01 (1/rad)
　(Cmq)MB2=SN/S*(LB/CBAR)**2*(Cmq)B　　　　　　　　　　=-0.27888E+01 (1/rad)
　(Cmq)MB = (Cmq)MB1 + (Cmq)MB2　　　　　　　　　　　　=-0.58589E+01 (1/rad)

②(CLα)T (A2.1.11項)= 0.50101E+00　　∂ε/∂α= 0.42480E+00
　重心〜尾翼 c/4 距離 LOG"= 0.32394E-02, (上記 CBAR)
⇒
　(Cmq)T =-2*(LOG"/CBAR)**2*(CLα)T/(1-∂ε/∂α) =-0.21000E+02 (1/rad)

③(上記 (Cmq)MB, (Cmq)T)
⇒
　Cmq = (Cmq)MB+(Cmq)T =-0.26859E+02 (1/rad)

A2.4 フラップ付翼の揚力
A2.4.1 フラップ無しでの揚力傾斜 CLα

①κ (A2.1.1項)= 0.10033E+01　　アスペクト比 A= 0.69607E+01
　後退角 Λc/2= 0.36956E+02　　β=√(1-M2)= 0.96659E+00
⇒
　(CLα)W= 0.40735E+01 (1/rad) = 0.71091E-01 (1/deg)

A2.4.2 フラップによる翼断面揚力の増加 ΔCl
　　　　(plane flap の場合)

①翼厚比 t/c= 0.11000E+00　　フラップ弦長比 cf/c= 0.30000E+00
⇒ 図A2.4.2-2 ⇒
　(Clδ)theory= 0.45050E+01

②Clα/Clαtheory (2.1.1項)= 0.84910E+00, (上記 cf/c)
⇒ 図A2.4.2-3 ⇒
　Clδ/(Clδ)theory= 0.77229E+00

③フラップ舵角 δf= 0.20000E+02, (上記 cf/c)
⇒ 図A2.4.2-4 ⇒
　K= 0.82500E+00

229

230

④(上記 (Clδ)theory, Clδ/(Clδ)theory, δf, K)
⇒
ΔCl(δf)= 0.10019E+01

A2.4.3 フラップによる揚力の増加 ΔCL
①(上記 cf/c),
⇒ 図A2.4.3-1 ⇒
(αδ)CL/(αδ)Cl= 0.10369E+01

②フラップのスパン位置 ηi= 0.10000E+00   η₀= 0.70000E+00
先細比 λ= 0.32000E+00
⇒ 図A2.4.3-2 ⇒
span factor Kb= 0.68680E+00

③Clα(2.1.1項)= 0.62998E+01   (CLα)W(2.4.1項)= 0.40735E+01
ΔCl(δf)(2.4.2項)= 0.10019E+01, (上記(αδ)Cl/(αδ)Cl, Kb)
⇒
ΔCL= 0.46134E+00

④δf= 0.20000E+02 (上記ΔCL)
⇒
CLδf= 0.13217E+01 (1/rad) = 0.23067E-01 (1/deg)

A2.4.4 フラップせり出し時の揚力傾斜 (CLα)δ
①chord extention比 c1/c= 0.13000E+01 フラップ取付部翼面積 Swf= 0.33819E+03
主翼面積 S= 0.51100E+03   (CLα)WB(A2.1.11項)= 0.42951E+01
(CLα)WB(FlapDN)=(1.0+(c1/c−1.0)*Swf/S)*(CLα)WB = 0.51478E+01 (1/rad)

②((CLα)T(A2.1.11項)= 0.50101E+00, (上記(CLα)WB(FlapDN))
CLα=((CLα)WB(FlapDN)+(CLα)T = 0.56488E+01 (1/rad) = 0.98584E-01 (1/deg)
フラップ舵角 δf= 0.20000E+02
③CLDF= 0.23067E-01
揚力係数 CL= 0.11090E+01, (上記CLα)
⇒
α=(CL−CLδf*δf)/CLα = 0.65700E+01 (deg)

A2.4.5 フラップによる翼断面最大揚力の増加 ΔClmax
(後縁フラップの場合)
①翼厚比 t/c= 0.11000E+00   フラップ型式= 1
NFTYPE=0 (なし), =1 (best 2-slot), =2(1-slot), =3(plane)
⇒ 図A2.4.5-1 ⇒
断面最大揚力増加ベース分(ΔClmax)base= 0.13950E+01

②フラップ弦長比 cf/c= 0.30000E+00, (上記フラップ型式)
⇒ 図A2.4.5-2 ⇒
k1 (flap-cord correction) = 0.12000E+01

③フラップ舵角 δf= 0.20000E+02, (上記フラップ型式)
⇒ 図A2.4.5-3 ⇒
k2 (flap angle correction) = 0.67000E+00

④(上記フラップ舵角 δf, フラップ型式)
⇒ 図A2.4.5-4 ⇒
k3 (flap motion correction) = 0.30000E+01

⑤(上記(ΔClmax)base, k1, k2, k3,)
⇒
断面最大揚力増加分 ΔClmax= 0.33647E+01

A2.4.6 フラップによる最大揚力の増加 ΔCLmax
(後縁フラップの場合)
①後退角 Λc/4= 0.39570E+02
⇒
KΛ (planform correction factor) = 0.78359E+00

②フラップ取付部翼面積 Swf= 0.33819E+03   翼面積 S= 0.51100E+03
(上記 ΔClmax(A2.4.5項), KΛ)
⇒
ΔCLmax= 0.17449E+00

A2.5 フラップ付翼のモーメント

付　録

(後縁フラップの場合)
① 翼厚比 $t/c = 0.11000E+00$　　　フラップ DN 弦長比 $c_f/c_1 = 0.23077E+00$
揚力によるモーメント $\Delta C_m / \Delta C_{Lref} = -0.28410E+00$
⇒ 図 A2.5-2 ⇒
② フラップ のスパン位置 $\eta_i = 0.10000E+00$　　$\eta_o = 0.70000E+00$
先細比 $\lambda = 0.32000E+00$ ⇒
⇒ 図 A2.5-3 ⇒
flap span factor $K_p = 0.75783E+00$
③ フラップ のスパン位置 $\eta_i = 0.10000E+00$　　$\eta_o = 0.70000E+00$
先細比 $\lambda = 0.32000E+00$ ⇒　chord extention 比 $c_1/c = 0.13000E+01$
⇒ 図 A2.5-4 ⇒
後退角による flap span factor $K\Lambda_m = 0.12756E-01$
④ chord extention 比 $c_1/c = 0.13000E+01$　　アスペクト比 $A = 0.69607E+01$
後退角 $\Lambda_{c/4} = 0.39570E+02$　　$\Delta C_L (2.4.3 項) = 0.46134E+00$
(上記 $\Delta C_m / \Delta C_{Lref}$, $\Delta C_L = 0$, $\alpha_0 = 0$ とする)
$(\Delta C_m)_{c/4} = -0.14530E+00$
⑤ $\delta_f = 0.20000E+02$ (上記 $(\Delta C_m)_{c/4}$)
$C_m \delta f = 0.41628E+00 (1/\text{rad}) = -0.72650E-02 (1/\text{deg})$

A2.6 迎角零における揚力 C_{L0} および零揚力迎角 α_0
(ここでは簡単のため、$C_{L0} = 0$, $\alpha_0 = 0$ とする)

A2.7 迎角レート微係数 $Cm \alpha \text{dot}$
① 尾翼揚力傾斜 $(C_{L\alpha})_T = 0.50101E+00$　　$\partial \varepsilon / \partial \alpha = 0.42480E+00$
主翼と尾翼 $c/4$ 距離 $L'' = 0.32394E-02$　　平均空力翼弦 = $0.93300E+01$
$Cm \alpha \text{dot} = -2*(L''/\text{CBAR})**2*(C_{L\alpha})_T / (1 - \partial \varepsilon / \partial \alpha) * (\partial \varepsilon / \partial \alpha)$
$= -0.89207E+01 (1/\text{rad})$

A3. 抵抗の空力推算

A3.1 翼の抵抗
A3.1.1 翼の零揚力抵抗 CD_{0w}
① 胴体長 l/MAX 数 $Re_L = 0.36047E+09$　　マッハ数 $M = 0.25631E+00$
⇒ 図 A3.1.1-1 ⇒
翼胴干渉 factor $Rwf = 0.92710E+00$
② 後退角 $\Lambda_{c/4} = 0.39570E+02$, (上記 M)
⇒ 図 A3.1.1-2 ⇒
lifting-surface correction factor $RL_s = 0.1009E+01$
③ exposed 主翼 l/MAX 数 $Rewf = 0.45845E+08$, (上記 M)
⇒ 図 A3.1.1-3 ⇒
(抵抗が小さく出過ぎるので $Rewf)1.0E7$ (は一定値とする)
(また、実用角の表面粗さを考慮して、1.5 倍として使用)
乱流 skin-friction 係数 $Cfw = 0.45512E-02$
④ 翼厚比 $t/c = 0.11000E+00$　　$(t/c)\max$ の位置 $xt = 0.30000E+02$
$L = 0.12000E+01$
⑤ exposed 主翼面積 $Se = 0.42974E+03$
翼の wetted area $Swetw (= Se*2.0) = 0.85949E+03$
⑥ 主翼面積 $S = 0.51100E+03$　　翼厚比 $t/c = 0.11000E+00$
(上記 Rwf, RL_s, Cfw, L, $Swetw$)
翼の零揚力抵抗 $CD_{0w} = Rwf*RL_s*Cfw*[1 + L \cdot (t/c) + 100 \cdot (t/c)**4]*Swetw/S$
$= 0.82171E-02$

A3.1.2 翼の揚力による抵抗 CD_{Lw}
① 揚力係数 $C_L = 0.11090E+01$
⇒
$(C_L)WB = 1.05 * C_L$ (preliminary design) $= 0.11645E+01$
② 前縁半径 l/MAX 数 $Re_{LE} = 0.98053E+06$　　マッハ数 $M = 0.25631E+00$
前縁後退角 $\Lambda_{LE} = 0.42000E+02$　　先細比 $\lambda = 0.32000E+00$
アスペクト比 $A = 0.69607E+01$

232

$A \cdot \lambda / \cos \Lambda LE = 0.29972E-01$
$(ReL/\tan\Lambda LE) \cdot \sqrt{(1-M**2 \cdot (\cos\Lambda LE)**2)} = 0.10692E-07$
⇒ 図A3.1.2-1
前縁 suctuion parameter R= 0.94997E+00

③$(CL, \alpha)WB (A2.1.11項) = 0.42951E+01$. (上記A, R)
span efficiency factor e(≧0.6)= 0.91320E+00

④(上記(CL)WB(①項), R, e, A)
翼の揚力抵抗 $CDLw=(CL)WB**2/(\pi eA) = 0.67940E-01$
誘導抗力の係数 $k=CDLw/CL**2=1.1/(\pi eA) = 0.55112E-01$

亜音速での翼の揚力抵抗(合計)CDLwing
翼の揚力抵抗 CDLw= 0.67940E-01
翼の抵抗 =CDWw +CDLw = 0.76157E-01

A3.1.4 遷音速での翼の零揚力抵抗 CDWwave
①翼厚比 t/c= 0.11000E+00   アスペクト比A= 0.69607E-01
マッハ数M= 0.25631E+00
$A \cdot (t/c)**(1/3)= 0.33352E-01$
$\sqrt{|M**2-1|/(t/c)**(2/3)} = 0.20173E+01$
⇒ 図A3.1.4-2 ⇒
CDWwave/(t/c)**(5/3)= 0.00000E+00
⇒
CDWwave= 0.00000E+00

②後退角 $\Lambda c/4 = 0.39570E+02$
 (M=0.85で0, M=0.9で1.0の線形補間とする)
遷音速での翼の零揚力抵抗 CDWwave= 0.00000E+00
 (M=0.85までは遷音速効果は省略)

A3.1.5 遷音速での翼の揚力による抵抗 CDLwtrs
①翼厚比 t/c= 0.11000E+00   アスペクト比A= 0.69607E-01
後退角 $\Lambda LE = 0.42000E-02$ マッハ数M= 0.25631E+00
                              (M**2-1)/(t/c)**(2/3)=-0.40697E-01
先細比 λ = 0.32000E+00
⇒
$A \cdot (t/c)**(1/3) = 0.33352E-01$
$A \cdot \tan\Lambda LE = 0.62668E-01$ ⇒
⇒図A3.1.5-1 ⇒
$(CD)/CL**2 \cdot (t/c)**(-1/3) = 0.33422E+00$

②(上記厚比(t/c)
 (M=0.85で0, M=0.9で1.0の線形補間とする)
$k=CDLw/CL**2 = 0.00000E+00$

③揚力係数 CL = 0.11090E-01. (上記k)
遷音速での翼の揚力による抵抗 CDLwtrs= 0.00000E+00
 (M=0.85までは遷音速効果は省略)

A3.1.6 遷音速での翼を含む翼の抵抗 CDwing (まとめ)
①亜音速翼の零揚力抵抗   (A3.1.1項 CDOw   = 0.82171E-02
 亜音速翼の揚力抵抗   (A3.1.2項 CDLw   = 0.67940E-01
 遷音速翼の零揚力抵抗   (A3.1.4項 CDWwave= 0.00000E+00
 遷音速翼の揚力抵抗   (A3.1.5項 CDLwtrs = 0.00000E+00
⇒
翼の抵抗 CDwing =CDOw +CDLw +CDWwave +CDLwtrs = 0.76157E-01

A3.2 胴体の抵抗
A3.2.1 胴体の零揚力抵抗 CDOfus
①胴体長/ハバ λf/b' 数 ReL= 0.36047E+09   マッハ数M= 0.25631E+00
⇒ 図A3.2.1-2 ⇒
(抵抗がパさく出過ぎるので ReL>1.0E7 は一定値とする)
(また、実機の表面粗さを考慮して、1.5倍として使用)
胴体乱流 skin-friction 係数 Cffus= 0.45512E-02

付　録　　233

②胴体最大上下幅 h= 0.82000E-01　　胴体最大幅 w= 0.65000E-01
胴体最大直径 df= (h+w)/2= 0.73500E-01
胴体最大正面面積 Sfus=(π/4)*df**2= 0.42408E-02

③胴体側面面積 SBs= 0.35246E-03

翼胴 wetted area Swetfus=SBs×3.14= 0.11067E-04
(Swetfus は側面積の π 倍と仮定)

④翼胴干渉 factor (A3.1.1項) Rwf= 0.92710E+00
胴体長さ LB= 0.68600E-02　　主翼面積 S= 0.51100E-03
(上記 Cffus, df, Swetfus)

CDbfus-base = Rwf*Cffus*[1+60/(LB/df)**3+0.0025*(LB/df)]*Swetfus/S
= 0.10026E-01

⑤胴体 base 直径 db= 0.25000E-01　(上記 df, Sfus, S, CDbfus-base)
胴体 base 抵抗 CDbfus =0.029*(db/df)**3/SQRT(CDbfus-base*S/Sfus)*Sfus/S
= 0.2724E-03

⑥(上記 CDbfus-base, CDbfus)
胴体の零揚力抵抗 CDbfus =CDbfus-base +CDbfus = 0.10299E-01

A3.2.2 胴体の揚力による抵抗 CDLfus
①胴体長さ LB= 0.68600E+02　　胴体最大直径 df= 0.73500E-01
body fineness ratio LB/df= 0.93333E+01
⇒ A3.2.2-2 ⇒
無限長円柱抵抗比 η= 0.67583E+00

②マッハ数 Mc=M·SIN|α|= 0.29325E-01

⇒ 図A3.2.2-3 ⇒
cross-flow 抵抗 CDcfus= 0.12000E+01

③胴体側面面積 SBs= 0.35246E-03

胴体 planform 面積 Splffus= 0.35246E-03
(簡単のため、Splffus は SBs と同じとする)

④胴体 base 直径 db (A3.2.1項)= 0.25000E-01

胴体後部 base 面積 Sbfus= 0.49062E-01
⑤主翼面積 S= 0.51100E-03　(上記 η, α, CDcfus, Splffus)
胴体の揚力による抵抗 CDLfus= 0.10957E-01

A3.2.3 亜音速での胴体の抵抗(合計) CDfus
①胴体の零揚力抵抗 CDbfus (A3.2.1項) = 0.10299E-01, (A3.2.2項) = 0.10957E-02
胴体の揚力による抵抗 CDLfus
胴体の抵抗 CDfus =CDbfus +CDLfus = 0.11394E-01

A3.2.4 遷音速での胴体の零揚力抵抗 CDDftrs
①M=0.6 での胴体長レイノルズ数 ReL1= 0.84383E+09
⇒ 図A3.2.1-2 ⇒
(抵抗が小さく出過ぎるので ReL1>1.0E7 は一定値とする)
胴体乱流 skin-friction 係数 Cffus (M=0.6) = 0.29777E-02

②Swetfus (A3.2.1項) = 0.11067E-04　主翼面積 S= 0.51100E+03
(上記 Cffus (M=0.6))
CDffus =Cffus (M=0.6) ·Swetfus/S = 0.64490E-02

③body fineness ratio LB/df (A3.2.2項) = 0.93333E+01,
(上記 Swetfus, S, Cffus (M=0.6))
⇒
CDpfus= 0.62639E-03

④(A3.2.1項の胴体base抵抗 CDbfus を M=0.6 として求める)
翼胴干渉 factor Cffus(A3.1.1項 Rwf= 0.92710E+00
(上記 Cffus(M=0.6), LB/df, Swetfus, S)
⇒
CDOfus(M=0.6) = 0.6596E-02

胴体 base 抵抗 CDbfus(M=0.6) = 0.33686E-03　　胴体最大直径 df= 0.73500E+01
胴体 base 直径 db= 0.25000E+01
マッハ数 M= 0.25631E+00
⇒図 A3.2.4-1 ⇒
CDb(当該M数)/(db/df)**2= 0.29117E-02
CDb/(db/df)**2= 0.29117E-02
⇒
CDb = [CDb/(db/df)**2]・(db/df)**2 = 0.33686E-03

⑤マッハ数 M= 0.25631E+00　　　　　　　　　　LB/df= 0.93333E+01
⇒図A3.2.4-2 ⇒
胴体 Wave 抵抗 CDw= 0.00000E+00

⑥CDffus= 0.64490E-02　　　　　　　　　CDbfus= 0.62639E-03
CDffus= 0.33686E-03　　　　　　　　　　CDw= 0.00000E+00
Sfus(A3.2.1項 base 面積 Sbfus= 0.42408E-02　　　主翼面積 S= 0.51100E+03
Rwf(A3.1.1項 M=0.9で1.0の線形補間とする)
(M=0.85で、M=0.9で1.0の線形補間は省略)
⇒
運音速での胴体の場力による零揚力抵抗 CDOftrs= 0.00000E+00
(M=0.85までは運音速効果は省略)

A3.2.5 運音速での胴体の場力による抵抗 CDLftrs
①α(A2.4.4項)= 0.65700E+01 (deg)
(M=0.85で0、M=0.9で1.0の線形補間とする)
運音速での胴体の場力による抵抗 CDLftrs= 0.00000E+00
(M=0.85までは運音速効果は省略)

A3.2.6 運音速を含む胴体の抵抗 CDfus (まとめ)
①運音速胴体の零揚力抵抗　　(A3.2.1項)　CDOfus = 0.10299E-01
亜音速胴体の零揚力抵抗　　(A3.2.2項)　CDLfus = 0.1095E-02
運音速胴体の零揚力抵抗　　(A3.2.4項)　CDOftrs = 0.00000E+00
運音速胴体の零揚力抵抗　　(A3.2.5項)　CDLftrs = 0.00000E+00

胴体の抵抗(まとめ)
CDfus =CDOfus +CDLfus +CDOftrs +CDLftrs = 0.11394E-01

A3.3 その他の抵抗
A3.3.1 フラップによる抵抗係数 CD|δf|
①フラップ舵角 δf= 0.20000E+02 (deg)　　フラップ弦長比 cf/c= 0.30000E+00
(δf=0のときは、δf=20(deg)としての CD|δf|を算出)
⇒図A3.3.1-1 ⇒
フラップによる翼断面抵抗力係数 ΔCdf= 0.35000E-01

②span factor Kb (A2.4.3項 CD = 0.68680E+00, (上記 ΔCdf
フラップによる抵抗係数 CD|δf|= 0.12019E-02 (1/deg)

③(上記CD|δf|, δf)
⇒
フラップによる抵抗 ΔCD(δf) =CD|δf|・|δf| = 0.24038E-01

A3.3.2 脚による抵抗
①脚による抵抗 ⇒ CDgear= 0.10000E-01
(脚による抵抗は、タイヤの断面積で抵抗係数 CD=1.0と仮定して、タイヤの数を掛け、
主翼面積Sで割ると、CDgear=0.01程度となるのでこの値を採用する)
(フラップUP, 脚UP)

A3.4 抵抗のまとめ
A3.4.1 零揚力抵抗 CD0
①亜音速翼の零揚力抵抗　　(A3.1.1項)　CDw　= 0.82171E-02
亜音速胴体の零揚力抵抗　　(A3.2.1項)　CDOfus = 0.10299E-01
運音速翼の零揚力抵抗　　　(A3.1.4項)　CDwave= 0.00000E+00
運音速胴体の零揚力抵抗　　(A3.2.4項)　CDOftrs= 0.00000E+00
零揚力抵抗(フラップUP, 脚UP)

付　録

CD0 =CD0w +CD0fus +CD0wave +CD0ftrs　　　= 0.18516E-01
　（その他の零揚力抵抗）
　フラップによる抵抗 (A3.3.1項) ΔCD(δf)= 0.24038E-01
　脚による抵抗 (A3.3.2項) CDgear = 0.10000E-01
　（零揚力抵抗の合計）
　CD0 +ΔCD(δf) +CDgear　　　= 0.52554E-01

A3.4.2 揚力による抵抗 CDLift
①亜音速主翼の揚力抵抗 (A3.1.2項) CDLw　= 0.67940E-01
　亜音速胴体の揚力抵抗 (A3.2.2項) CDLfus = 0.10957E-02
　亜音速尾翼の揚力抵抗 (A3.1.5項) CDLwtrs= 0.00000E+00
　運音速胴体の揚力抵抗 (A3.2.5項) CDLftrs= 0.00000E+00
　揚力による抵抗
　CDLift =CDLw +CDLfus +CDLwtrs +CDLftrs = 0.69035E-01
⇒
②揚力係数 C_L= 0.11090E-01, (上記 CDLift)
⇒
　k=CDLift/C_L**2= 0.56128E-01

A4.1 静安定微係数 $C_{y\beta}$, $C_{l\beta}$, $C_{n\beta}$
A4.1.1 ($C_{y\beta}$)WB

①胴体と翼の距離 ZW= 0.20000E+01　　胴体直径 d= 0.65000E+01
⇒
ZW/(d/2) = 0.61538E+00 ⇒
翼胴干渉係数 Ki= 0.13015E-01

②胴体長さ LB= 0.68600E+02, (上記 d)
fineness ratio f=LB/D= 0.10554E+02
⇒ (A2.3.4項と同様)
apparent mass factor k2-k1= 0.94554E+00

③胴体面積 S0= 0.33166E+02　　主翼面積 S= 0.51100E+03
主翼上反角 Γ= 0.45000E+01 (deg) 　　 途中上反角面積 S9= 0.00000E+00

($C_{y\beta}$)WBZW =-2*K(i*(k2-k1)*S0/S　 =-0.15975E+00 (1/rad)
($C_{y\beta}$)WBGM =-0.00573*Γ|*(1-S9/S)=-0.25785E-01 (1/rad)
($C_{y\beta}$)WB =($C_{y\beta}$)WBZW +($C_{y\beta}$)WBGM =-0.18554E+00 (1/rad)

④(上記 ($C_{y\beta}$)WBZW, ($C_{y\beta}$)WBGM)

($C_{y\beta}$)WB =($C_{y\beta}$)WBZW +($C_{y\beta}$)WBGM (上記 bV/(2*r1))

A4.1.2 Δ($C_{y\beta}$)V(WBH)
①垂直尾翼スパン bV= 0.13500E-02　 垂直尾翼翼根 c/4 点距離 r1= 0.32500E+01
bV/(2*r1)= 0.20769E-01
⇒図A4.1.2-1 ⇒
k= 0.77231E+00

②垂直尾翼先細比 λv= 0.30000E+00, (上記 bV/(2*r1))
⇒図A4.1.2-2 ⇒
(A)V(B)/(A)V= 0.16062E+01

③垂直尾翼面積 Sv= 0.15200E-03　 水平尾翼面積 S''= 0.13500E-03
S''/SV= 0.88816E+00 ⇒
⇒図A4.1.2-3 ⇒
KH= 0.86306E+00

④垂直尾から水尾 CBAR/4点 x= 0.70241E+01　 垂直平均空力翼弦= 0.12347E-02
胴体から水尾 CBAR/4点 ZH= 0.12000E+01, (上記 bV)
x/CBARV= 0.56887E+00　　　-ZH/bV= 0.14815E+00
⇒図A4.1.2-4 ⇒
(A)V(HB)/(A)V(B)= 0.10121E-01

⑤垂尾アスペクト比 Av= 0.11990E+01, (上記 (A)V(B)/(A)V, KH, (A)V(HB)/(A)V(B))
Aeff= 0.19459E+01

⑥(Cl α)v(A2.1.1項, k_1= 0.64185E-01　　　(κ)v=(Cl α)v/(2π)= 0.10221E+01
β=√(1-M2)= 0.96659E+00　　　　後退角(Λc/2)v= 0.38158E+02
tan(Λc/2)v= 0.78564E+00, (上記 Aeff)

⇒
$(CL\alpha)v= 0.23951E-01$ (1/rad)

⑦主翼アスペクト比 $A= 0.69607E-01$　　$\Lambda c/4= 0.39570E+02$
(上記 Sv, S, d, ZW)
⇒
$[(1+d\sigma/d\beta)\cdot qv/q](1) = 0.72400E+00$
$[(1+d\sigma/d\beta)\cdot qv/q](2) =-3.06*SV/S/(1.0+\cos\Lambda c/4) = 0.51399E+00$
$[(1+d\sigma/d\beta)\cdot qv/q](3) = 0.4*ZW/D = 0.12308E+00$
$[(1+d\sigma/d\beta)\cdot qv/q](4) =-0.009*A = 0.62647E-01$
$(1+d\sigma/d\beta)\cdot qv/q \infty = [(1+d\sigma/d\beta)\cdot qv/q](1)+(2)+(3)+(4) = 0.14237E-01$

⑧ (上記 Sv, S, k, $(CL\alpha)v$, $(1+d\sigma/d\beta)\cdot qv/q \infty$,)
$\Delta(Cy\beta)V(WBH) =- k*(CL\alpha)V*(1+d\sigma/d\beta)\cdot qv/q \infty *Sv/S =-0.78334E+00$ (1/rad)

A4.1.3 全機の $Cy\beta$

①$(Cy\beta)(WB)=-0.18554E+00$ (1/rad), (上記 $\Delta(Cy\beta)V(WBH)$)
$Cy\beta =(Cy\beta)(WB)+ \Delta(Cy\beta)V(WBH) =-0.96888E-01$ (1/rad) =-0.16909E-01 (1/deg)

A4.1.4 $(Cl\beta)$WB

①主翼アスペクト比 $A= 0.69607E-01$　　　$\Lambda c/2= 0.36956E+02$
マッハ数 M= 0.25631E+00
$M*\cos\Lambda c/2= 0.20482E+00$　　$A/\cos\Lambda c/2= 0.87105E-01$
⇒ 図 A4.1.4-1 ⇒
$KM\Lambda= 0.10281E+01$

②翼端 c/2 と機首距離 Lf1= 0.45498E+02　スパン b= 0.59640E+02　先細比 $\lambda = 0.32000E+00$
Lf1/b= 0.76288E+00, (上記 $A/\cos\Lambda c/2$)
⇒ 図 A4.1.4-2 ⇒
$Kf= 0.87928E+00$

③アスペクト比 $A= 0.69607E-01$　　$\Lambda c/2= 0.36956E+02$

後退角 $\Lambda c/2= 0.36956E+02$ ⇒
⇒ 図 A4.1.4-3 ⇒
$(Cl\beta/CL)\Lambda c/2=-0.19522E+00$ (1/rad)

④アスペクト比 $A= 0.69607E-01$　　先細比 $\lambda = 0.32000E+00$
⇒ 図 A4.1.4-4 ⇒
$(Cl\beta/CL)A=-0.9087 7E-02$ (1/rad)

⑤アスペクト比 $A= 0.69607E-01$　　スパン b= 0.59640E+02
胴体と翼の距離 ZW= 0.20000E-01　胴体最大上下幅 h= 0.82000E+01
胴体最大幅 w= 0.65000E+01
$(\Delta Cl\beta)ZW= 0.26169E-01$

⑥ (上記 $h*\cos\Lambda c/2$, $A/\cos\Lambda c/2$)
アスペクト比 $A9= 0.00000E+00$　　$A9/\cos\Lambda c/2= 0.00000E+00$
⇒ 図 A4.1.4-5 ⇒
$KM\Gamma 9= 0.10176E+01$

⑦アスペクト比 $A= 0.69607E-01$　　　先細比 $\lambda = 0.32000E+00$
アスペクト比 $A9= 0.00000E+00$　　先細比 $\lambda 9= 0.10000E+01$
後退角 $\Lambda c/2= 0.36956E+02$
⇒ 図 A4.1.4-6 ⇒
$Cl\beta/\Gamma =-0.10864E-01$ ((1/rad)/(Γ=1deg))
$Cl\beta/\Gamma 9= 0.00000E+00$ ((1/rad)/(Γ=1deg))

⑧アスペクト比 $A= 0.69607E-01$　　スパン b= 0.59640E+02
アスペクト比 $A9= 0.00000E+00$　　スパン b9= 0.00000E+00
胴体最大幅 w= 0.65000E+01
$\Delta Cl\beta/\Gamma =-0.89942E-03$ ((1/rad)/(Γ=1deg))
$\Delta Cl\beta/\Gamma 9= 0.00000E+00$ ((1/rad)/(Γ=1deg))

⑨揚力係数 $CL= 0.11090E+01$　主翼上反角 $\Gamma = 0.45000E+01$ (deg)
途中上反角 $\Gamma 9= 0.00000E+00$ (deg)
(上記 KMΛ, Kf, $(Cl\beta/CL)\Lambda c/2$, $(Cl\beta/CL)A$, $(\Delta Cl\beta)ZW$, KMΓ, $Cl\beta/\Gamma$, $\Delta Cl\beta/\Gamma$, KM$\Gamma 9$, $Cl\beta/\Gamma 9$, $\Delta Cl\beta/\Gamma 9$)
$Cl\beta WB1 = CL*(KM\Lambda*Kf*(Cl\beta/CL)\Lambda+(Cl\beta/CL)A) =-0.20579E+00$

付　録   237

A4.1.5 全機の $Cl\beta$

①胴体と垂尾 C3AR/4 距離 $Zv= 0.55385E-01$ スパン/b= 0.59640E+02
$\Delta(Cy\beta) V(WBH) (A4.1.2項) = -0.78334E+00$
$\Rightarrow$
$(Cl\beta) VFIN = \Delta(Cy\beta) V(WBH) * Zv/b = -0.72745E-01$ (1/rad)

②上記 $(Cl\beta) WB = -0.23342E+00$
$\Rightarrow$
$Cl\beta = (Cl\beta) WB + (Cl\beta) VFIN = -0.30617E+00$ (1/rad) $= -0.53432E-02$ (1/deg)

$CLBMB2 = (\Delta Cl\beta) ZW$ $= 0.26169E-01$
$CLBMB3 = \Gamma * (KM\Gamma * Cl\beta/\Gamma + \Delta Cl\beta/\Gamma)$ $= -0.53799E-01$
$CLBMB9 = \Gamma 9 * (KM\Gamma 9 * Cl\beta/\Gamma 9 + \Delta Cl\beta/\Gamma 9)$ $= 0.00000E+00$
$\Rightarrow$
$(Cl\beta) WB = CLBMB1 + CLBMB2 + CLBMB3 - CLBMB9 = -0.23342E+00$ (1/rad)

A4.1.6 $(Cn\beta) WB$

①胴体長さ LB= 0.68600E+02　機首と重心の距離 Xm= 0.30025E+02
胴体最大幅 w= 0.65000E+01　胴体裏大上下幅 f= 0.82000E+01
胴体裏1/4の上下幅 h1= 0.82000E+01　胴体長3/4の上下幅 h2= 0.46000E+01
胴体側面積 SBs= 0.35246E+03

$Xm/LB= 0.43768E+00$　　$LB**2/SBs= 0.13352E+02$
$\sqrt{(h1/h2)} = 0.13351E+01$　　$h/w= 0.12615E+01$
$\Rightarrow$ 図A4.1.6-1 $\Rightarrow$
$KN= 0.11437E-02$

②レイノルズ数 (胴体) Rel= 0.36047E+09
$\Rightarrow$ 図A4.1.6-2 $\Rightarrow$
$KRL= 0.22000E+01$

③主翼面積 S= 0.51100E+03　　　　スパン/b= 0.59640E+02
(上記 SBs, LB, KN, KRL)
$\Rightarrow$
$(Cn\beta) WB = -KN * KRL * (SBs/S) * (LB/b) * 57.3 = -0.11438E+00$ (1/rad)

A4.1.7 全機の $Cn\beta$

①重心と expo 垂尾 C/4 Lev= 0.30511E+02　スパン/b= 0.59640E+02
垂尾面積 (exposed) Sev= 0.10045E+03　垂尾面積 (胴体中心まで) Sv= 0.15200E+03
$\Delta(Cy\beta) V(WBH) = -0.78334E+00$
$\Rightarrow$
$(Cn\beta) VFIN = -\Delta(Cy\beta) V(WBH) * Lev/b * Sev/Sv = 0.26483E+00$ (1/rad)

②上記 $(Cn\beta) WB = -0.11438E+00$ (1/rad)
$\Rightarrow$
$Cn\beta = (Cn\beta) WB + (Cn\beta) VFIN = 0.15045E+00$ (1/rad) $= 0.26256E-02$ (1/deg)

A4.2 ラダー舵効 $Cy\delta r$, $Cl\delta r$, $Cn\delta r$

A4.2.1 ラダーによる翼断面揚力の増加 ΔCl
(A2.4.2項のPlane Flapの式で、翼断面揚力の増加 $\Delta Cl/\delta r$ を求める)
①垂尾翼厚比 $(t/c) v= 0.90000E-01$　　ラダー弦長比 $cdr/c= 0.30000E+00$
$\Rightarrow$ 図A4.2.1-2 $\Rightarrow$
$(Cl\delta) theoryV= 0.44107E-01$ (1/rad)

②$Cl\alpha/Cl\alpha theoryV (2.1.1項) = 0.87796E+00$, (上記 cdr/c)
$\Rightarrow$ 図A4.2.1-3 $\Rightarrow$
$Cl\delta/(Cl\delta) theoryV = 0.81695E+00$

③フラップ舵角 $\delta r= 0.30000E+02$　(上記 cdr/c)
$\Rightarrow$ 図A4.2.1-4 $\Rightarrow$
$K= 0.61000E+00$

④(上記 $Cl\delta/(Cl\delta) theoryV$, $(Cl\delta) theoryV$, K)
$\Delta Cl/\delta r = 0.21980E-01$ (1/rad)

A4.2.2 ラダーによる揚力の増加 ΔCL
A2.4.3項から $\Delta CL/\delta r$ を求める
①垂尾アスペクト比 $Av= 0.11990E+01$　　ラダー弦長比 $cdr/c= 0.30000E+00$
$\Rightarrow$ 図A4.2.2-1 $\Rightarrow$
$(\alpha\delta) CL/(\alpha\delta) Cl = 0.11552E+01$

238

②ラダーのスパン位置 $\eta_i = 0.25000E+00$　　　　　$\eta_o = 0.90000E+00$
垂尾先細比 $\lambda v = 0.30000E+00$
⇒ 図A4.2.2-2 ⇒
Span Factor $Kb = 0.62250E+00$

③$(Cl(\alpha))v(A2.1.1項) = 0.64185E-01$　　　$(CL(\alpha))v(A3.1.2項) = 0.23951E+01$
(1/rad)
$\Delta Cl/\delta r = 0.21980E+01$ (1/rad)　　$(\alpha\delta)Cl/(\alpha\delta)Cl = 0.11552E+01$
(上記 Kb)
⇒
$\Delta CL/\delta r = 0.5897E+00$ (1/rad)　　$\delta r = 0.30000E+02$

A4.2.3 $Cy\delta r$
①垂直尾翼面積 $Sv = 0.15200E+03$　　　主翼面積 $S = 0.51100E+03$
$\Delta CL/\delta r = 0.5897E+00$ (3.2.2項)= $0.5897 7E+00$ (1/rad)
⇒
$Cy\delta r = 0.17543E+00$ (1/rad) = $0.30616E-02$ (1/deg)

A4.2.4 $Cl\delta r$
①胴体と垂尾 CBAR/4 長さ $Lv = 0.28456E+02$　スパン $b = 0.59640E+02$
$Cy\delta r = Cy\delta r*Zv/b*KHT = 0.8145 7E-02$ (1/rad) = $0.14216E-03$ (1/deg)
(水平尾翼の影響係数 KHT=0.5 と仮定する)

A4.2.5 $Cn\delta r$
①重心と垂尾 CBAR/4 長さ $Lv = 0.28456E+02$　ダブ-弦長比 $cdr/c = 0.30000E+00$
平均空力翼弦 $CBARv = 0.12347E-02$ (m)
$Lv1=Lv+(0.75-cdr/c)*CBARv = 0.34013E-02$ (m)
(ラダー作動時の空気力作用点はLv1付近と仮定)

②$Cy\delta r$ (A4.2.3項)= $0.17543E+00$　　　スパン $b = 0.59640E+02$
(上記 Lv1)
⇒
$Cn\delta r = -Cy\delta r*Lv1/b = -0.10005E+00$ (1/rad) = $-0.1746 0E-02$ (1/deg)

A.3 エルロン舵効き $Cl\delta a$, $Cn\delta a$
A.3.1 エルロンによるローリングモーメント パラメータ $\beta Cl\delta/\kappa$
①$\beta = \sqrt{(1-M^2)} = 0.96659E+00$　　　　　アスペクト比 $A = 0.96607E+01$
$\kappa = Cl(\alpha)/(2\pi)$ (A2.1.1項)= $0.10032E+01$
⇒
$\beta A/\kappa = 0.6707 0E+01$

②後退角 $\Lambda c/4 = 0.39570E+02$, (上記 β)
⇒
$\Lambda\beta = \tan^{-1}[\tan(\Lambda c/4)/\beta] = 0.40529E+02$

③エルロンのスパン位置 $\eta i = 0.73000E+00$　　　$\eta o = 0.95000E+00$
先細比 $\lambda = 0.32000E+00$, (上記 $\beta A/\kappa$, $\Lambda\beta$)
⇒ 図A4.3.1-1 ⇒
$(\beta Cl\delta/\kappa)\eta i = 0.45 10E+00$
$(\beta Cl\delta/\kappa)\eta o = 0.59646E+00$

④(上記 $(\beta Cl\delta/\kappa)\eta i$, $(\beta Cl\delta/\kappa)\eta o$)
⇒
$\beta Cl\delta/\kappa = (\beta Cl\delta/\kappa)\eta o - (\beta Cl\delta/\kappa)\eta i = 0.14540E+00$

A4.3.2 エルロンの効き $Cl\delta a$
①$\kappa = 0.10032E+01$　　　　　$\beta = \sqrt{(1-M^2)} = 0.96659E+00$
(上記 $\beta Cl\delta/\kappa$)
⇒
$Cl\delta = 0.15090E+00$

②A2.4.2項のフラップ推算法を利用する。
翼厚比 $t/c = 0.11000E+00$　　　　　エルロン弦長比 $ca/c = 0.25000E+00$
⇒ 図A4.3.2-1 ⇒
$(CL\delta)$theory= $0.40320E+01$
$(CL\delta)/(CL\delta)$theory= $0.76025E+00$

③$CL\alpha/CL\alpha$theory (2.1.1項)= $0.84910E+00$, (上記 ca/c)
⇒ 図A4.3.2-2 ⇒
$CL\delta/(CL\delta)$theory= $0.76025E+00$

④エルロン舵角 $\delta a = 0.20000E+02$ (上記 ca/c)

付録   239

⇒ 図A4.3.2-3 ⇒
K= 0.84750E+00

⑤(上記 (Cl δ) theory、Cl δ/(Cl δ) theory、K、κ
(ここで、2π κ は揚力傾斜)
α δ a =Cl δ/(Cl δ) theory*(Cl δ) theory*K/(2π κ) = 0.41237E+00

⑥(上記 Cl δ、α δ a)
(IMACの部分の翼弦長による全体(左右)のIMACの効き)
Cl δ a =Cl δ*α δ a =-0.62227E-01 (1/rad) =-0.10860E-02 (1/deg)

A4.3.3 Cn δ a
①IMACの入り位置 ηiK= 0.73000E+00   ηoK= 0.95000E+00
アスペクト比 A= 0.69607E+01   先細比 λ= 0.32000E+00
⇒ 図A4.3.3-1 ⇒
(K) ηi=-0.15132E+00
(K) ηo=-0.17190E+00

②(上記 (K) ηi、(K) ηo)
K =(K) ηo-(K) ηi =-0.20578E-01

③Cl δa=-0.62227E-01 (1/rad)   揚力係数 CL= 0.11090E+00
 (上記 K)
Cn δ a =K*CL*Cl δ a =-0.14201E-02 (1/rad) =-0.24784E-04 (1/deg)

A4.4 ロール角速度実数 Clp、Cnp
A4.4.1 ロールダンピングハラメータ βClp/κ
①β=Γ(1-M2)= 0.96659E+00   アスペクト比 A= 0.10033E+01
κ=Cl α/(2π) (A2.1.1項より) = 0.66959E+00
βA/κ= 0.67070E+01

②後退角 Λc/4= 0.39570E+02、(上記 β)

⇒
Λβ=tan-1{ tan(Λc/4)/β } = 0.40529E+02

③先細比 λ= 0.32000E+00、(上記 βA/κ、Λβ)
⇒ 図A4.4.1-1 ⇒
(βClp/κ) (CL=0)=-0.36935E+00

A4.4.2 抗力によるロールダンピング (ΔClp) drag
①アスペクト比 A= 0.69607E+01   後退角 Λc/4= 0.39570E-02
⇒ 図A4.4.2-1 ⇒
(Clp) (O)/CL2=-0.20891E-01   CDO (all) (A3.4.1項= 0.52554E-01

②揚力係数 CL= 0.11090E+01
(上記 (Clp) (O)/CL2)
(ΔClp) drag =[(Clp) (O)/CL2]*CL**2 -CDO(all)/8 =-0.32265E-01

A4.4.3 ロールダンピング Clp
①(βClp/κ) (CL=0)=-0.36935E+00   κ= 0.10033E+01
β=Γ(1-M2)= 0.96659E+00
⇒
(Clp) (CL) = (βClp/κ) (CL=0)*κ/β =-0.38332E+00

②(ΔClp) drag=-0.32265E-01、(上記 (Clp) (CL))
⇒
Clp =(Clp) (CL) +(ΔClp) drag =-0.41558E+00 (1/rad)

A4.4.4 Cnp
①アスペクト比 A= 0.69607E+01   後退角 Λc/4= 0.39570E-02
揚力傾斜 Cl α= 0.98584E-01   静安定 Cmα=-0.26625E-01
⇒
E1 =[A+6 (A+cos Λc/4)] / (A+4cos Λc/4) = 0.53115E+01
E2 = (tan Λc/4) **2/12   = 0.56897E-01
E3 =Cmα/Cl α* (tan Λc/4)/A   =-0.32061E-01
(Cnp/CL) (CL=0、M=0) =-1/6*E1*(E2-E3) =-0.78750E-01

240

②$\beta=\Gamma(1-M2)=0.96659E+00$、(上記 A, $\Lambda c/4$, $(C_{n p}/C_L)$ $(C_L=0, M=0)$)
⇒
$H1 =(A+4\cos\Lambda c/4)/(A\beta+4\cos\Lambda c/4) = 0.1023E-01$
$H2 =[A\beta+0.5(A\beta+\cos\Lambda c/4)*(\tan\Lambda c/4)**2]$
$/[A +0.5(A +\cos\Lambda c/4)*(\tan\Lambda c/4)**2] = 0.9675E+00$
$(C_{n p}/C_L) (C_L=0, M) = H1+H2*(C_{n p}/C_L) (C_L=0, M=0) = -0.7799E-01$

③揚力係数 $C_L= 0.11090E+01$、(上記 $(C_{n p}/C_L) (C_L=0, M)$)
⇒
$(C_{n p})W = (C_{n p}/C_L) (C_L=0, M)*C_L = -0.8650E-01$

④重心と垂尾 CBAR/4 距離 $L_v= 0.28456E+02$ スパン $b= 0.59640E+02$ $\Delta(C_y \beta)V(MBH)$ (A4.1.2
項)=-0.7833E+00 胴体と垂尾 CBAR/4 距離 $Z_v= 0.55385E+01$ $\Delta(C_y \beta)V(MBH) = 0.69418E-01$
⇒
$(C_{n p})vt = -2*L_v**Z_v/b**2*\Delta(C_y \beta)V(MBH) = 0.69418E-01$

⑤(上記 $(C_{n p})W, (C_{n p})vt$)
⇒
$C_{n p} = (C_{n p})W + (C_{n p})vt = -0.17084E-01$ (1/rad)

A4.5 ヨー角速度係数 $C_{l r}, C_{n r}$
A4.5.1 $C_{l r}$
①アスペクト比 $A= 0.69607E+01$ 後退角 $\Lambda c/4= 0.39570E+02$
先細比 $\lambda= 0.32000E+00$
⇒ 図A4.5.1-1 ⇒
$(C_{l r}/C_L) (C_L=0, M=0) = 0.36645E+00$

②$\beta=\Gamma(1-M2)=0.96659E+00$、(上記 A, $\Lambda c/4$, $(C_{l r}/C_L)$ $(C_L=0, M=0)$)
⇒
$H1 =A(1-\beta 2)/(2\beta(A\beta+2\cos\Lambda c/4)) = 0.28603E-01$
$H2 =(A\beta+2\cos\Lambda c/4)/(A\beta+4\cos\Lambda c/4) = 0.84287E+00$
$H3 =(\tan\Lambda c/4)**2/8 = 0.85346E-01$
$H4 =(A+2\cos\Lambda c/4)/(A+4\cos\Lambda c/4) = 0.84650E+00$
$(C_{l r}/C_L) (C_L=0, M) =(1+H1+H2+H3)/(1+H4+H3)*(C_{l r}/C_L) (C_L=0, M=0)$
$= 0.37612E+00$

③揚力係数 $C_L= 0.11090E+01$、(上記 $(C_{l r}/C_L) (C_L=0, M)$)
⇒
$C_{l r} = (C_{l r}/C_L) (C_L=0, M)*C_L = 0.41714E+00$ (1/rad)

A4.5.2 ヨーダンピング $C_{n r}$
①アスペクト比 $A= 0.69607E+01$ 後退角 $\Lambda c/4= 0.39570E+02$
先細比 $\lambda= 0.32000E+00$
⇒ 図A4.5.2-1 ⇒
$C_{n r}/C_L2 = -0.16052E-02$

②(上記 A, $\Lambda c/4$)
⇒ 図A4.5.2-2 ⇒
$C_{n r}/C_{D0} = -0.4384E+00$

③揚力係数 $C_L= 0.11090E+01$ 翼零揚力抵抗 $C_{D0 w}= 0.82171E-02$
(上記 $C_{n r}/C_L2, C_{n r}/C_{D0}$)
⇒
$(C_{n r})W = C_{n r}/C_L2*C_L**2 + C_{n r}/C_{D0}*C_{D0 w} = -0.55769E-02$

④重心と垂尾 CBAR/4 長さ $L_v= 0.28456E+02$ スパン $b= 0.59640E+02$
$\Delta(C_y \beta)V(MBH)$ (A4.1.2項)=-0.7833E+00
⇒
$(C_{n r})vt = 2*(L_v/b)**2*\Delta(C_y \beta)V(MBH) = -0.3566 7E+00$

⑤(上記 $(C_{n r})W, (C_{n r})vt$)
⇒
$C_{n r} = -0.36224E+00$ (1/rad)

〈空力係数推算結果〉

高度 $H= 0.15000E+01$ (×1000ft)   マッハ数 $M= 0.25631E+00$
等価対気速度 VKEAS= 0.16500E+03   機体重量 Weight= 0.25500E+03 (tf)
揚力係数 $C_L= 0.11090E+01$ 抵力係数 $C_D= 0.87551E-01$
揚抗比 $C_L/C_D= 0.12667E+02$ 迎角 $\alpha= 0.65700E+01$ (deg)
脚(GEAR)-DN   フラップ $\delta f= 0.20000E+02$ (kgf·m·s2)
$Ix =-2.0+b**2 *W_{eight}/1000, C_0= 0.18140E+07$ (kgf·m·s2)
$Iy =-4.5*Lb**2*W_{eight}/1000, C_0= 0.54001E+07$ (kgf·m·s2)
$Iz = 0.95*(Ix+Iy) = 0.68534E+07$ (kgf·m·s2)
$Ixz = 0.1*Ix = 0.18140E+06$ (kgf·m·s2)

付　録

	<推算結果>		<参考（大型旅客機 パワーアプローチ）>	
$C_{L\alpha}$	= 0.98584E-01	(1/deg)	= 0.99800E-01	(1/deg)
$C_{L\delta e}$	= 0.53772E-02	(1/deg)	= 0.59000E-02	(1/deg)
$C_{L\delta f}$	= 0.23067E-01	(1/deg)	= 0.27200E-01	(1/deg)
$C_{m\alpha}$	=-0.26625E-01	(1/deg)	=-0.22000E-01	(1/deg)
$C_{m\delta e}$	=-0.20233E-01	(1/deg)	=-0.23400E-01	(1/deg)
$C_{m\delta f}$	=-0.72650E-02	(1/deg)	= 0.00000E+00	(1/deg)
C_{mq}	=-0.26859E+02	(1/rad)	=-0.20800E+02	(1/rad)
◇ $C_{m\alpha dot}$	=-0.89207E+01	(1/rad)	=-0.32000E+01	(1/rad)
k	= 0.56128E-01	(−)	= 0.52200E-01	(−)
C_{D0}(F/UP, G/UP)	= 0.18516E-01			
ΔC_{D}(FLAP)	= 0.24038E-01			
ΔC_{D}(GEAR)	= 0.10000E-01			
(C_{D0}all=C_{D0}+ΔC_{D}(FLAP)+ΔC_{D}(GEAR))				
C_{D0}all	= 0.52554E-01	(−)	= 0.37700E-01	(−)
$C_{D|\delta f|}$	= 0.12019E-02	(1/deg)		
$C_{y\beta}$	=-0.16909E-01	(1/deg)	=-0.16800E-01	(1/deg)
$C_{y\delta r}$	= 0.30616E-02	(1/deg)	= 0.30500E-02	(1/deg)
◇ $C_{l\beta}$	=-0.53432E-02	(1/deg)	=-0.38600E-02	(1/deg)
$C_{l\delta a}$	=-0.10860E-02	(1/deg)	=-0.80000E-03	(1/deg)
$C_{l\delta r}$	= 0.14216E-02	(1/deg)	= 0.12000E-03	(1/deg)
C_{lp}	=-0.41558E+00	(1/rad)	=-0.45000E+00	(1/rad)
◇ C_{lr}	= 0.41714E+00	(1/rad)	= 0.10100E+00	(1/rad)
$C_{n\beta}$	= 0.26256E-02	(1/deg)	= 0.26200E-02	(1/deg)
□ $C_{n\delta a}$	=-0.24784E-04	(1/deg)	= 0.11000E-03	(1/deg)
$C_{n\delta r}$	=-0.17460E-02	(1/deg)	=-0.19000E-02	(1/deg)
□ C_{np}	=-0.17084E-01	(1/rad)	=-0.12100E+00	(1/rad)
C_{nr}	=-0.36224E+00	(1/rad)	=-0.30000E+00	(1/rad)

（◇：大型旅客機のケースで文献より絶対値が大きく出るので注意）
（□：大型旅客機のケースで文献より絶対値が小さく出るので注意）

参 考 文 献

1) Hoak, D. E. and Finck, R. D.：USAF Stability and Control DATCOM, Flight Control Division, Air Force Flight Control Laboratory, Wright-Patterson Air Force Base, Ohio, Revised 1978.
2) Heffley, R. K. and Jewell, W. F.：Aircraft Handling Qualities Data, NASA CR-2144, 1972.
3) Blakelock, J. H.：Automatic Control of Aircraft and Missiles, Second Edition, John Wiley & Sons, 1991.
4) Roskam, J.：Airplane Design Part Ⅵ, Preliminary Calculation of Aerodynamic, Thrust and Power Characteristics, DAR Corporation, 2000.
5) Raymer, D.：Aircraft Design：A Conceptual Approach, Third Edition, AIAA, Inc., 1999 ／ Fourth Edition, AIAA, Inc., 2006.
6) Nicolai, L. M.：Fundamentals of Aircraft Design, METS, Inc., 1975
7) Huenecke, K,：Modern Combat Aircraft Design, Naval Institute Press, 1987.
8) Burns, B. R. A.：The Design and Development of a Military Combat Aircraft, Interavia, 3, 5, 6, 7/1976.
9) Snyder, D. D.：Design Optimization of Fighter Aircraft, AGARD-LS-153(-7), 1987.
10) Parker, J. L.：Mission Requirements and Aircraft Sizing, AGARD-R-740(-2), 1987.
11) Treager, I. E.：Aircraft Gas Turbine Engine Technology, McGraw-Hill, 1970.
12) Calmon, J. ; From Sir Frank Whittle to the year 2000 ― What is new in propulsion?, Aeronautical Journal, Dec., 1988.
13) Jenkinson, L. R., Simpkin, P. and Rhodes, D.：Civil Jet Aircraft Design, Butterworth

Heinemann, 1999.
14) May, F. and Widdison, C. A. : STOL High-Lift Design Study, Vol. 1, State-of-the-Art Review of STOL Aerodynamic Technology, AFFDL-TR-71-26, Wright-Patterson AFB, April 1971.
15) Hoerner, S. F. : Fluid-Dynamic Drag, Published by the Author, 1958.
16) 山名正夫, 中口 博:飛行機設計論, 養賢堂, 1968.
17) 比良二郎:飛行の理論, 廣川書店, 1971.
18) 比良二郎:高速飛行の理論, 廣川書店, 1977.
19) 鈴木弘一:ジェットエンジン, 森北出版, 2004.
20) 航空宇宙学会編:航空宇宙工学便覧 (第3版), 丸善, 2005.
21) (財)日本航空機開発協会:航空機関連データ集, 同ホームページ内 http://www.jadc.or.jp/jadcdata.htm
22) 片柳亮二:航空機の運動解析プログラム KMAP, 産業図書, 2007.
23) 片柳亮二:航空機の飛行力学と制御, 森北出版, 2007.
24) 片柳亮二:KMAPによる制御工学演習, 産業図書, 2008.
25) Department of Defense Handbook, Flying Qualities of Piloted Aircraft, MIL-HDBK-1797, 1997.
26) Sacher, P. W. : Fundamentals of Fighter Aircraft Design, AGARD-R-740(-1), 1987.
27) Shortal, J. A. and Maggin, B. : Effect of Sweepback and Aspect Ratio on Longitudinal Stability Characteristics of Wings at Low Speeds, NACA TN-1093, 1946.
28) Furlong, G. C. and Mchugh, J. G. : A Summary and Analysis of the Low-speed Longitudinal Characteristics of Swept Wings at High Reynolds Number, NACA TR-1339, 1957.

索　引

あ　行

アスペクト比　18
安全離陸速度　36

運用自重　71

エルロン舵角　135, 162
エルロンの効き　166
エレベータ舵角　118, 162
エンジン推力　15

オイラー角　162

か　行

概念設計　9
荷重倍数　52
加速感度　124
可変後退翼　152
慣性乗積　120
慣性モーメント　120

機体構造重量　71
機体重量　15
機体速度　18
基本設計　10
キャンバー　148

空気密度　18
空中加速距離　35
空力中心　126

空力微係数　164

迎角　15, 135
減衰比　121

後縁角　168
後縁剥離型　151
降下性能　63
降下飛行距離　47
降下率　64
航続距離　27
航続係数　34
航続時間　33
後退角　19
抗力　15
固有装備重量　71

さ　行

最大瞬間旋回　57
最大速度性能　49
最大定常旋回　51
最大翼厚　148
細部設計　10
先細比　18

時間最小の飛行　58
自重　71
実機地上試験　10
実大模型　10
縦横比　18
重心許容範囲　133

重心後方限界　125
重心前方限界　130
主翼面積　18
巡航性能　22
乗員重量　71
衝撃波失速　151
上昇飛行距離　40
上反角効果　166
振動数　121

水平飛行距離　46
水平尾翼容積比　126
推力重量比　24, 32
ストレーキ　152
スパイラルモード　140
スパン　18

静安定余裕　126
接地速度性能　48
零揚力迎角　189
零揚力抵抗　191
前縁推力　148
前縁剥離型　151
前縁半径比　148
旋回性能　51

操縦中正点　128
増大係数　85
速度安定　123

た 行

ダッチロールモード　137
縦安定中正点　126
縦静安定　125
縦静安定微係数　176
短周期モード　118

着陸滑走距離　42
着陸滑走路長　42

着陸距離　42
着陸性能　42
超音速マニューバ　152
長周期モード　118

釣合い荷重倍数　53
釣合い滑走路長　36

低空高速ダッシュ　150
テーパ比　18
転覆角　132

動圧　18
搭載量　71
動粘性係数　168
動力装備重量　71

な 行

燃料最小の飛行　59
燃料重量　71
燃料消費率　26
燃料流量　26

は 行

バックサイドパラメータ　122
バンク角　162

引き起こし速度　36
飛行機効率　18
飛行経路角　15, 163
飛行試験　10
飛行性設計ハンドブック　121
飛行性レベル　122
比航続距離　26
ピッチ角　15, 162
ピッチ角速度　162
ピッチダンピング　165
ピッチレート　162

吹き下ろし角　129
フライトカテゴリ　128
ブレゲーの式　30

平均空力翼弦　19
平衡滑走路長　36
ペイロード　71
ベルヌーイの定理　163

方位角　162
方向安定　166

ま　行

マニューバフラップ　152
マニューバマージン　128

モッアップ　10

や　行

有害抗力係数　18
誘導抗力係数　18
誘導抗力の係数　18

揚抗比　23
揚力　15
揚力傾斜　127
ヨー角　162
ヨー角速度　135, 162
翼厚比　148
翼弦長　19, 148
翼根弦長　18
翼端弦長　18
ヨーダンピング　166
翼断面最大揚力　186

翼幅　18
翼面荷重　32
横滑り角　135
余剰推力　16
ヨーディパーチャ　142
ヨーレート　162

ら　行

ラダー舵角　135, 162
ラダーの効き　166
ラプラス変換　118

離陸滑走距離　35
離陸滑走路長　36
離陸距離　35
離陸決定速度　36
離陸重量　71
離陸性能　35
離陸速度　36
離陸引き起こし　130
臨界滑走路長　36
臨界点速度　36
臨界発動機　36
臨界マッハ数　152

レイノルズ数　168

ロールアウト　10
ロール角　135, 162
ロール角速度　135, 162
ロールダンピング　166
ロールモード　139
ロールリバーサル　142
ロールレート　162

〈著者略歴〉

片柳亮二（かたやなぎ・りょうじ）

1946年，群馬県生まれ．1970年，早稲田大学理工学部機械工学科卒業．
1972年，東京大学大学院工学系研究科修士課程（航空工学）修了．同年，三菱重工業株式会社 名古屋航空機製作所に入社．Ｔ－２ＣＣＶ機，ＱＦ－104無人機，Ｆ－２機等の飛行制御系開発に従事．同社プロジェクト主幹を経て2003年，金沢工業大学教授に就任．博士（工学）．

模型飛行機から旅客機まで
KMAPによる飛行機設計演習

2009年9月15日　初　版
2015年4月30日　第2刷

著　者　片柳亮二
発行者　飯塚尚彦
発行所　産業図書株式会社
　　　　〒102-0072　東京都千代田区飯田橋2-11-3
　　　　電話　03(3261)7821(代)
　　　　FAX　03(3239)2178
　　　　http：//www.san-to.co.jp
装　幀　菅　雅彦

印刷・製本　㈱デジタルパブリッシングサービス

© Ryoji Katayanagi 2009
ISBN 978-4-7828-4098-6　C3053